AF252359

BEAUTÉS

DE BUFFON,

SOUS LE RAPPORT DU STYLE.

BEAUTÉS
DE BUFFON,

SOUS LE RAPPORT DU STYLE;

OU

CHOIX DES MORCEAUX DE SES ŒUVRES LES PLUS PROPRES A INSPIRER LA RELIGION, LA MORALE ET LA VERTU;

Recueilli et publié par Mme. DUFRÉNOY, et destiné à la Jeunesse.

PARIS,

A LA LIBRAIRIE D'ÉDUCATION

D'ALEXIS EYMERY,

RUE MAZARINE, Nº. 30.

1825.

AVIS DE L'ÉDITEUR.

Le genre de littérature le plus cultivé de nos jours est celui qui a pour but l'instruction de l'enfance et de la jeunesse. Depuis un assez grand nombre d'années, nous nous en sommes occupé presque exclusivement. De nombreux suffrages nous ont récompensé de nos modestes travaux. Le succès qu'obtient un ouvrage utile n'est pas le plus brillant, mais il est du moins un des plus honorables et le plus cher au cœur. Nous avons surtout cherché dans nos écrits à mériter la confiance des mères de famille, que nous regardons comme nos premiers juges. Elles ont pu dès-long-temps s'assurer de notre constance à propager les principes les plus purs de la religion et de la morale, et de notre zèle à en inspirer l'amour. Nous ne nous écarterons jamais de la loi que nous nous sommes imposée à cet égard, et l'on pourra toujours mettre avec une entière confiance entre les mains des jeunes gens et des jeunes personnes, un livre qui portera notre nom, alors même qu'il ne contiendrait pas un seul mot de nous : tel est celui que nous publions maintenant.

Il a paru, à diverses époques, plusieurs recueils sous le titre de *Beautés de Buffon*. Tous eurent pour objet d'enseigner à la jeunesse ce qu'on pouvait lui apprendre de *l'Histoire naturelle*, le nôtre tend à lui faire connaître les beautés de style de l'écrivain qui joint à des pensées quelquefois sublimes, des aperçus profonds, une narration riche, élégante, du nombre, de la pompe et de l'harmonie.

Buffon est véritablement poëte dans ses descriptions ; aussi attachent-elles autant qu'elles instruisent. On ne peut le comparer à aucun de nos illustres prosateurs : il ne s'est placé ni au-dessus ni à côté, ni au-dessous d'eux : il s'est créé une éloquence à part; il la doit peut-être aux sujets qu'il a traités autant qu'à son génie. Il nous initie aux secrets de la nature, nous dévoile ses splendeurs, déploie à nos yeux sa magnificence, et il se montre souvent admirable comme elle; il est à la fois son historien, son peintre et son poëte.

Ayant à parler sur toutes les matières, il a donné à son style les diverses couleurs qui leur étaient propres; mais son coloris ne cesse pas d'être le même. On peut citer au hasard quelques passages de son histoire naturelle, l'auditeur éclairé reconnaîtra d'abord Buffon.

Nous avons choisi, entre les beautés innombrables de ce grand écrivain, celles qui présentent une idée plus sublime et plus touchante du créateur des mondes. Nous invitons nos jeunes lecteurs à lire, à relire, à méditer les morceaux que nous avons réunis, principalement ceux extraits de *l'Histoire naturelle de l'homme*, et ceux

intitulés : *Des époques de la nature , de la
manière de traiter l'histoire naturelle, des
Animaux sauvages et de la Nature , première vue.*

BEAUTÉS

DE BUFFON,

SOUS LE RAPPORT DU STYLE.

FRAGMENT

Extrait de la Théorie de la Terre.

COMMENÇONS par nous représenter ce que l'expérience de tous les temps et ce que nos propres observations nous apprennent au sujet de la terre. Ce globe immense nous offre à la surface, des hauteurs, des profondeurs, des plaines, des mers, des marais, des fleuves, des cavernes, des gouffres, des volcans, et à la première inspection nous ne découvrons en tout cela aucune régularité, aucun ordre. Si nous pénétrons dans son intérieur, nous y trouverons des métaux, des minéraux, des pierres, des bitumes, des sables, des terres, des eaux et des matières de toute espèce, placées comme au hasard et sans aucune règle apparente; en examinant avec plus d'attention, nous voyons des montagnes affaissées, des rochers fendus et brisés, des contrées englouties, des îles nouvelles, des terrains submergés, des cavernes comblées; nous trouvons des matières pesantes souvent posées sur des matières légères, des corps durs environnés de substances molles, des choses sèches, humides, chaudes, froides, solides, friables, toutes mêlées et dans une espèce de confusion qui ne nous présente d'autre image que celle d'un amas de débris et d'un monde en ruine.

Cependant nous habitons ces ruines avec une entière sécurité; les générations d'hommes, d'animaux, de plantes se succèdent sans interruption; la terre fournit abondamment à leur subsistance; la mer a des limites et des lois, ses mouvemens y sont assujettis; l'air a ses courans réglés, les saisons ont leurs retours périodiques et certains, la verdure n'a jamais manqué de succéder aux frimas; tout nous paraît être dans l'ordre : la terre qui tout à l'heure n'était qu'un cahos, est un séjour délicieux où règnent le calme et l'harmonie, où tout est animé et conduit avec une puissance et une intelligence qui nous remplissent d'admiration et nous élèvent jusqu'au Créateur.

Ne nous pressons donc pas de prononcer sur l'irrégularité que nous voyons à la surface de la terre, et sur le désordre apparent qui se trouve dans son intérieur, car nous en reconnaîtrons bientôt l'utilité, et même la nécessité; et en y faisant plus d'attention nous y trouverons peut-être un ordre que nous ne soupçonnions pas, et des rapports généraux que nous n'apercevions

pas au premier coup d'œil. A la vérité nos connaissances à cet égard seront toujours bornées :
nous ne connaissons point encore la surface entière du globe, nous ignorons en partie ce qui se
trouve au fond des mers ; il y en a dont nous n'a-
vons pu sonder les profondeurs ; nous ne pouvons pénétrer que dans l'écorce de la terre ; et
les plus grandes cavités, les mines les plus profondes ne descendent pas à la huit millième partie de son diamètre ; nous ne pouvons donc juger que de la couche extérieure et presque
superficielle, l'intérieur de la masse nous est
entièrement inconnu : on sait que, volume pour
volume, la terre pèse quatre fois plus que le
soleil ; on a aussi le rapport de sa pesanteur avec
les autres planètes, mais ce n'est qu'une estima-
tion relative ; l'unité de mesure nous manque, le
poids réel de la matière nous étant inconnu, en
sorte que l'intérieur de la terre pourrait être ou
vide ou rempli d'une matière mille fois plus pesante que l'or, et nous n'avons aucun moyen de
le reconnaître ; à peine pouvons-nous former sur
cela quelques conjectures raisonnables.

Il faut donc nous borner à examiner et à décrire la surface de la terre, et la petite épaisseur
intérieure dans laquelle nous avons pénétré. La
première chose qui se présente, c'est l'immense
quantité d'eau qui couvre la plus grande partie
du globe : ces eaux occupent toujours les parties
les plus basses, elles sont aussi toujours de niveau, et elles tendent perpétuellement à l'équi-

libre et au repos : cependant nous les voyons agitées par une forte puissance, qui, s'opposant à la tranquillité de cet élément, lui imprime un mouvement périodique et réglé, soulève et abaisse alternativement les flots, et fait un balancement de la masse totale des mers en les remuant jusqu'à la plus grande profondeur. Nous savons que ce mouvement est de tous les temps, et qu'il durera autant que la lune et le soleil qui en sont les causes.

Considérant ensuite le fond de la mer, nous y remarquons autant d'inégalités que sur la surface de la terre; nous y trouvons des hauteurs, des vallées, des plaines, des profondeurs, des rochers, des terrains de toute espèce; nous voyons que toutes les îles ne sont que les sommets de vastes montagnes, dont le pied et les racines sont couvertes de l'élément liquide; nous y trouvons d'autres sommets de montagnes qui sont presque à fleur d'eau, nous y remarquons des courans rapides qui semblent se soustraire au mouvement général : on les voit se porter quelquefois constamment dans la même direction, quelquefois rétrograder et ne jamais excéder leurs limites, qui paraissent aussi invariables que celles qui bornent les efforts des fleuves de la terre. Là, sont ces contrées orageuses où les vents en fureur précipitent la tempête, où la mer et le ciel, également agités, se choquent et se confondent : ici sont des mouvemens intestins, des bouillonnemens, des trombes et des agitations extraordinaires causées par des volcans dont la bouche submergée vomit le feu du sein des ondes, et pousse jusqu'aux nues une épaisse vapeur mêlée d'eau, de soufre et de bitume. Plus loin je vois ces gouffres dont on n'ose approcher, qui semblent attirer les vaisseaux pour les engloutir : au delà, j'aperçois ces vastes plaines toujours calmes et tranquilles, mais tout aussi dangereuses, où les vents n'ont jamais exercé leur empire, où l'art du nautonier devient inutile, où il faut rester et périr : enfin, portant les yeux jusqu'aux extrémités du globe, je vois ces glaces énormes qui se détachent des continens des pôles, et viennent comme des montagnes flottantes voyager et se fondre jusque dans les régions tempérées.

Voilà les principaux objets que nous offre le vaste empire de la mer ; des milliers d'habitans de différentes espèces en peuplent toute l'étendue : les uns couverts d'écailles légères en traversent avec rapidité les différens pays ; d'autres chargés d'une épaisse coquille se traînent pesamment et marquent avec lenteur leur route sur le sable ; d'autres à qui la nature a donné des nageoires en forme d'ailes, s'en servent pour s'élever et se soutenir dans les airs ; d'autres enfin à qui tout mouvement a été refusé, croissent et vivent attachés aux rochers ; tous trouvent dans cet élément leur pâture. Le fond de la mer produit abondamment des plantes, des mousses et des végétations encore plus singulières ; le terrain de la mer est de sable, de gravier, souvent de vase, quelquefois de terre ferme, de coquillages, de rochers, et partout il ressemble à la terre que nous habitons.

Voyageons maintenant sur la partie sèche du globe; quelle différence prodigieuse entre les climats! quelle variété de terrains! quelle inégalité de niveau! mais observons exactement, et nous reconnaîtrons que les grandes chaînes de montagnes se trouvent plus voisines de l'équateur que des pôles; que dans l'ancien continent elles s'étendent d'orient en occident, beaucoup plus que du nord au sud, et que dans le Nouveau-Monde, elles s'étendent au contraire du nord au sud, beaucoup plus que d'orient en occident; mais ce qu'il y a de très-remarquable, c'est que la forme de ces montagnes et leurs contours, qui paraissent absolument irréguliers, ont cependant des directions suivies et correspondantes entre elles, en sorte que les angles saillans d'une montagne se trouvent toujours opposés aux angles rentrans de la montagne voisine, qui en est séparée par un vallon ou par une profondeur; j'observe aussi que les collines opposées ont toujours à très peu près la même hauteur, et qu'en général les montagnes occupent le milieu des continens et partagent dans la plus grande longueur les îles, les promontoires et les autres terres avancées : je suis de même la direction des plus grands fleuves, et je vois qu'elle est toujours presque perpendiculaire à la

côte de la mer, dans laquelle ils ont leur embou-
chure, et que, dans la plus grande partie de leur
cours, ils vont à peu près comme les chaînes de
montagnes, dont ils prennent leur source et leur
direction. Examinant ensuite les rivages de la
mer, je trouve qu'elle est ordinairement bornée
par des rochers, des marbres et d'autres pierres
dures, ou bien par des terres et des sables,
qu'elle a elle-même accumulés ou que les fleuves ont amenés, et je remarque que les côtes
voisines et qui ne sont séparées que par un bras
ou par un petit trajet de mer, sont composées
des mêmes matières, et que les lits de terre sont
les mêmes de l'un et de l'autre côté ; je vois que
les volcans se trouvent tous dans les hautes montagnes, qu'il y en a un grand nombre dont les feux
sont entièrement éteints, que quelques-uns de ces
volcans ont des correspondances souterraines,
et que leurs explosions se font quelquefois en
même temps. J'aperçois une correspondance
semblable entre certains lacs et les mers voisines ; ici sont des fleuves et des torrens qui se
perdent tout à coup et paraissent se précipiter
dans les entrailles de la terre ; là est une mer
intérieure où se rendent cent rivières qui y portent de toutes parts une énorme quantité d'eau,
sans jamais augmenter ce lac immense, qui
semble rendre par des voies souterraines, tout
ce qu'il reçoit par ses bords, et chemin faisant,
je reconnais aisément les pays anciennement habités, je les distingue de ces contrées nouvelles

où le terrain paraît encore tout brut, où les fleuves sont remplis de cataractes, où les terres sont en partie submergées, marécageuses ou trop arides, où la distribution des eaux est irrégulière, où des bois incultes couvrent toute la surface des terrains qui peuvent produire.

Entrant dans un plus grand détail, je vois que la première couche qui enveloppe le globe est partout d'une même substance; que cette substance, qui sert à faire croître et à nourrir les végétaux et les animaux, n'est elle-même qu'un composé de parties animales et végétales détruites, ou plutôt réduites en petites parties, dans lesquelles l'ancienne organisation n'est pas sensible. Pénétrant plus avant, je trouve la vraie terre, je vois des couches de sable, de pierres à chaux, d'argile, de coquillages, de marbre, de gravier, de craie, de plâtre, etc., et je remarque que ces couches sont toujours posées parallélement les unes sur les autres, et que chaque couche a la même épaisseur dans toute son étendue; je vois que dans les collines voisines les mêmes matières se trouvent au même niveau, quoique les collines soient séparées par des intervalles profonds et considérables. J'observe que dans tous les lits de terre, et même dans les couches plus solides, comme dans les rochers, dans les carrières de marbres et de pierres, il y a des fentes, que ces fentes sont perpendiculaires à l'horizon, et que dans les plus grandes comme dans les plus petites profondeurs, c'est une espèce de règle

que la nature suit constamment. Je vois de plus
que dans l'intérieur de la terre , sur la cime des
monts et dans les lieux les plus éloignés de la
mer , on trouve des coquilles , des squelettes de
poissons de mer , des plantes marines , etc. , qui
sont entièrement semblables aux coquilles , aux
poissons , aux plantes actuellement vivantes dans
la mer, et qui en effet sont absolument les mêmes;
je remarque que ces coquilles pétrifiées sont en
prodigieuse quantité , qu'on en trouve dans une
infinité d'endroits, qu'elles sont renfermées dans
l'intérieur des rochers et des autres masses de
marbre et de pierre dure , aussi bien que dans
les craies et dans les terres ; et que non-seulement elles sont renfermées dans toutes ces matières, mais qu'elles y sont incorporées, pétrifiées
et remplies de la substance même qui les environne : enfin je me trouve convaincu par des
observations réitérées que les marbres , les
pierres , les craies , les marnes , les argiles , les
sables et presque toutes les matières terrestres
sont remplies de coquilles et d'autres débris de la
mer , et cela par toute la terre et dans tous les
lieux où l'on a pu faire des observations exactes.

FRAGMENS

Extraits de l'Histoire naturelle de l'Homme.

PREMIER FRAGMENT.

QUELQUE intérêt que nous ayons à nous connaître nous-mêmes, je ne sais si nous ne connaissons pas mieux tout ce qui n'est pas nous. Pourvus par la nature d'organes uniquement destinés à notre conservation, nous ne les employons qu'à recevoir les impressions étrangères, nous ne cherchons qu'à nous répandre au dehors, et à exister hors de nous; trop occupés à multiplier les fonctions de nos sens, et à augmenter l'étendue extérieure de notre être, rarement faisons-nous usage de ce sens intérieur qui nous réduit à nos vraies dimensions et qui sépare de nous tout ce qui n'en est pas : c'est cependant de ce sens dont il faut nous servir, si nous voulons nous connaître, c'est le seul par lequel nous puissions nous juger; mais comment donner à ce sens son activité et toute son étendue? Comment dégager notre âme dans laquelle il réside, de toutes les illusions de notre esprit? Nous avons perdu l'habitude de l'employer, elle est demeurée sans exercice au milieu du tumulte de nos sensations corporelles, elle s'est desséchée par le feu de nos passions; le cœur, l'esprit, les sens, tout a travaillé contre elle.

Cependant inaltérable dans sa substance, impassible par son essence, elle est toujours la même; sa lumière offusquée a perdu son éclat sans rien perdre de sa force, elle nous éclaire moins, mais elle nous guide aussi sûrement : recueillons pour nous conduire ses rayons qui parviennent encore jusqu'à nous, l'obscurité qui nous environne diminuera, et si la route n'est pas également éclairée d'un bout à l'autre , au moins aurons-nous un flambeau avec lequel nous marcherons sans nous égarer.

Le premier pas, et le plus difficile que nous ayons à faire pour parvenir à la connaissance de nous-mêmes, est de reconnaître nettement la nature des deux subtances qui nous composent. Dire simplement que l'une est inétendue, immatérielle, immortelle, et que l'autre est étendue, matérielle et mortelle, se réduit à nier de l'une ce que nous assurons de l'autre; quelle connaissance pouvons-nous acquérir par cette voie de négation ! Ces expressions privatives ne peuvent représenter aucune idée réelle et positive : mais dire que nous sommes certains de l'existence de la première, et peu assurés de l'existence de l'autre; que la substance de l'une est simple, indivisible, et qu'elle n'a qu'une forme, puisqu'elle ne se manifeste que par une seule modification qui est la pensée; que l'autre est moins une substance qu'un sujet capable de recevoir des espèces de formes relatives à celles de nos sens, toutes aussi incertaines, toutes aussi variables que la nature même de ces organes, c'est établir quelque chose, c'est attribuer à l'une et à l'autre des propriétés différentes, c'est leur donner des attributs positifs et suffisans pour parvenir au premier degré de connaissance de l'une et de l'autre, et commencer à les comparer.

Pour peu qu'on ait réfléchi sur l'origine de nos connaissances, il est aisé de s'apercevoir que nous ne pouvons en acquérir que par la voie de la comparaison; ce qui est absolument incomparable, est entièrement incompréhensible; Dieu est le seul exemple que nous puissions donner ici, il ne peut être compris, parce qu'il ne peut être comparé; mais tout ce qui est susceptible de comparaison, tout ce que nous pouvons apercevoir par des faces différentes, tout ce que nous pouvons considérer relativement, peut toujours être du ressort de nos connaissances; plus nous aurons de sujets de comparaison, de côtés différens, de points particuliers sous lesquels nous pourrons envisager notre objet, plus aussi nous aurons de moyens pour le connaître, et de facilité à réunir les idées sur lesquelles nous devons fonder notre jugement.

L'existence de notre âme nous est démontrée, ou plutôt nous ne faisons qu'un, cette existence et nous : être et penser, sont pour nous la même chose; cette vérité est intime et plus qu'intuitive, elle est indépendante de nos sens, de notre imagination, de notre mémoire, et de toutes nos autres facultés relatives. L'existence de notre corps et des autres objets extérieurs est douteuse pour quiconque raisonne sans préjugé, car cette étendue en longueur, largeur et profondeur, que nous appelons notre corps, et qui semble nous appartenir de si près, qu'est-elle autre chose sinon un rapport de nos sens : les organes matériels de nos sens ; que sont – ils eux – mêmes, sinon des convenances avec ce qui les affecte ! Et notre sens intérieur, notre âme a-t-elle rien de semblable, rien qui lui soit commun avec la nature de ces organes extérieurs ! La sensation excitée dans notre âme par la lumière ou par le son, ressemble-t-elle à cette matière tenue qui semble propager la lumière, ou bien à ce trémoussement que le son produit dans l'air ! Ce sont nos yeux et nos oreilles qui ont avec ces matières toutes les convenances nécessaires, parce que ces organes sont en effet de la même nature que cette matière elle-même : mais la sensation que nous éprouvons n'a rien de commun, rien de semblable ; cela seul ne suffirait-il pas pour nous prouver que notre âme est en effet d'une nature différente de celle de la matière.

Nous sommes donc certains que la sensation intérieure est tout-à-fait différente de ce qui peut la causer, et nous voyons déjà que s'il existe des choses hors de nous, elles sont en elles-mêmes tout-à-fait différentes de ce que nous les jugeons, puisque la sensation ne ressemble en aucune façon à ce qui peut la causer; dès lors ne doit-on pas conclure que ce qui cause nos sensations, est nécessairement, et par sa nature, toute autre chose que ce que nous croyons ! Cette étendue que nous apercevons par les yeux, cette impénétrabilité dont le toucher nous donne une idée ; toutes ces qualités réunies qui constituent la matière, pourraient bien ne pas exister, puisque notre sensation intérieure, et ce qu'elle nous représente par l'étendue, l'impénétrabilité, etc., n'est nullement étendu ni impénétrable, et n'a même rien de commun avec ces qualités.

Si l'on fait attention que notre âme est souvent pendant le sommeil et l'absence des objets affectée de sensations, que ces sensations sont quelquefois fort différentes de celles qu'elle a éprouvées par la présence de ces mêmes objets en faisant usage des sens, ne viendra-t-on pas à penser que cette présence des objets n'est pas nécessaire à l'existence de ces sensations, et que, par conséquent notre âme et nous pouvons exister tout seuls et indépendamment de ces objets; car dans le sommeil, et après la mort, notre corps existe, il a même tout le genre d'existence qu'il peut comporter, il est le même qu'il était auparavant ; cependant l'âme ne s'aperçoit plus de l'existence du corps, il a cessé d'être pour nous : or je demande si quelque chose qui peut être, et ensuite n'être plus,

si cette chose qui nous affecte d'une manière toute
différente de ce qu'elle est, ou de ce qu'elle a
été, peut être quelque chose d'assez réel pour
que nous ne puissions pas douter de son existence.

Cependant nous pouvons croire qu'il y a quelque chose hors de nous, mais nous n'en sommes
pas sûrs, au lieu que nous sommes assurés de
l'existence réelle de tout ce qui est en nous ; celle
de notre âme est donc certaine, et celle de notre
corps paraît douteuse, dès qu'on vient à penser
que la matière pourrait bien n'être qu'un mode
de notre âme, une de ces façons de voir ; notre âme
voit de cette façon quand nous veillons, elle voit
d'une autre façon pendant le sommeil, elle verra
d'une manière bien plus différente encore après
notre mort, et tout ce qui cause aujourd'hui ses
sensations, la matière en général, pourrait bien
ne pas plus exister pour elle alors que notre propre corps qui ne sera plus rien pour nous.

Mais admettons cette existence de la matière,
et quoiqu'il soit impossible de la démontrer, prê-
tons-nous aux idées ordinaires, et disons qu'elle
existe, et qu'elle existe même comme nous la
voyons ; nous trouverons, en comparant notre
âme avec cet objet matériel, des différences si
grandes, des oppositions si marquées, que nous
ne pourrons pas douter un instant qu'elle ne soit
d'une nature totalement différente, et d'un ordre
infiniment supérieur.

Notre âme n'a qu'une forme très-simple, très-générale, très-constante; cette forme est la pensée. Il nous est impossible d'apercevoir notre âme autrement que par la pensée : cette forme n'a rien de divisible, rien d'étendu, rien d'impénétrable, rien de matériel; donc le sujet de cette forme, notre âme, est indivisible et immatérielle : notre corps au contraire et tous les autres corps ont plusieurs formes; chacune de ces formes est composée, divisible, variable, destructible, et toutes sont relatives aux différens organes avec lesquels nous les apercevons; notre corps, et toute la matière, n'a donc rien de constant, rien de réel, rien de général par où nous puissions la saisir et nous assurer de la connaître. Un aveugle n'a nulle idée de l'objet matériel qui nous représente les images des corps; un lépreux dont la peau serait insensible, n'aurait aucune des idées que le toucher fait naître; un sourd ne peut connaître les sons; qu'on détruise successivement ces trois moyens de sensations dans l'homme qui en est pourvu, l'âme n'en existera pas moins, ses fonctions intérieures subsisteront, et la pensée se manifestera toujours au dedans de lui-même : ôtez au contraire toutes ces qualités à la matière, ôtez-lui ses couleurs, son étendue, sa solidité et toutes les autres propriétés relatives à nos sens, vous l'anéantirez. Notre âme est donc impérissable, et la matière peut et doit périr.

Il en est de même des autres facultés de notre âme comparées à celles de notre corps et aux propriétés les plus essentielles à toute matière. L'âme veut et commande , le corps obéit tout autant qu'il le peut : l'âme s'unit intimement à tel objet qu'il lui plaît, la distance, la grandeur , la figure , rien ne peut nuire à cette union : lorsque l'âme la veut, elle se fait , et se fait en un instant ; le corps ne peut s'unir à rien ; il est blessé de tout ce qui le touche de trop près, il lui faut beaucoup de temps pour s'approcher d'un autre corps ; tout lui résiste, tout est obstacle , son mouvement cesse au moindre choc. La volonté n'est-elle donc qu'un mouvement corporel , et la contemplation un simple attouchement ! comment cet attouchement pourrait-il se faire sur un objet éloigné , sur un sujet abstrait ! comment ce mouvement pourrait-il s'opérer en un instant indivisible ! A-t-on jamais conçu de mouvement sans qu'il y eût de l'espace et du temps ! La volonté , si c'est un mouvement, n'est donc pas un mouvement matériel , et si l'union de l'âme à son objet est un attouchement, un contact, cet attouchement ne se fait-il pas au loin ! Ce contact n'est-il pas une pénétration ! Qualités absolument opposées à celles de la matière, et qui ne peuvent par conséquent appartenir qu'à un être immatériel.

Mais je crains de m'être déjà trop étendu sur un sujet que bien des gens regarderont peut-être comme étranger à notre objet ; des considérations sur l'âme doivent-elles se trouver dans un livre d'histoire naturelle ! J'avoue que je serais peu touché de cette réflexion, si je me sentais assez de force pour traiter dignement des matières aussi élevées, et que je n'ai abrégé mes pensées que par la crainte de ne pouvoir comprendre ce grand sujet dans toute son étendue : pourquoi vouloir retrancher de l'histoire naturelle de l'homme, l'histoire de la partie la plus noble de son être ? Pourquoi l'avilir mal à propos et vouloir nous forcer à ne le voir que comme un animal, tandis qu'il est en effet d'une nature très-différente, très-distinguée, et si supérieure à celle des bêtes, qu'il faudrait être aussi peu éclairé qu'elles le sont pour pouvoir les confondre ?

Il est vrai que l'homme ressemble aux animaux par ce qu'il a de matériel, et qu'en voulant le comprendre dans l'énumération de tous les êtres naturels, on est forcé de le mettre dans la classe des animaux ; mais, comme je l'ai déjà fait sentir, la nature n'a ni classes, ni genres, elle ne comprend que des individus ; ces genres et ces classes sont l'ouvrage de notre esprit, ce ne sont que des idées de convention ; et lorsque nous mettons l'homme dans l'une de ces classes, nous ne changeons pas la réalité de son être ; nous ne dérogeons point à sa noblesse, nous n'altérons pas sa condition, enfin nous n'ôtons rien à la supériorité de la nature humaine sur celle des brutes, nous ne faisons que placer l'homme avec ce qui lui ressemble le plus, en donnant même à la partie matérielle de son être le premier rang.

En comparant l'homme avec l'animal, ou

trouvera dans l'un et dans l'autre un corps, une matière organisée, des sens, de la chair et du sang, du mouvement et une infinité de choses semblables : mais toutes ces ressemblances sont extérieures, et ne suffisent pas pour nous faire prononcer que la nature de l'homme est semblable à celle de l'animal ; pour juger de la nature de l'un et de l'autre, il faudrait connaître les qualités intérieures de l'animal aussi bien que nous connaissons les nôtres, et comme il n'est pas possible que nous ayons jamais connaissance de ce qui se passe à l'intérieur de l'animal, comme nous ne saurons jamais de quel ordre, de quelle espèce peuvent être ses sensations relativement à celles de l'homme, nous ne pouvons juger que par les effets, nous ne pouvons que comparer les résultats des opérations naturelles de l'un et de l'autre.

Voyons donc ces résultats en commençant par avouer toutes les ressemblances particulières, et en n'examinant que les différences, même les plus générales. On conviendra que le plus stupide des hommes suffit pour conduire le plus spirituel des animaux, il le commande et le fait servir à ses usages, et c'est moins par force et par adresse que par supériorité de nature, et parce qu'il a un projet raisonné, un ordre d'actions et une suite de moyens, par lesquels il contraint l'animal à lui obéir, car nous ne voyons pas que les animaux qui sont plus forts et plus adroits commandent aux autres et les fassent servir à leur usage; les plus forts mangent les plus faibles, mais cette action ne suppose qu'un besoin, un appétit, qualités fort différentes de celle qui peut produire une suite d'actions dirigées vers le même but. Si les animaux étaient doués de cette faculté, n'en verrions-nous pas quelques-uns prendre l'empire sur les autres et les obliger à leur chercher la nourriture, à les veiller, à les garder, à les soulager lorsqu'ils sont malades ou blessés! Or il n'y a parmi tous les animaux aucune marque de cette subordination, aucune apparence que quelqu'un d'entre eux connaisse ou sente la supériorité de sa nature sur celle des autres; par conséquent on doit penser qu'ils sont en effet tous de même nature, et en même temps on doit conclure que celle de l'homme est non-seulement fort au-dessus de celle de l'animal, mais qu'elle est aussi tout-à-fait différente.

L'homme rend par un signe extérieur ce qui se passe au dedans de lui, il communique sa pensée par la parole; ce signe est commun à toute l'espèce humaine: l'homme sauvage parle comme l'homme policé, et tous deux parlent naturellement, et parlent pour se faire entendre : aucun des animaux n'a ce signe de la pensée; ce n'est pas, comme on le croit communément, faute d'organes; la langue du singe a paru aux anatomistes aussi parfaite que celle de l'homme : le singe parlerait donc s'il pensait; si l'ordre de ses pensées avait quelque chose de

commun avec les nôtres, il parlerait notre langue, et en supposant qu'il n'eût que des pensées
de singe, il parlerait aux autres singes. Mais on
ne les a jamais vus s'entretenir ou discourir ensemble ; ils n'ont donc pas même un ordre, une
suite de pensées à leur façon, bien loin d'en
avoir de semblables aux nôtres ; il ne se passe
à leur intérieur rien de suivi, rien d'ordonné,
puisqu'ils n'expriment rien par des signes combinés et arrangés ; ils n'ont donc pas la pensée,
même au plus petit degré.

Il est si vrai que ce n'est pas faute d'organes
que les animaux ne parlent pas, qu'on en connaît de plusieurs espèces auxquels on apprend à
prononcer des mots, et même à répéter des
phrases assez longues, et peut-être y en aurait-
il un grand nombre d'autres auxquels on pourrait, si l'on voulait s'en donner la peine, faire
articuler quelques sons, mais jamais on n'est
parvenu à leur faire naître l'idée que ces mots
expriment ; ils semblent ne les répéter, et même
ne les articuler que comme un écho ou une machine artificielle les répéterait ou les articu-
lerait ; ce ne sont pas les puissances mécaniques
ou les organes matériels, mais c'est la puissance
intellectuelle, c'est la pensée qui leur manque.

C'est donc parce qu'une langue suppose une
suite de pensées, que les animaux n'en ont aucune ; car quand même on voudrait leur accorder quelque chose de semblable à nos premières
appréhensions, et à nos sensations les plus gros-

sières et les plus machinales, il paraît certain qu'ils sont incapables de former cette association d'idées, qui seule peut produire la réflexion, dans laquelle cependant consiste l'essence de la pensée ; c'est parce qu'ils ne peuvent joindre ensemble aucune idée, qu'ils ne pensent ni ne parlent ; c'est par la même raison qu'ils n'inventent et ne perfectionnent rien : s'ils étaient doués de la puissance de réfléchir, même au plus petit degré, ils seraient capables de quelque espèce de progrès , ils acquerraient plus d'industrie; les castors d'aujourd'hui bâtiraient avec plus d'art et de solidité que ne bâtissaient les premiers castors, l'abeille perfectionnerait encore tous les jours la cellule qu'elle habite ; car si on suppose que cette cellule est aussi parfaite qu'elle peut l'être, on donne à cet insecte plus d'esprit que nous n'en avons, on lui accorde une intelligence supérieure à la nôtre , par laquelle il apercevrait tout d'un coup le dernier point de perfection auquel il doit porter son ouvrage, tandis que nous-mêmes ne voyons jamais clairement ce point , et qu'il nous faut beaucoup de réflexion , de temps et d'habitude pour perfectionner le moindre de nos arts.

D'où peut venir cette uniformité dans tous les ouvrages des animaux ! pourquoi chaque espèce ne fait-elle jamais que la même chose , de la même façon ! et pourquoi chaque individu ne la fait-il ni mieux ni plus mal qu'un autre individu ! y a-t-il de plus forte preuve que leurs opérations ne sont que des résultats mécaniques et purement matériels ! car, s'ils avaient la moindre étincelle de la lumière qui nous éclaire, on trouverait au moins de la variété si on ne voyait pas de la perfection dans leurs ouvrages ; chaque individu de la même espèce ferait quelque chose d'un peu différent de ce qu'aurait fait un autre individu ; mais non, tous travaillent sur le même modèle, l'ordre de leurs actions est tracé dans l'espèce entière, il n'appartient point à l'individu, et si l'on voulait attribuer une âme aux animaux, on serait obligé à n'en faire qu'une pour chaque espèce, à laquelle chaque individu participerait également ; cette âme serait donc nécessairement divisible, par conséquent elle serait matérielle et fort différente de la nôtre.

Car pourquoi mettons-nous au contraire tant de diversité et de variété dans nos productions et dans nos ouvrages ! pourquoi l'imitation servile nous coûte-t-elle plus qu'un nouveau dessin ! C'est parce que notre âme est à nous, qu'elle est indépendante de celle d'un autre, que nous n'avons rien de commun avec notre espèce que la matière de notre corps, et que ce n'est en effet que par les dernières de nos facultés que nous ressemblons aux animaux.

Si les sensations intérieures appartenaient à la matière et dépendaient des organes corporels, ne verrions-nous pas parmi les animaux de même espèce, comme parmi les hommes, des différences marquées dans leurs ouvrages ? ceux qui

seraient le mieux organisés ne feraient-ils pas
leurs nids, leurs cellules ou leurs coques d'une
manière plus solide, plus élégante, plus commode? et si quelqu'un avait plus de génie qu'un
autre, pourrait-il ne le pas manifester de cette
façon? Or tout cela n'arrive pas et n'est jamais
arrivé : le plus où le moins de perfection des
organes temporels n'influe donc pas sur la nature
des sensations intérieures; n'en doit-on pas conclure que les animaux n'ont point de sensations
de cette espèce, qu'elles ne peuvent appartenir
à la matière, ni dépendre, pour leur nature, des
organes corporels ! ne faut-il pas par conséquent
qu'il y ait en nous une substance différente de la
matière, qui soit le sujet et la cause qui produit
et reçoit ces sensations ?

Mais ces preuves de l'immatérialité de notre
âme peuvent s'étendre encore plus loin. Nous
avons dit que la nature marche toujours et agit
en tout par degrés imperceptibles et par nuances;
cette vérité, qui d'ailleurs ne souffre aucune exception, se dément ici tout-à-fait; il y a une distance infinie entre les facultés de l'homme et
celles du plus parfait animal; preuve évidente que
l'homme est d'une différente nature, que seul il
fait une classe à part de laquelle il faut descendre
en parcourant un espace infini avant que d'arriver
à celle des animaux; car si l'homme était de l'ordre des animaux, il y aurait dans la nature un certain nombre d'êtres moins parfaits que l'homme
et plus parfaits que l'animal, par lesquels on

descendrait insensiblement et par nuances de l'homme au singe ; mais cela n'est pas : on passe tout d'un coup de l'être pensant à l'être matériel, de la puissance intellectuelle à la force mécanique, de l'ordre et du dessein au mouvement aveugle, de la réflexion à l'appétit.

En voilà plus qu'il n'en faut pour nous démontrer l'excellence de notre nature, et la distance immense que la bonté du Créateur a mise entre l'homme et la bête : l'homme est un être raisonnable, l'animal est un être sans raison ; et comme il n'y a point de milieu entre le positif et le négatif, comme il n'y a point d'êtres intermédiaires entre l'être raisonnable et l'être sans raison, il est évident que l'homme est d'une nature entièrement différente de celle de l'animal, qu'il ne lui ressemble que par l'extérieur, et que le juger par cette ressemblance matérielle, c'est se laisser tromper par l'apparence, et fermer volontairement les yeux à la lumière qui doit nous la faire distinguer de la réalité.

SECOND FRAGMENT.

Si quelque chose est capable de nous donner une idée de notre faiblesse, c'est l'état où nous nous trouvons immédiatement après la naissance ; incapable de faire encore aucun usage de ses organes et de se servir de ses sens, l'enfant qui naît a besoin de secours de toute espèce ; c'est une image de misère et de douleur, il est dans ces premiers temps plus faible qu'aucun des animaux, sa vie incertaine et chancelante paraît devoir finir à chaque instant; il ne peut se soutenir ni se mouvoir, à peine a-t-il la force nécessaire pour exister et pour annoncer par des gémissemens les souffrances qu'il éprouve, comme si la nature voulait l'avertir qu'il est né pour souffrir, et qu'il ne vient prendre place dans l'espèce humaine que pour en partager les infirmités et les peines.

TROISIÉME FRAGMENT.

Dans l'homme le plaisir et la douleur physiques ne font que la moindre partie de ses peines et de ses plaisirs, son imagination qui travaille continuellement fait tout ou plutôt ne fait rien que pour son malheur, car elle ne présente à l'âme que des fantômes vains ou des images exagérées, et la force à s'en occuper : plus agitée par ces illusions qu'elle ne le peut être par les objets réels, l'âme perd sa faculté de juger, et même son empire, elle ne compare que des chimères, elle ne veut plus qu'en second, et souvent elle veut l'impossible ; sa volonté, qu'elle ne détermine plus, lui devient donc à charge, ses désirs outrés sont des peines, et ses vaines espérances sont tout au plus de faux plaisirs qui disparaissent et s'évanouissent dès que le calme succède et que l'âme, reprenant sa place, vient à les juger.

Nous nous préparons donc des peines toutes les fois que nous cherchons des plaisirs ; nous sommes malheureux dès que nous désirons d'être plus heureux. Le bonheur est au dedans de nous-mêmes, il nous a été donné ; le malheur est au dehors et nous l'allons chercher. Pourquoi ne sommes-nous pas convaincus que la jouissance paisible de notre âme est notre seul et vrai bien, que nous ne pouvons l'augmenter sans risquer de le perdre, que moins nous désirons et plus nous possédons ; qu'enfin tout ce que nous voulons au delà de ce que la nature peut nous donner, est peine, et que rien n'est plaisir que ce qu'elle nous offre ?

Or la nature nous a donné et nous offre encore à tout instant des plaisirs sans nombre, elle a pourvu à nos besoins, elle nous a munis contre la douleur ; il y a dans le physique infiniment plus de bien que de mal ; ce n'est donc pas la réalité, c'est la chimère qu'il faut craindre ; ce n'est ni la douleur du corps, ni les maladies, ni la mort, mais l'agitation de l'âme, les passions et l'ennui qui sont à redouter.

Les animaux n'ont qu'un moyen d'avoir du plaisir, c'est d'exercer leur sentiment pour satis-faire leur appétit : nous avons cette même faculté, et nous avons de plus un autre moyen de plai-sir, c'est d'exercer notre esprit, dont l'appétit est de savoir. Cette source de plaisirs serait la plus abondante et la plus pure, si nos passions, en s'opposant à son cours, ne venaient à la trou-bler : elles détournent l'âme de toute contempla-tion ; dès qu'elles ont pris le dessus, la raison est dans le silence, ou du moins elle n'élève plus qu'une voix faible et souvent importune, le dégoût de la vérité suit, le charme de l'illusion augmente, l'erreur se fortifie, nous entraîne et nous conduit au malheur : car quel malheur plus grand que de ne plus rien voir tel qu'il est, de ne plus rien juger que relativement à sa passion, de n'agir que par son ordre, de paraître en conséquence injuste ou ridicule aux autres, et d'être forcé de se mépriser soi-même, lorsqu'on vient à s'examiner ?

Dans cet état d'illusion et de ténèbres, nous voudrions changer la nature même de notre âme : elle ne nous a été donnée que pour connaître, nous ne voudrions l'employer qu'à sentir, si nous pouvions étouffer en entier sa lumière, nous n'en regretterions pas la perte, nous envierions volontiers le sort des insensés : comme ce n'est plus que par intervalles que nous sommes raisonnables, et que ces intervalles de raison nous sont à charge et se passent en reproches secrets, nous voudrions les supprimer; ainsi marchant toujours d'illusions en illusions, nous cherchons volontairement à nous perdre de vue pour arriver bientôt à ne nous plus connaître, et finir par nous oublier.

Une passion sans intervalles est démence, et l'état de démence est pour l'âme un état de mort. De violentes passions avec des intervalles sont des accès de folie, des maladies de l'âme d'autant plus dangereuses qu'elles sont plus longues

et plus fréquentes. La sagesse n'est que la somme
des intervalles de santé que ces accès nous
laissent, cette somme n'est point celle de notre
bonheur; car nous sentons alors que notre âme
a été malade, nous blâmons nos passions, nous
condamnons nos actions. La folie est le germe
du malheur, et c'est la sagesse qui le développe;
la plupart de ceux qui se disent malheureux sont
des hommes passionnés, c'est-à-dire des fous, auxquels il reste quelques intervalles de raison,
pendant lesquels ils connaissent leur folie, et
sentent par conséquent leur malheur; et comme
il y a dans les conditions élevées plus de faux
désirs, plus de vaines prétentions, plus de passions désordonnées, plus d'abus de son âme que
dans les états inférieurs, les grands sont sans
doute de tous les hommes les moins heureux.

Mais détournons les yeux de ces tristes objets et de ces vérités humiliantes; considérons
l'homme sage, le seul qui soit digne d'être considéré : maître de lui-même, il l'est des événemens; content de son état, il ne veut être que
comme il a toujours vécu; se suffisant à lui-même,
il n'a qu'un faible besoin des autres, il ne peut
leur être à charge; occupé continuellement à
exercer les facultés de son âme, il perfectionne
son entendement, il cultive son esprit, il acquiert
de nouvelles connaissances, et se satisfait à tout
instant sans remords, sans dégoût; il jouit de
tout l'univers en jouissant de lui-même.

Un tel homme est sans doute l'être le plus heu-

reux de la nature; il joint aux plaisirs du corps,
qui lui sont communs avec les animaux, les joies
de l'esprit qui n'appartiennent qu'à lui : il a deux
moyens d'être heureux qui s'aident et se fortifient
mutuellement; et si par un dérangement de santé,
ou par quelque autre accident, il vient à ressentir
de la douleur, il souffre moins qu'un autre ; la
force de son âme le soutient, la raison le con-
sole, il a même de la satisfaction en souffrant,
c'est de se sentir assez fort pour souffrir.

La santé de l'homme est moins ferme et plus
chancelante que celle d'aucun des animaux; il est
malade plus souvent et plus long-temps, il périt
à tout âge, au lieu que les animaux semblent parcourir d'un pas égal et ferme l'espace de la vie.
Cela me paraît venir de deux causes qui, quoique bien différentes, doivent toutes deux contribuer à cet effet; la première est l'agitation
de notre âme; elle est occasionée par le déré-
glement de notre sens intérieur matériel : les
passions et les malheurs qu'elles entraînent in-
fluent sur la santé, et dérangent les principes qui
nous animent : si l'on observait les hommes, on
verrait que presque tous mènent une vie timide
ou contentieuse, et que la plupart meurent de cha-
grin. La seconde est l'imperfection de ceux de
nos sens qui sont relatifs à l'appétit. Les animaux
sentent bien mieux que nous ce qui convient à
leur nature, ils ne se trompent pas dans le
choix de leurs alimens, ils ne s'excèdent pas dans
leurs plaisirs; guidés par le seul sentiment de

leurs besoins actuels, ils se satisfont sans chercher à en faire naître de nouveaux. Nous, indépendamment de ce que nous voulons tout à l'excès, indépendamment de cette espèce de fureur
avec laquelle nous cherchons à nous détruire,
en cherchant à forcer la nature, nous ne savons
pas trop ce qui nous convient ou ce qui nous est
nuisible, nous ne distinguons pas bien les effets de
telle ou telle nourriture, nous dédaignons les alimens simples, et nous leur préférons des mets
composés, parce que nous avons corrompu notre
goût, et que d'un sens de plaisir, nous en avons
fait un organe de débauche, qui n'est flatté que
de ce qui l'irrite.

Il n'est donc pas étonnant que nous soyons, plus
que les animaux, sujets à des infirmités, puisque
nous ne sentons pas aussi bien qu'eux ce qui nous
est bon ou mauvais, ce qui peut contribuer à conserver ou à détruire notre santé, que notre expérience est à cet égard bien moins sûre que leur
sentiment, que d'ailleurs nous abusons infiniment
plus qu'eux de ces mêmes sens de l'appétit qu'ils
ont meilleurs et plus parfaits que nous, puisque
ces sens ne sont pour eux que des moyens de conservation et de santé, et qu'ils deviennent pour
nous des causes de destruction et de maladies.
L'intempérance détruit et fait languir plus d'hommes elle seule que tous les autres fléaux de la
nature humaine réunis.

Toutes ces réflexions nous portent à croire
que les animaux ont le sentiment plus sûr et plus

exquis que nous ne l'avons ; car, quand même on voudrait m'opposer qu'il y a des animaux qu'on empoisonne aisément, que d'autres s'empoisonnent eux-mêmes, et que par conséquent ces animaux ne distinguent pas mieux que nous ce qui peut leur être contraire, je répondrai toujours qu'ils ne prennent le poison qu'avec l'apprêt dont il est enveloppé, ou avec la nourriture dont il se trouve environné, que d'ailleurs ce n'est que quand ils n'ont point à choisir, quand la faim les presse, et quand le besoin devient nécessité, qu'ils dévorent en effet tout ce qu'ils trouvent ou tout ce qui leur est présenté, et encore arrive-t-il que la plupart se laissent consumer d'inanition, et périr de faim plutôt que de prendre des nourritures qui leur répugnent.

Les animaux ont donc le sentiment, même à un plus haut degré que nous ne l'avons; je pourrai le prouver encore par l'usage qu'ils font de ce sens admirable, qui seul pourrait leur tenir lieu de tous les autres sens. La plupart des animaux ont l'odorat si parfait, qu'ils sentent de plus loin qu'ils ne voient; non-seulement ils sentent de très-loin les corps présens et actuels, mais ils en sentent les émanations et les traces long-temps après qu'ils sont absens et passés. Un tel sens est un organe universel de sentiment ; c'est un œil qui voit les objets non-seulement où ils sont, mais même partout où ils ont été; c'est un organe de goût par lequel l'animal savoure, non-seulement ce qu'il peut toucher et saisir, mais même ce qui est éloigné et qu'il ne peut atteindre; c'est le sens par lequel il est le plus tôt, le plus souvent et le plus sûrement averti, par lequel il agit, il détermine, il reconnaît ce qui est convenable ou contraire à la nature, par lequel enfin il aperçoit, sent et choisit ce qui peut satisfaire son appétit.

Les animaux ont donc les sens relatifs à l'appétit plus parfaits que nous ne les avons, et par conséquent ils ont le sentiment plus exquis et à un plus haut degré que nous ne l'avons : ils ont aussi la conscience de leur existence actuelle, mais ils n'ont pas celle de leur existence passée. Cette seconde proposition mérite, comme la première, d'être considérée; je vais tâcher d'en prouver la vérité.

La conscience de son existence, ce sentiment intérieur qui constitue le moi, est composé chez nous de la sensation de notre existence actuelle et du souvenir de notre existence passée. Ce souvenir est une sensation tout aussi présente que la première, elle nous occupe quelquefois même plus fortement et nous affecte plus puissamment que les sensations actuelles; et comme ces deux espèces de sensations sont différentes, et que notre âme a la faculté de les comparer et d'en former des idées, notre conscience d'existence est d'autant plus certaine et d'autant plus étendue, que nous nous représentons plus souvent et en plus grand nombre les choses passées, et que par nos réflexions nous les comparons et les combinons davantage

2**

entre elles et avec les choses présentes. Chacun conserve dans soi-même un certain nombre de sensations relatives aux différentes existences ; c'est-à-dire, aux différens états où l'on s'est trouvé ; ce nombre de sensations est devenu une succession et a formé une suite d'idées ; par là comparaison que notre âme a faite de ces sensations entre elles. C'est dans cette comparaison de sensations que consiste l'idée du temps, et même toutes les autres idées ne sont, comme nous l'avons déjà dit, que des sensations comparées. Mais cette suite de nos idées, cette chaîne de nos existences, se présente à nous souvent dans un ordre fort différent de celui dans lequel nos sensations nous sont arrivées. C'est l'ordre de nos idées, c'est-à-dire, des comparaisons que notre âme a faites de nos sensations, que nous voyons, et point du tout l'ordre de ces sensations, et c'est en cela principalement que consiste la différence des caractères et des esprits ; car, de deux hommes que nous supposerons semblablement organisés, et qui auront été élevés ensemble et de la même façon, l'un pourra penser bien différemment de l'autre, quoique tous deux aient reçu leurs sensations dans le même ordre : mais comme la trempe de leurs âmes est différente, et que chacune de ces âmes a comparé et combiné ces sensations semblables, d'une manière qui lui est propre et particulière, le résultat général de ces comparaisons, c'est-à-dire les idées, l'esprit, le caractère acquis, seront aussi différens.

Il y a quelques hommes dont l'activité de l'âme est telle qu'ils ne reçoivent jamais deux sensations sans les comparer et sans en former par conséquent une idée; ceux-ci sont les plus spirituels, et peuvent, suivant les circonstances, devenir les premiers des hommes en tout genre, il y en a d'autres, en assez grand nombre, dont l'âme moins active laisse échapper toutes les sensations qui n'ont pas un certain degré de force, et ne comparent que celles qui l'ébranlent fortement; ceux-ci ont moins d'esprit que les premiers, et d'autant moins que leur âme se porte moins fréquemment à comparer leurs sensations et à en former des idées; d'autres enfin, et c'est la multitude, ont si peu de vie dans l'âme, et une si grande indolence à penser, qu'ils ne comparent et ne combinent rien, au moins du premier coup d'œil; il leur faut des sensations fortes et répétées mille et mille fois pour que leur âme vienne enfin à en comparer quelqu'une et à former une idée : ces hommes sont plus ou moins stupides, et semblent ne différer des animaux que par ce petit nombre d'idées que leur âme a tant de peine à produire.

La conscience de notre existence étant donc composée, non-seulement de nos sensations actuelles, mais même de la suite d'idées qui a fait naître la comparaison de nos sensations et de nos existences passées, il est évident que plus on a d'idées, et plus on est fier de son existence; que plus on a d'esprit, plus on existe ; qu'enfin c'est par la puissance de réfléchir qu'a notre âme, et par cette seule puissance, que nous sommes certains de nos existences passées et que nous voyons nos existences futures, l'idée de l'avenir n'étant que la comparaison inverse du présent au passé, puisque dans cette vue de l'esprit le présent est passé, et l'avenir est présent.

Cette puissance de réfléchir ayant été refusée aux animaux, il est donc certain qu'ils ne peuvent former d'idée, et que par conséquent leur conscience d'existence est moins sûre et moins étendue que la nôtre ; car ils ne peuvent avoir aucune idée du temps, aucune connaissance du passé, aucune notion de l'avenir; leur conscience d'existence est simple, elle dépend uniquement des sensations qui les affectent actuellement, et consiste dans le sentiment intérieur que ces sensations produisent.

Ne pouvons-nous pas concevoir ce que c'est que cette conscience d'existence dans les animaux, en faisant réflexion sur l'état où nous nous trouvons lorsque nous sommes fortement occupés d'un objet, ou violemment agités par une passion qui ne nous permet de faire aucune réflexion sur nous-mêmes. On exprime l'idée de cet état en disant qu'on est hors de soi ; et l'on est en effet hors de soi, dès que l'on n'est occupé que des sensations actuelles; et l'on est d'autant plus hors de soi, que ces sensations sont plus vives, plus rapides, et qu'elles donnent moins de temps à l'âme pour les considérer : dans cet état nous nous

sentons , nous sentons même le plaisir et la douleur dans toutes leurs nuances ; nous avons donc
alors le sentiment , la conscience de notre existence , sans que notre âme semble y participer.
Cet état où nous ne nous trouvons que par instans,
est l'état habituel des animaux ; privés d'idées et
pourvus de sensations , ils ne savent point qu'ils
existent , mais ils le sentent.

Pour rendre plus sensible la différence que j'é-
tablis ici entre les sensations et les idées , et pour
démontrer en même temps que les animaux ont
des sensations , et qu'ils n'ont point d'idées , considérons en détail leurs facultés et les nôtres , et
comparons leurs opérations à nos actions. Ils ont
comme nous des sens , et par conséquent ils reçoivent les impressions des objets extérieurs; ils
ont comme nous un sens intérieur, un organe qui
conserve les ébranlemens causés par ces impressions , et par conséquent ils ont des sensations
qui , comme les nôtres peuvent se renouveler ,
et sont plus ou moins fortes et plus ou moins durables; cependant ils n'ont ni l'esprit, ni l'entendement, ni la mémoire comme nous l'avons , parce
qu'ils n'ont pas la puissance de comparer leurs
sensations , et que ces trois facultés de notre
âme dépendent de cette puissance.

Les animaux n'ont pas la mémoire! Le contraire
paraît démontré, me dira-t-on; ne reconnaissent-
ils pas après une absence les personnes auprès
desquelles ils ont vécu , les lieux qu'ils ont habités, les chemins qu'ils ont parcourus? Ne se sou-

viennent=ils pas des châtimens qu'ils ont essuyés, des caresses qu'on leur a faites, des leçons qu'on leur a données? Tout semble prouver qu'en leur ôtant l'entendement et l'esprit, on ne peut leur refuser la mémoire et une mémoire active, étendue, et peut-être plus fidèle que la nôtre. Cependant, quelque grandes que soient ces apparences, et quelque fort que soit le préjugé qu'elles ont fait naître, je crois qu'on peut démontrer qu'elles nous trompent ; que les animaux n'ont aucune connaissance du passé, aucune idée du temps; et que par conséquent ils n'ont pas la mémoire.

Chez nous, la mémoire émane de la puissance de réfléchir, car le souvenir que nous avons des choses passées suppose non-seulement la durée des ébranlemens de notre sens intérieur matériel, c'est-à-dire le renouvellement de nos sensations antérieures, mais encore les comparaisons que notre âme a faites de ces sensations, c'est-à-dire les idées qu'elle en a formées. Si la mémoire ne consistait que dans le renouvellement des sensations passées, ces sensations se représenteraient à notre sens intérieur sans y laisser une impression déterminée ; elles se présenteraient sans aucun ordre, sans liaisons entre elles, à peu près comme elles se présentent dans l'ivresse ou dans certains rêves, où tout est si décousu, si peu suivi, si peu ordonné, que nous ne pouvons en conserver le souvenir : car nous ne nous souvenons que des choses qui ont des rapports avec celles qui les ont précédées ou suivies; et toute sensation isolée, qui n'aurait aucune liaison avec les autres sensations, quelque forte qu'elle pût être, ne laisserait aucune trace dans notre esprit : or c'est notre âme qui établit ces rapports entre les choses, par la comparaison qu'elle fait des unes avec les autres; c'est elle qui forme la liaison de nos sensations et qui ourdit la trame de nos existences par un fil continu d'idées. La mémoire consiste donc dans une succession d'idées, et suppose nécessairement la puissance qui les produit.

Mais pour ne laisser, s'il est possible, aucun doute sur ce point important, voyons quelle est l'espèce de souvenir que nous laissent nos sensations, lorsqu'elles n'ont point été accompagnées d'idées. La douleur et le plaisir sont de pures sensations, et les plus fortes de toutes; cependant lorsque nous voulons nous rappeler ce que nous avons senti dans les instans les plus vifs de plaisir ou de douleur, nous ne pouvons le faire que faiblement, confusément : nous nous souvenons seulement que nous avons été flattés ou blessés; mais notre souvenir n'est pas distinct, nous ne pouvons nous représenter ni l'espèce, ni le degré, ni la durée de ces sensations qui nous ont cependant si fortement ébranlés, et nous sommes d'autant moins capables de nous les représenter, qu'elles ont été moins répétées et plus rares. Une douleur, par exemple, que nous n'aurons éprouvée qu'une fois, qui n'aura duré que quelques instans, et qui sera différente des douleurs que nous éprouvons habituellement, sera nécessairement bientôt oubliée, quelque vive qu'elle ait été, et quoique nous nous souvenions que dans cette circonstance nous avons ressenti une grande douleur, nous n'avons qu'une faible réminiscence de la sensation même, tandis que nous avons une mémoire nette des circonstance, qui l'accompapaguaient et du temps où elle nous est arrivée.

Pourquoi tout ce qui s'est passé dans notre enfance est-il presque entièrement oublié! et pourquoi les vieillards ont-ils un souvenir plus présent de ce qui leur est arrivé dans le moyen âge, que de ce qui leur arrive dans leur vieillesse! Y a-t-il une meilleure preuve que les sensations toutes seules ne suffisent pas pour produire la mémoire, et qu'elle n'existe en effet que dans la suite des idées que notre âme peut tirer de ces sensations! Car dans l'enfance les sensations sont aussi et peut-être plus vives et plus rapides que dans le moyen âge, et cependant elles ne laissent que peu ou point de traces, parce qu'à cet âge la puissance de réfléchir, qui seule peut former des idées, est dans une inaction presque totale, et que dans les momens où elle agit, elle ne compare que des superficies, elle ne combine que de petites choses; pendant un petit temps elle ne met rien en ordre, elle ne réduit rien ensuite. Dans l'âge mûr, où la raison est entièrement développée, parce que la puissance de réfléchir est en entier exercice, nous tirons de nos sensations tout le fruit qu'elles peuvent produire, et nous

nous formons plusieurs ordres d'idées et plusieurs
chaînes de pensées dont chacune fait une trace
durable, sur laquelle nous repassons si souvent,
qu'elle devient profonde, ineffaçable, et que plusieurs années après, dans le temps de notre vieillesse, ces mêmes idées se présentent avec plus
de force que celles que nous pouvons tirer immédiatement des sensations actuelles, parce
qu'alors ces sensations sont faibles, lentes,
émoussées, et qu'à cet âge l'âme même participe
à la langueur du corps. Dans l'enfance le
temps présent est tout, dans l'âge mûr on jouit
également du passé, du présent et de l'avenir,
et dans la vieillesse on sent peu le présent,
on détourne les yeux de l'avenir et on ne vit
que dans le passé. Ces différences ne dé-
pendent-elles pas entièrement de l'ordonnance
que notre âme a faite de nos sensations, et ne
sont-elles pas relatives au plus ou moins de
facilité que nous avons dans ces différens âges à
former, à acquérir et à conserver des idées !
L'enfant qui jase et le vieillard qui radote n'ont
ni l'un ni l'autre le ton de la raison, parce qu'ils
manquent également d'idées; le premier ne peut
encore en former, et le second n'en forme plus.

Un imbécile, dont les sens et les organes corporels nous paraissent sains et biens disposés, a
comme nous des sensations de toutes espèces,
il les aura aussi dans le même ordre s'il vit en
société et qu'on l'oblige à faire ce que font les
autres hommes. Cependant, comme ses sensations ne lui font point naître d'idées, qu'il n'y a

point de correspondance entre son âme et son corps, et qu'il ne peut réfléchir sur rien, il est en conséquence privé de la mémoire et de la connaissance de soi-même. Cet homme ne diffère en rien de l'animal, quant aux facultés extérieures ; car, quoiqu'il ait une âme, et que par conséquent il possède en lui le principe de la raison, comme ce principe demeure dans l'inaction et qu'il ne reçoit rien des organes corporels avec lesquels il n'a aucune correspondance, il ne peut influer sur les actions de cet homme, qui dès lors ne peut agir que comme un animal uniquement déterminé par ses sensations et par le sentiment de son existence actuelle et de ses besoins présens. Ainsi l'homme imbécile et l'animal sont des êtres dont les résultats et les opérations sont les mêmes à tous égards, parce que l'un n'a point d'âme, et que l'autre ne s'en sert point : tous deux manquent de la puissance de réfléchir, et n'ont par conséquent ni entendement, ni esprit, ni mémoire, mais tous deux ont des sensations, du sentiment et du mouvement.

Cependant, me répétera-t-on toujours, l'homme imbécile et l'animal n'agissent-ils pas souvent comme s'ils étaient déterminés par la connaissance des choses passées ! Ne reconnaissent-ils pas les personnes avec lesquelles ils ont vécu, les lieux qu'ils ont habités, etc. Ces actions ne supposent-elles pas nécessairement la mémoire ! Et cela ne prouverait-il pas au contraire qu'elle n'émane point de la puissance de réfléchir !

Si l'on a donné quelque attention à ce que je

viens de dire, on aura déjà senti que je distingue deux espèces de mémoires infiniment différentes l'une de l'autre par leur cause, et qui peuvent cependant se ressembler en quelque sorte par leurs effets ; la première est la trace de nos idées, et la seconde que j'appellerais volontiers réminiscence plutôt que mémoire, n'est que le renouvellement de nos sensations, ou plutôt des ébranlemens qui les ont causées : la première émane de l'âme, et comme je l'ai prouvé, elle est pour nous bien plus parfaite que la seconde ; cette dernière au contraire n'est produite que par le renouvellement des ébranlemens du sens intérieur matériel, et elle est la seule qu'on puisse accorder à l'animal ou à l'homme imbécile ; leurs sensations antérieures sont renouvelées par les sensations actuelles, elles se réveillent avec toutes les circonstances qui les accompagnaient ; l'image principale et présente appelle les images anciennes et accessoires ; ils sentent comme ils ont senti ; ils agissent donc comme ils ont agi ; ils voient ensemble le présent et le passé, mais sans les distinguer, sans les comparer, et par conséquent sans les connaître.

Une seconde objection qu'on me fera sans doute, et qui n'est cependant qu'une conséquence de la première, mais qu'on ne manquera pas de donner comme une autre preuve de l'existence de la mémoire dans les animaux, ce sont leurs rêves. Il est certain que les animaux se représentent dans le sommeil les choses dont ils ont été.

occupés pendant la veille; les chiens jappent souvent en dormant, et quoique ces aboiemens soient sourds et faibles, on y reconnaît cependant la voix de la chasse, les accens de la colère, les sons du désir ou du murmure, etc. On ne peut donc pas douter qu'ils n'aient des choses passées un souvenir très-vif, très-actif et différent de celui dont nous venons de parler, puisqu'il se renouvelle indépendamment d'aucune cause extérieure qui pourrait y être relative.

Pour éclaircir cette difficulté et y répondre d'une manière satisfaisante, il faut examiner la nature de nos rêves, et chercher s'ils viennent de notre âme, ou s'ils dépendent seulement de notre sens intérieur matériel; si nous pouvions prouver qu'ils y résident en entier, ce serait, non-seulement une réponse à l'objection, mais une nouvelle démonstration contre l'entendement et la mémoire des animaux.

Les imbéciles, dont l'âme est sans action, rêvent comme les autres hommes; il se produit donc des rêves indépendamment de l'âme, puisque dans les imbéciles l'âme ne produit rien. Les animaux qui n'ont point d'âme peuvent donc rêver aussi, et non-seulement il se produit des rêves indépendamment de l'âme, mais je serais fort porté à croire que tous les rêves en sont indépendans. Je demande seulement que chacun réfléchisse sur ces rêves, et tâche à reconnaître pourquoi les parties en sont si mal liées et les événemens si bizarres; il m'a paru que c'était principalement, parce qu'ils ne roulent que sur des sensations et pas du tout sur des idées. L'idée du temps, par exemple, n'y entre jamais, on se représente bien les personnes que l'on n'a pas vues, et même celles qui sont mortes depuis plusieurs années; on les voit vivantes et tellesqu'elles étaient, mais on les joint aux choses actuelles et aux personnes présentes, ou à des choses et à des personnes d'un autre temps : il en est de même de l'idée du lieu, on ne voit pas où elles étaient; les choses qu'on se représente, on les voit ailleurs, où elles ne pouvaient être ; si l'âme agissait, il ne lui faudrait qu'un instant pour mettre de l'ordre dans cette suite décousue, dans ce cahos de sensations, mais ordinairement elle n'agit point, elle laisse les représentations se succéder en désordre, et quoique chaque objet se présente vivement, la succession en est souvent confuse et toujours chimérique : et s'il arrive que l'âme soit à demi réveillée par l'énormité de ces disparates, ou seulement par la force de ces sensations, elle jettera sur-le-champ une étincelle de lumière au milieu des ténèbres, elle produira une idée réelle dans le sein même des chimères : on rêvera que tout cela pourrait bien n'être qu'un rêve, je devrais dire on pensera, car, quoique cette action ne soit qu'un petit signe de l'âme, ce n'est point une sensation ni un rêve, c'est une pensée, une réflexion, mais qui n'étant pas assez forte pour dissiper l'illusion, s'y mêle, en devient partie,

et n'empêche pas les représentations de se succéder ; en sorte qu'au réveil on s'imagine avoir
rêvé cela même qu'on avait pensé.

Dans les rêves on voit beaucoup, on entend
rarement, on ne raisonne point, on sent vivement, les images se suivent, les sensations se
succèdent sans que l'âme les compare ni ne les
réunisse : on n'a donc que des sensations et point
d'idées, puisque les idées ne sont que les comparaisons des sensations; ainsi les rêves ne résident
que dans le sens intérieur matériel ; l'âme ne les
produit point, ils feront donc partie de ce souvenir animal, de cette espèce de réminiscence
matérielle dont nous avons parlé. La mémoire
au contraire ne peut exister sans l'idée du temps,
sans la comparaison des idées antérieures et des
idées actuelles, et puisque ces idées n'entrent
point dans les rêves, il paraît démontré qu'ils ne
peuvent être ni une conséquence, ni un effet, ni
ni une preuve de la mémoire. Mais quand même
on voudrait soutenir qu'il y a quelquefois des
rêves d'idées, quand on citerait pour le prouver
les somnambules, les gens qui parlent en dormant et disent des choses suivies, qui répondent
à des questions, etc., et que l'on en inférerait que
les idées ne sont pas exclues des rêves, du moins
aussi absolument que je prétends, il me suffirait
pour ce que j'avais à prouver, que le renouvellement des sensations puisse les produire, car
dès lors les animaux n'auront que des rêves de

cette espèce, et ces rêves, bien loin de supposer la mémoire, n'indiquent au contraire que la réminiscence matérielle.

Cependant je suis bien éloigné de croire que les somnambules, les gens qui parlent en dormant, qui répondent à des questions, etc., soient en effet occupés d'idées : l'âme ne me paraît avoir aucune part à toutes ces actions ; car les somnambules vont, viennent, agissent sans réflexion, sans connaissance de leur situation, ni du péril, ni des inconvéniens qui accompagnent leurs démarches, les seules facultés animales sont en exercice, et même elles n'y sont pas toutes : un somnambule est dans cet état plus stupide qu'un imbécile, parce qu'il n'y a qu'une partie de ses sens et de son sentiment qui soit alors en exercice, au lieu que l'imbécile dispose de tous ses sens et jouit du sentiment dans toute son étendue ; et à l'égard des gens qui parlent en dormant, je ne crois pas qu'ils disent rien de nouveau : la réponse à certaines questions triviales et usitées, la répétition de quelques phrases communes, ne prouvent pas l'action de l'âme, tout cela peut s'opérer indépendamment du principe de la connaissance et de la pensée. Pourquoi dans le sommeil ne parlerait-on pas sans penser puisqu'en s'examinant soi-même, lorsqu'on est le mieux éveillé, on s'aperçoit, surtout dans les passions, qu'on dit tant de choses sans réflexion! A l'égard de la cause occasionelle des rêves, qui fait que les sensations antérieures se renouvellent sans être excitées par les objets présens ou par des sensations actuelles, on observera que l'on ne rêve point lorsque le sommeil est profond, tout est alors assoupi, on dort en dehors et en dedans, mais le sens intérieur s'endort le dernier et se réveille le premier, parce qu'il est plus vif, plus actif, plus aisé à ébranler que les sens extérieurs : le sommeil est dès lors moins complet et moins profond, c'est là le temps des songes illusoires; les sensations antérieures, surtout celles sur lesquelles nous n'avons pas réfléchi, se renouvellent; le sens intérieur, ne pouvant être occupé par des sensations actuelles à cause de l'inaction des sens externes, agit et s'exerce sur ses sensations passées; les plus fortes, sont celles qu'il saisit le plus souvent; plus elles sont fortes, plus les situations sont excessives, et c'est par cette raison que presque tous les rêves sont effroyables ou charmans.

Il n'est pas même nécessaire que les sens extérieurs soient absolument assoupis pour que le sens intérieur matériel puisse agir de son propre mouvement, il suffit qu'ils soient sans exercice. Dans l'habitude où nous sommes de nous livrer régulièrement à un repos anticipé, on ne s'endort pas toujours aisément; le corps et les membres mollement étendus sont sans mouvemens : les yeux, doublement voilés par la paupière et les ténèbres, ne peuvent s'exercer ; la tranquillité du lieu et le silence de la nuit rendent l'oreille inutile; les autres sens, également inactifs, tout est en repos , et rien n'est encore assoupi : dans cet état , lorsqu'on ne s'occupe pas d'idées , et que l'âme est aussi dans l'inaction , l'empire appartient au sens intérieur matériel , il est alors la seule puissance qui agisse , c'est là le temps des images chimériques, des ombres voltigeantes; on veille , et cependant on éprouve les effets du sommeil : si l'on est en pleine santé , c'est une suite d'images agréables, d'illusions charmantes; mais pour peu que le corps soit souffrant ou affaissé , les tableaux sont bien différens , on voit des figures grimaçantes , des visages de vieilles, des fantômes hideux qui semblent s'adresser à nous, et qui se succèdent avec autant de bizarrerie que de rapidité; c'est la lanterne magique; c'est une scène de chimères qui remplissent le cerveau vide alors de toute autre sensation, et les objets de cette scène sont d'autant plus vifs , d'autant plus nombreux , d'autant plus désagréables , que les autres facultés animales sont plus lésées, que les nerfs sont plus délicats, et que l'on est plus faible, parce que les ébranlemens causés par les sensations réelles étant , dans cet état de faiblesse ou de maladie , beaucoup plus forts et plus désagréables que dans l'état de santé , les représentations de ces sensations, que produit le renouvellement de ces ébranlemens , doivent aussi être plus vives et plus agréables.

Au reste, nous nous souvenons de nos rêves, par la même raison que nous nous souvenons des sensations que nous venons d'éprouver, et

la seule différence qu'il y ait ici entre les animaux
et nous, c'est que nous distinguons parfaitement
ce qui appartient à nos rêves de ce qui appartient à nos idées ou à nos sensations réelles, et
ceci est une comparaison, une opération de la
mémoire, dans laquelle entre l'idée du temps;
les animaux au contraire, qui sont privés de la
mémoire et de cette puissance de comparer les
temps, ne peuvent distinguer leurs rêves de leurs
sensations réelles, et l'on peut dire que ce qu'ils
ont rêvé leur est effectivement arrivé.

Je crois avoir déjà prouvé d'une manière dé-
monstrative, dans ce que j'ai écrit sur la nature
de l'homme, que les animaux n'ont pas la puissance de réfléchir; (1) or l'entendement est,
non-seulement une faculté de cette puissance de
réfléchir, mais c'est l'exercice même de cette
puissance, c'en est le résultat, c'est ce qui la manifeste, seulement nous devons distinguer dans
l'entendement deux opérations différentes, dont
la première sert de base à la seconde et la précède nécessairement : cette première action de
la puissance de réfléchir est de comparer les
sensations et d'en former des idées, et la seconde
est de comparer les idées mêmes et d'en former
des raisonnemens ; par la première de ces opérations, nous acquérons des idées particulières
et qui suffisent à la connaissance de toutes les

---

(1) Voyez le premier fragment de la nature de l'homme;
pages 21 et 22.

choses sensibles; par la seconde, nous nous élevons à des idées générales, nécessaires pour arriver à l'intelligence des choses abstraites. Les animaux n'ont ni l'une ni l'autre de ces facultés, parce qu'ils n'ont point d'entendement; et l'entendement de la plupart des hommes paraît être borné à la première de ces opérations.

Car si tous les hommes étaient également capables de comparer des idées, de les généraliser et d'en former de nouvelles combinaisons, tous manifesteraient leur génie par des productions nouvelles, toujours différentes de celles des autres, et souvent plus parfaites; tous auraient le don d'inventer, ou du moins les talens de perfectionner. Mais non : réduits à une imitation servile, la plupart des hommes ne font que ce qu'ils voient faire, ne pensent que de mémoire, et dans le même ordre que les autres ont pensé; les formules, les méthodes, les métiers remplissent toute la capacité de leur entendement, et les dispensent de réfléchir assez pour créer.

L'imagination est aussi une faculté de l'âme : si nous entendons par ce mot *imagination* la puissance que nous avons de comparer des images avec des idées, de donner des couleurs à nos pensées, de représenter et d'agrandir nos sensations, de peindre le sentiment, en un mot, de saisir vivement les circonstances et de voir nettement les rapports éloignés des objets que nous considérons, cette puissance de notre âme en est même la qualité la plus brillante et la plus ac-

3*

tive ; c'est l'esprit supérieur, c'est le génie ; les animaux en sont encore plus dépourvus que d'entendement et de mémoire ; mais il y a une autre imagination, un autre principe qui dépend uniquement des organes corporels, et qui nous est commun avec les animaux ; c'est cette action tumultueuse et forcée qui s'excite au dedans de nous-mêmes par les objets analogues ou contraires à nos appétits ; c'est cette impression vive et profonde des images de ces objets, qui malgré nous se renouvelle à tout instant, et nous contraint d'agir comme les animaux, sans réflexion, sans délibération ; cette représentation des objets, plus active encore que leur présence, exagère tout, falsifie tout ; cette imagination est l'ennemie de notre âme, c'est la source de l'illusion, la mère des passions qui nous maîtrisent, nous emportent malgré les efforts de la raison, et nous rendent le malheureux théâtre d'un combat continuel, où nous sommes presque toujours vaincus.

Homo duplex.

L'homme intérieur est double, il est composé de deux principes différens par leur nature, et contraires par leur action. L'âme, ce principe spirituel, ce principe de toute connaissance, est toujours en opposition avec cet autre principe animal et purement matériel : le premier est une lumière pure qu'accompagnent le calme et la sérénité, une source salutaire dont émanent la science, la raison, la sagesse; l'autre est une fausse lueur qui ne brille que par la tempête et dans l'obscurité, un torrent impétueux qui roule et entraîne à sa suite les passions et les erreurs.

Le principe animal se développe le premier; comme il est purement matériel, et qu'il consiste dans la durée des ébranlemens et le renouvellement des impressions formées dans notre sens intérieur matériel par les objets analogues ou contraires à nos appétits, il commence à agir dès que le corps peut sentir de la douleur ou du plaisir, il nous détermine le premier et aussitôt que nous pouvons faire usage de nos sens. Le principe spirituel se manifeste plus tard, il se développe, il se perfectionne au moyen de l'éducation; c'est par la communication des pensées d'autrui que l'enfant en acquiert et devient lui-même pensant et raisonnable, et sans cette communication il ne serait que stupide ou fantasque, selon le degré d'inaction ou d'activité de son sens intérieur matériel.

Considérons un enfant lorsqu'il est en liberté et loin de l'œil de ses maîtres, nous pouvons juger de ce qui se passe au dedans de lui par le résultat de ses actions extérieures; il ne pense ni ne réfléchit à rien, il suit indifféremment toutes les routes du plaisir, il obéit à toutes les impressions des objets extérieurs, il s'agite sans raison, il s'amuse comme les jeunes animaux, à courir, à exercer son corps, il va, vient et revient sans dessein, sans projet, il agit sans ordre et sans suite ; mais bientôt, rappelé par la voix de ceux qui lui ont appris à penser, il se compose, il dirige ses actions, il donne des preuves qu'il a conservé les pensées qu'on lui a communiquées. Le principe matériel domine donc dans l'enfance, et il continuerait de dominer et d'agir presque seul pendant toute la vie, si l'éducation ne venait à développer le principe spirituel, et à mettre l'âme en exercice.

Il est aisé, en rentrant en soi-même, de reconnaître l'existence de ces deux principes : il y a des instans dans la vie, il y a même des heures, des jours, des saisons où nous pouvons juger non-seulement de la certitude de leur existence, mais aussi de leur contrariété d'action. Je veux parler de ces temps d'ennui, d'indolence, de dégoût, où nous ne pouvons nous déterminer à rien, où nous voulons ce que nous ne faisons pas, et faisons ce que nous ne voulons pas ; de cet état, ou de cette maladie à laquelle on a donné le nom de *vapeurs*, état où se trouvent si souvent les hommes oisifs, et même les hommes qu'aucun travail ne commande. Si nous nous observons dans cet état, notre *moi* nous paraîtra divisé en deux personnes, dont la première, qui représente la faculté raisonnable, blâme ce que fait la seconde, mais n'est pas assez forte pour s'y opposer efficacement et la vaincre ; au contraire, cette dernière étant formée de toutes les illusions de nos sens et de notre imagination, elle contraint, elle enchaîne, et souvent elle accable la première , et nous fait agir contre ce que nous pensons, ou nous force à l'inaction, quoique nous ayons la volonté d'agir.

Dans le temps où la faculté raisonnable domine, on s'occupe tranquillement de soi-même , de ses amis, de ses affaires; mais on s'aperçoit encore, ne-fût-ce que par des distractions involontaires , de la présence de l'autre principe. Lorsque celui-ci vient à dominer à son tour, on se livre ardemment à sa dissipation, à ses goûts, à ses passions; et à peine refléchit-on par instans sur les objets mêmes qui nous occupent et qui nous remplissent tout entiers. Dans ces deux états, nous sommes heureux; dans le premier nous commandons avec satisfaction, et dans le second nous obéissons encore avec plus de plaisir ; comme il n'y a que l'un des deux principes qui soit alors en action, et qu'il agit sans opposition de la part de l'autre , nous ne sentons aucune contrariété intérieure, notre moi nous paraît simple, parce que nous n'éprouvons qu'une impulsion simple, et c'est dans cette unité d'action que consiste notre bonheur ; car pour peu que, par des réflexions , nous venions à blâmer nos plaisirs, ou que par la violence de nos passions, nous cherchions à haïr la raison, nous cessons dès lors d'être heureux, nous perdons l'unité de notre existence en quoi consiste notre tranquillité ; la contrariété intérieure se renouvelle, les deux personnes se représentent en opposition , et les deux principes se font sentir et se manifestent par les doutes, les inquiétudes et les remords.

De là on peut conclure que le plus malheureux de tous les états est celui où ces deux puissances souveraines de la nature de l'homme, sont toutes deux en grand mouvement, mais en mouvement égal et qui fait équilibre; c'est là le point de l'ennui le plus profond et de cet horrible dégoût de soi-même, qui ne nous laisse d'autre désir que celui de cesser d'être, et ne nous permet qu'autant d'action qu'il en faut pour nous détruire, en tournant froidement contre nous des armes de fureur.

Quel état affreux! je viens d'en peindre la nuance la plus noire; mais combien n'y a-t-il pas d'autres sombres nuances qui doivent la précéder! Toutes les situations voisines de cette situation, tous les états qui approchent de cet état d'équilibre, et dans lesquels les deux principes opposés ont peine à se surmonter et agissent en même temps et avec des forces presque égales, sont des temps de trouble, d'irrésolution et de malheur; le corps même vient à souffrir de ce désordre et de ces combats intérieurs, il languit dans l'accablement, ou se consume par l'agitation que cet état produit.

Le bonheur de l'homme consistant dans l'unité de son intérieur, il est heureux dans le temps de l'enfance, parce que le principe matériel domine seul et agit presque continuellement. La contrainte, les remontrances, et même les châtimens, ne sont que de petits chagrins, l'enfant ne les ressent que comme on sent les douleurs corporelles, le fond de son existence n'en est point affecté; il reprend, dès qu'il est en liberté, toute l'action, toute la gaieté que lui donnent la vivacité et la nouveauté de ses sensations; s'il était entièrement livré à lui-même, il serait parfaitement heureux; mais ce bonheur cesserait, il produirait même le malheur pour les âges suivans : on est donc obligé de contraindre l'enfant; il est triste, mais nécessaire de le rendre malheureux par instans, puisque ces instans mêmes de malheur sont les germes de tout son bonheur à venir.

Dans la jeunesse, lorsque le principe spirituel commence à entrer en exercice et qu'il pourrait déjà nous conduire, il naît un nouveau sens matériel qui prend un empire absolu et commande si impérieusement à toutes nos facultés, que l'âme elle-même semble se prêter avec plaisir aux passions impétueuses qu'il produit : le principe matériel domine donc encore, et peut-être avec plus d'avantage que jamais; car non-seulement il efface et soumet la raison, mais il la pervertit et s'en sert comme d'un moyen de plus; on ne pense et on n'agit que pour approuver et pour satisfaire sa passion; tant que cette ivresse dure on est heureux; les contradictions et les peines extérieures semblent resserrer encore l'unité de l'intérieur, elles fortifient la passion, elles en remplissent les intervalles languissans, elles réveillent l'orgueil, et achèvent de tourner toutes nos vues vers le même objet et toutes nos puissances vers le même but.

Mais ce bonheur va passer comme un songe, le charme disparaît, le dégoût suit, un vide affreux succède à la plénitude des sentimens dont on était occupé. L'âme, au sortir de ce sommeil léthargique, a peine à se reconnaître ; elle a perdu par l'esclavage l'habitude de commander, elle n'en a plus la force, elle regrette même la servitude et cherche un nouveau maître, un nouvel objet de passions qui disparaît bientôt à son tour, pour être suivi d'un autre qui dure encore moins ; ainsi les excès et les dégoûts se multiplient, les plaisirs fuient, les organes s'usent, le sens matériel, loin de pouvoir commander, n'a même plus la force d'obéir. Que reste-t-il à l'homme après une telle jeunesse ! un corps énervé, une âme amollie, et l'impuissance de se servir de tous deux.

Aussi a-t-on remarqué que c'est dans le moyen âge que les hommes sont le plus sujets à ces langueurs de l'âme, à cette maladie inté-rieure, à cet état de vapeurs dont j'ai parlé. On court encore à cet âge après les plaisirs de la jeunesse, on les cherche par habitude et non par besoin ; et comme à mesure qu'on avance il arrive toujours plus fréquemment qu'on sent moins le plaisir que l'impuissance d'en jouir, on se trouve contredit par soi-même, humilié par sa propre faiblesse, si nettement et si souvent, qu'on ne peut s'empêcher de se blâmer, de condamner ses actions, et de se reprocher même ses désirs.

D'ailleurs, c'est à cet âge que naissent les soucis et que la vie est la plus contentieuse ; car on a pris un état, c'est-à-dire qu'on est entré par hasard ou par choix dans une carrière qu'il est toujours honteux de ne pas fournir, et souvent très-dangereux de remplir avec éclat. On marche donc péniblement entre deux écueils également formidables, le mépris et la haine ; on s'affaiblit par les efforts qu'on fait pour les éviter, et l'on tombe dans le découragement ; car lorsqu'à force d'avoir vécu et d'avoir reconnu, éprouvé les injustices des hommes, on a pris l'habitude d'y compter comme sur un mal nécessaire : lorsqu'on s'est enfin accoutumé à faire moins de cas de leurs jugemens que de son repos, et que le cœur endurci par les cicatrices mêmes des coups qu'on lui a portés, est devenu plus insensible, on arrive aisément à cet état d'insérence, à cette quiétude indolente, dont on aurait rougi quelques années auparavant. La gloire, ce puissant mobile de toutes les grandes âmes, et qu'on voyait de loin comme un but éclatant qu'on s'efforçait d'atteindre, par des actions brillantes et des travaux utiles, n'est plus qu'un objet sans attraits pour ceux qui en ont approché, et un fantôme vain et trompeur pour les autres, qui sont restés dans l'éloignement. La paresse prend sa place, et semble offrir à

tous des routes plus aisées et des biens plus solides ; mais le dégoût la précède et l'ennui la
suit ; l'ennui, ce triste tyran de toutes les âmes
qui pensent, contre lequel la sagesse peut moins
que la folie.

C'est donc parce que la nature de l'homme
est composée de deux principes opposés, qu'il a
tant de peine à se concilier avec lui-même, c'est
de là que viennent son inconstance, son irrésolution, ses ennuis.

Les animaux au contraire, dont la nature est
simple et purement matérielle, ne ressentent, ni
combats intérieurs, ni opposition, ni trouble ;
ils n'ont, ni nos regrets, ni nos remords, ni nos
espérances, ni nos craintes.

QUATRIÈME FRAGMENT.

Lorsqu'on vient à penser tout à coup à quelque chose qu'on désire ardemment ou qu'on
regrette vivement, on ressent un tressaillement
ou un serrement intérieur ; ce mouvement du
diaphragme agit sur les poumons, les élève et
occasionne une inspiration vive et prompte qui
forme le soupir ; et lorsque l'âme a réfléchi sur
la cause de son émotion, et qu'elle ne voit aucun
moyen de remplir son désir ou de faire cesser
ses regrets, les soupirs se répètent, la tristesse
qui est la douleur de l'âme, succède à ses premiers mouvemens, et lorsque cette douleur de
l'âme est profonde et subite, elle fait couler
les larmes, et l'air entre dans la poitrine par

secousses, il se fait plusieurs inspirations réitérées par une espèce de secousse involontaire ;
chaque inspiration fait un bruit plus fort que
celui du soupir, c'est ce qu'on appelle *sangloter ;*
les sanglots se succèdent plus rapidement que
les soupirs, et le son de la voix se fait entendre
un peu dans le sanglot ; les accens en sont encore
plus marqués dans le gémissement, c'est une
espèce de sanglot continué, dont le son lent se
fait entendre dans l'inspiration et dans l'expira-
tion ; son expression consiste dans la continuation et la durée d'un ton plaintif formé par des
sons inarticulés : ces sons du gémissement sont
plus ou moins longs, suivant le degré de tristesse, d'affliction et d'abattement qui les cause ,
mais ils sont toujours répétés plusieurs fois ; le
temps de l'inspiration est celui de l'intervalle de
silence qui est entre les gémissemens , et ordinairement ces intervalles sont égaux pour la
durée et pour la distance. Le cri plaintif est un
gémissement exprimé avec force et à haute voix ;
quelquefois ce cri se soutient dans toute son étendue sur le même ton , c'est surtout lorsqu'il est
fort élevé et très-aigu ; quelquefois aussi il finit
par un ton plus bas, c'est ordinairement lorsque
la force du cri est modérée.

Le ris est un son entrecoupé subitement et à
plusieurs reprises par une sorte de trémoussement qui est marqué à l'extérieur par le mouvement du ventre qui s'élève et s'abaisse précipi-
tamment ; quelquefois, pour faciliter ce mouve-

ment, on penche la poitrine et la tête en avant : la poitrine se resserre et reste immobile, les coins de la bouche s'éloignent du côté des joues qui se trouvent resserrées et gonflées; l'air, à chaque fois que le ventre s'abaisse, sort de la bouche avec bruit, et l'on entend un éclat de la voix qui se répète plusieurs fois de suite, quelquefois sur le même ton, d'autres fois sur des tons différens qui vont en diminuant à chaque répétition.

Dans le ris immodéré et dans presque toutes les passions violentes les lèvres sont fort ouvertes, mais dans des mouvemens de l'âme plus doux et plus tranquilles, les coins de la bouche s'éloignent sans qu'elle s'ouvre, les joues se gonflent, et dans quelques personnes il se forme sur chaque joue, à une petite distance des coins de la bouche, un léger enfoncement que l'on appelle *la fossette*, c'est un agrément qui se joint aux grâces dont le souris est ordinairement accompagné. Le souris est une marque de bienveillance, d'applaudissement et de satisfaction intérieure, c'est aussi une façon d'exprimer le mépris et la moquerie ; mais dans ce souris malin on serre davantage les lèvres l'une contre l'autre, par un mouvement de la lèvre inférieure.

Les joues sont des parties uniformes qui n'ont par elles-mêmes aucun mouvement, aucune expression, si ce n'est par la rougeur ou la pâleur qui les couvre involontairement dans des passions différentes ; ces parties forment le contour de la face et l'union des traits, elles contribuent plus

à la beauté du visage qu'à l'expression des passions, il en est de même du menton, des oreilles
et des tempes.

On rougit dans la honte, la colère, l'orgueil,
la joie; on pâlit dans la crainte, l'effroi et la
tristesse; cette altération de la couleur du visage
est absolument involontaire, elle manifeste l'état
de l'âme sans son consentement; c'est un effet
du sentiment sur lequel la volonté n'a aucun
empire, elle peut commander à tout le reste,
car un instant de réflexion suffit pour qu'on puisse
arrêter les mouvemens musculaires du visage
dans les passions, et même pour les changer;
mais il n'est pas possible d'empêcher le changement de couleur, parce qu'il dépend d'un
mouvement du sang occasioné par l'action du
diaphragme qui est le principal organe du sentiment intérieur.

La tête en entier prend dans les passions, des
positions et des mouvemens différens, elle est
abaissée en avant dans l'humilité, la honte, la
tristesse, penchée à côté dans la langueur, la
pitié, élevée dans l'arrogance, droite et fixe
dans l'opiniâtreté; la tête fait un mouvement en
arrière dans l'étonnement, et plusieurs mouvemens réitérés de côté et d'autre dans le mépris,
la moquerie, la colère et l'indignation.

Dans l'affliction, la joie, l'amour, la honte,
la compassion, les yeux se gonflent tout à coup,
une humeur surabondante les couvre et les
obscurcit, il en coule des larmes; l'effusion des

larmes est toujours accompagnée d'une tension des muscles du visage, qui fait ouvrir la bouche : l'humeur qui se forme naturellement dans le nez devient plus abondante, les larmes s'y joignent par des conduits intérieurs, elles ne coulent pas uniformément, elles semblent s'arrêter par intervalles.

Dans la tristesse les deux coins de la bouche s'abaissent, la lèvre inférieure remonte, la paupière est abaissée à demi, la prunelle de l'œil est élevée et à moitié cachée par la paupière, les autres muscles de la face sont relâchés, de sorte que l'intervalle qui est entre la bouche et les yeux est plus grand qu'à l'ordinaire, et par conséquent le visage paraît alongé.

Dans la peur, la terreur, l'effroi, l'horreur, le front se ride, les sourcils s'élèvent, la paupière s'ouvre autant qu'il est possible, elle surmonte la prunelle et laisse paraître une partie du blanc de l'œil au-dessus de la prunelle qui est abaissée et un peu cachée par la paupière inférieure, la bouche est en même temps fort ouverte, les lèvres se retirent et laissent paraître les dents en haut et en bas.

Dans le mépris et la dérision la lèvre supérieure se relève d'un côté et laisse paraître les dents, tandis que de l'autre côté elle a un petit mouvement comme pour sourire ; le nez se fronce du même côté que la lèvre s'est élevée, et le coin de la bouche recule ; l'œil du même côté est presque fermé, tandis que l'autre est ouvert à l'ordinaire, mais les deux prunelles sont abaissées comme lorsqu'on regarde du haut en bas.

Dans la jalousie, l'envie, la malice, les sourcils descendent et se froncent, les paupières s'élèvent et les prunelles s'abaissent, la lèvre supérieure s'élève de chaque côté, tandis que les coins de la bouche s'abaissent un peu, et que le milieu de la lèvre inférieure se relève pour joindre le milieu de la lèvre supérieure.

Dans le ris, les deux coins de la bouche reculent et s'élèvent un peu, la partie supérieure des joues se relève, les yeux se ferment plus ou moins, la lèvre supérieure s'élève, l'inférieure s'abaisse; la bouche s'ouvre et la peau du nez se fronce dans les ris immodérés.

Les bras, les mains et tout le corps entrent aussi dans l'expression des passions; les gestes concourent avec les mouvemens du visage pour exprimer les différens mouvemens de l'âme. Dans la joie, par exemple, les yeux, la tête, les bras et tout le corps sont agités par des mouvemens prompts et variés : dans la langueur et la tristesse les yeux sont abaissés, la tête est penchée sur le côté, les bras sont pendans et tout le corps est immobile : dans l'admiration, la surprise, l'étonnement, tout mouvement est suspendu, ou reste dans une même attitude. Cette première expression des passions est indépendante de la volonté, mais il y a une autre sorte d'expression qui semble être produite par une réflexion de l'esprit et par le commandement de la volonté,

qui fait agir les yeux, la tête, les bras et tout
le corps : ces mouvemens paraissent être autant
d'efforts que fait l'âme pour défendre le corps,
ce sont au moins autant de signes secondaires
qui répètent les passions, et qui pourraient seuls
les exprimer : par exemple, dans l'amour, dans
le désir, dans l'espérance on lève la tête et les
yeux vers le ciel, comme pour demander le bien
que l'on souhaite ; on porte la tête et le corps en
avant, comme pour avancer, en s'approchant,
la possession de l'objet désiré ; on étend les bras,
on ouvre les mains pour l'embrasser et le saisir :
au contraire dans la crainte, dans la haine, dans
l'horreur, nous avançons les bras avec précipi-
tation, comme pour repousser ce qui fait l'objet
de notre aversion, nous détournons les yeux et
la tête, nous reculons pour l'éviter, nous fuyons
pour nous en éloigner. Ces mouvemens sont si
prompts qu'ils paraissent involontaires; mais c'est
un effet de l'habitude qui nous trompe, car ces
mouvemens dépendent de la réflexion, et marquent seulement la perfection des ressorts du
corps humain, par la promptitude avec laquelle
tous les membres obéissent aux ordres de la
volonté.

Comme toutes les passions sont des mouvemens
de l'âme, la plupart relatifs aux impressions des
sens, elles peuvent être exprimées par les mouvemens du corps, et surtout par ceux du visage ; on peut juger de ce qui se passe à l'intérieur par l'action extérieure, et connaître à

l'inspection des changemens du visage, la situation actuelle de l'âme ; mais comme l'âme n'a
point de forme qui puisse être relative à aucune
forme matérielle, on ne peut pas la juger par
la figure du corps ou par la forme du visage ; un
corps mal fait peut renfermer une fort belle âme,
et l'on ne doit pas juger du bon ou du mauvais
naturel d'une personne par les traits de son visage, car ces traits n'ont aucun rapport avec la
nature de l'âme, aucune analogie sur laquelle
on puisse fonder des conjectures raisonnables.

Les anciens étaient cependant fort attachés à
cette espèce de préjugé, et dans tous les temps
il y a eu des hommes qui ont voulu faire une
science divinatoire de leurs prétendues connaissances en physionomie : mais il est bien évident
qu'elles ne peuvent s'étendre qu'à deviner les
mouvemens de l'âme par ceux des yeux, du visage et du corps, et que la forme du nez, de la
bouche et des autres traits ne fait pas plus à la
forme de l'âme, au naturel de la personne, que
la grandeur ou la grosseur des membres fait à la
pensée. Un homme en sera-t-il plus spirituel
parce qu'il aura le nez bien fait ! sera-t-il moins
sage parce qu'il aura les yeux petits et la bouche
grande! Il faut donc avouer que tout ce que nous
ont dit les physionomistes est destitué de tout
fondement, et que rien n'est plus chimérique
que les inductions qu'ils ont voulu tirer de leurs
prétendues observations métoposcopiques.

Les parties de la tête qui font le moins à la
physionomie, à l'air du visage, sont les oreilles;

elles sont placées à côté et cachées par les ché-
veux : cette partie, qui est si petite et si peu apparente dans l'homme, est fort remarquable
dans la plupart des animaux quadrupèdes ; elle
fait beaucoup à l'air de la tête de l'animal, elle
indique même son état de vigueur ou d'abattement, elle a des mouvemens musculaires qui
dénotent le sentiment et répondent à l'action intérieure de l'animal. Les oreilles de l'homme n'ont
ordinairement aucun mouvement volontaire ou
involontaire, quoiqu'il y ait des muscles qui y abou-
tissent : les plus petites oreilles sont, à ce qu'on prétend, les plus jolies ; mais les plus grandes, et qui
sont en même temps bien bordées, sont celles
qui entendent le mieux. Il y a des peuples qui en
agrandissent prodigieusement le lobe, en le perçant et en y mettant des morceaux de bois ou de
métal, qu'ils remplacent successivement par d'autres morceaux plus gros, ce qui fait avec le temps
un trou énorme dans le lobe de l'oreille, qui
croît toujours à proportion que le trou s'élargit ;
j'ai vu de ces morceaux de bois qui avaient plus
d'un pouce et demi de diamètre, qui venaient
des Indiens de l'Amérique méridionale ; ils ressemblent à des dames de trictrac. On ne sait sur
quoi peut être fondée cette coutume singulière
de s'agrandir si prodigieusement les oreilles ; il
est vrai qu'on ne sait guère mieux d'où peut
venir l'usage presque général dans toutes les
nations, de percer les oreilles et quelquefois
les narines, pour porter des boucles, de an-
neaux, etc., à moins que d'en attribuer l'origine

aux peuples encore sauvages et nus , qui ont cherché à porter, de la manière la moins incommode, les choses qui leur ont paru les plus précieuses , en les attachant à cette partie.

La bizarrerie et la variété des usages paraissent encore plus dans la manière différente dont les hommes ont arrangé les cheveux et la barbe ; les uns comme les Turcs, coupent leurs cheveux et laissent croître leur barbe ; d'autres, comme la plupart des Européens, portent leurs cheveux ou des cheveux empruntés et rasent leur barbe ; les sauvages se l'arrachent et conservent soigneusement leurs cheveux; les nègres se rasent la tête par figures , tantôt en étoiles , tantôt à la façon des religieux, et plus communément encore par bandes alternatives , en laissant autant de plein que de rasé , et ils font la même chose à leurs petits garçons; les Talapoins de Siam font raser la tête et les sourcils aux enfans dont on leur confie l'éducation ; chaque peuple a sur cela des usages différens : les uns font plus de cas de la barbe de la lèvre supérieure que de celle du menton, d'autres préfèrent celle des joues et celle du dessous du visage ; les uns la frisent , les autres la portent lisse. Il n'y a pas bien long-temps que nous portions les cheveux du derrière de la tête épars et flottans , aujourd'hui nous les portons dans un sac (1); nos habillemens sont différens

---

(1) Depuis que M. de Buffon a écrit ce morceau , cet usage a changé.

de ceux de nos pères, la variété dans la manière de se vêtir est aussi grande que la diversité des nations, et ce qu'il y a de singulier, c'est que de toutes les espèces de vêtemens, nous avons choisi l'une des plus incommodes, et que notre manière, quoique généralement imitée par tous les peuples de l'Europe, est en même temps de toutes les manières de se vêtir celle qui demande le plus de temps, celle qui me paraît être moins assortie à la nature.

Quoique les modes semblent n'avoir d'autre origine que le caprice et la fantaisie, les caprices adoptés et les fantaisies générales méritent d'être examinées; les hommes ont toujours fait et feront toujours cas de tout ce qui peut fixer les yeux des autres hommes et leur donner en même temps des idées avantageuses de richesses, de puissance, de grandeur, etc. La valeur de ces pierres brillantes, qui de tout temps ont été regardées comme des ornemens précieux, n'est fondée que sur leur rareté et sur leur éclat éblouissant. Il en est de même de ces métaux éclatans, dont le poids nous paraît si léger lorsqu'il est réparti sur tous les plis de nos vêtemens pour en faire la parure : ces pierres, ces métaux sont moins des ornemens pour nous que des signes pour les autres auxquels ils doivent nous remarquer et reconnaître nos richesses. Nous tâchons de leur en donner une plus grande idée en agrandissant la surface de ces métaux, nous voulons fixer leurs yeux ou plutôt les éblouir; combien peu y en a-t-il en effet qui soient capables de séparer la personne de son vêtement, et de juger sans mélange l'homme et le métal !

Tout ce qui est rare et brillant sera donc toujours de mode, tant que les hommes tireront plus d'avantage de l'opulence que de la vertu, tant que les moyens de paraître considérables seront si différens de ce qui mérite seul d'être considéré. L'éclat extérieur dépend beaucoup de la manière de se vêtir : cette manière prend des formes différentes, selon les différens points de vue sous lesquels nous voulons être regardés ; l'homme modeste, ou qui veut le paraître, veut en même temps marquer cette vertu par la simplicité de son habillement; l'homme glorieux ne néglige rien de ce qui peut étayer son orgueil ou flatter sa vanité, on le reconnaît à la richesse ou à la recherche de ses ajustemens.

Un autre point de vue que les hommes ont assez généralement, est de rendre leur corps plus grand, plus étendu : peu contens du petit espace dans lequel est circonscrit notre être, nous voulons tenir plus de place en ce monde que la nature ne peut nous en donner, nous cherchons à agrandir notre figure par des chaussures élevées, per des vêtemens renflés. Quelque amples qu'ils puissent être, la vanité qu'ils couvrent n'est-elle pas encore plus grande! Pourquoi la tête d'un docteur est-elle environnée d'une quantité énorme de cheveux empruntés, et que celle d'un homme du bel air en est si légèrement garnie !

l'un veut qu'on juge de l'étendue de sa science par la capacité physique de cette tête dont il grossit le volume apparent, et l'autre ne cherche à le diminuer que pour donner l'idée de la légèreté de son esprit.

Il y a des modes dont l'origine est plus raisonnable, ce sont celles où l'on a eu pour but de cacher des défauts et de rendre la nature moins désagréable. A prendre les hommes en général, il y a beaucoup plus de figures défectueuses et de laids visages, que de personnes belles et bien faites ; les modes, qui ne sont que l'usage du plus grand nombre, usage auquel le reste se soumet, ont donc été introduites, établies par ce grand nombre de personnes intéressées à rendre leurs défauts plus supportables. Les femmes ont coloré leur visage lorsque les roses de leur teint se sont flétries, et lorsqu'une pâleur naturelle les rendait moins agréables que les autres ; cet usage est presque universellement répandu chez tous les peuples de la terre ; celui de se blanchir les cheveux avec de la poudre, et de les enfler par la frisure, quoique beaucoup moins général et bien plus nouveau, paraît avoir été imaginé pour faire sortir davantage les couleurs du visage, et en accompagner plus avantageusement la forme.

CINQUIÈME FRAGMENT.
De la Vieillesse et de la Mort.

Tout change dans la nature, tout s'altère, tout périt : le corps de l'homme n'est pas plutôt arrivé à son point de perfection qu'il commence à déchoir : le dépérissement est d'abord insensible, il se passe même plusieurs années avant que nous nous apercevions d'un changement considérable; cependant nous devrions sentir le poids de nos années mieux que les autres ne peuvent en compter le nombre, et, comme ils ne se trompent pas sur notre âge en le jugeant par les changemens extérieurs, nous devrions nous tromper encore moins sur l'effet intérieur qui les produit, si nous nous observions mieux, si nous nous flattions moins, et si dans tout, les autres ne nous jugeaient pas toujours beaucoup mieux que nous ne nous jugeons nous-mêmes.

Lorsque le corps a acquis toute son étendue en hauteur et en largeur par le développement entier de toutes ses parties, il augmente en épaisseur; le commencement de cette augmentation est le premier point de son dépérissement; car cette extension n'est pas une continuation de développement ou d'accroissement intérieur de chaque partie par lesquels le corps continuerait de prendre plus d'étendue dans toutes ses parties organiques, et par conséquent plus de force et d'activité, mais c'est une simple addition de matière surabondante qui enfle le volume du corps et le charge d'un poids inutile. Cette matière est la graisse qui survient ordinairement à trente-cinq ou quarante ans, et, à mesure qu'elle augmente, le corps a moins de légèreté et de liberté dans ses mouvemens, ses facultés diminuent, ses membres s'appesantissent, il n'acquiert de l'étendue qu'en perdant de la force et de l'activité.

D'ailleurs les os et les autres parties solides du corps, ayant pris toute leur extension en longueur et en grosseur, continuent d'augmenter en solidité, les sucs nourriciers qui y arrivent, et qui étaient auparavant employés à en augmenter le volume par le développement, ne servent plus qu'à l'augmentation de la masse, en se fixant dans l'intérieur de ces parties; les membranes deviennent cartilagineuses, les cartilages deviennent osseux, les os deviennent plus solides, toutes les fibres plus dures, la peau se dessèche, les rides se forment peu à peu, les cheveux blanchissent; les dents tombent, le visage se déforme, le corps se courbe, etc. Les premières nuances de cet état se font apercevoir avant quarante ans, elles s'augmentent par degrés assez lents jusqu'à soixante, par degrés plus rapides jusqu'à soixante et dix; la caducité commence à cet âge de soixante et dix ans, elle va toujours en augmentant; la décrépitude suit, et la mort termine ordinairement avant l'âge de quatre-vingt-dix ou cent ans la vieillesse et la vie.

SIXIÉME FRAGMENT.

La durée totale de la vie peut se mesurer, en quelque façon, par celle du temps de l'accroissement; un arbre ou un animal qui prend en peu de temps tout son accroissement, périt beaucoup plus tôt qu'un autre auquel il faut plus de temps pour croître. Dans les animaux, comme dans les végétaux, l'accroissement en hauteur est celui qui est achevé le premier ; un chêne cesse de grandir long-temps avant qu'il cesse de grossir : l'homme croît en hauteur jusqu'à seize ou dix-huit ans, et cependant le développement entier de toutes les parties de son corps en grosseur n'est achevé qu'à trente ans : les chiens prennent en moins d'un an leur accroissement en longueur, et ce n'est que dans la seconde année qu'ils achèvent de prendre leur grosseur. L'homme qui est trente ans à croître, vit quatre-vingt-dix ou cent ans ; le chien qui ne croît que pendant deux, trois ans, ne vit aussi que dix ou douze ans, il en est de même de la plupart des autres animaux : les poissons qui ne cessent de croître qu'au bout d'un très-grand nombre d'années, vivent des siècles, et, comme nous l'avons déjà insinué, cette longue durée de leur vie doit dépendre de la constitution particulière de leurs arrêtes, qui ne prennent jamais autant de solidité que les os des animaux terrestres.

Les causes de notre destruction sont nécessaires et la mort est inévitable. Il ne nous est pas plus possible d'en reculer le terme fatal que de changer les lois de la nature. Les idées que quelques visionnaires ont eues sur la possibilité de perpétuer la vie par des remèdes auraient dû périr avec eux, si l'amour propre n'augmentait pas toujours la crédulité au point de se persua-

4*

der, ce qu'il y a même de plus impossible, et de douter de ce qu'il y a de plus vrai, de plus réel et de plus constant ; la panacée, quelle qu'en fût la composition, la transfusion du sang, et les autres moyens qui ont été proposés pour rajeunir ou immortaliser le corps, sont au moins aussi chimériques que la fontaine de Jouvence est fabuleuse.

Lorsque le corps est bien constitué, peut-être est-il possible de le faire durer quelques années de plus en le ménageant ; il se peut que la modération dans les passions, la tempérance et la sobriété dans les plaisirs contribuent à la durée de la vie, encore cela même paraît-il fort douteux : il est peut-être nécessaire que le corps fasse l'emploi de toutes ses forces, qu'il consomme tout ce qu'il peut consommer, qu'il s'exerce autant qu'il en est capable, que gagnera-t-on dès lors par la diète et par la privation ! Il y a des hommes qui ont vécu au-delà du terme ordinaire, et, sans parler de ces deux vieillards dont il est fait mention dans les transactions philosophiques, dont l'un a vécu cent soixante-cinq ans, et l'autre cent quarante-quatre, nous avons un grand nombre d'exemples d'hommes qui ont vécu cent dix, et même cent vingt ans ; cependant ces hommes ne s'étaient pas plus ménagés que d'autres, au contraire, il paraît que la plupart étaient des paysans accoutumés aux plus grandes fatigues, des chasseurs, des gens de travail, des hommes en un mot qui avaient employé toutes

les forces de leur corps, qui en avaient même
abusé, s'il est possible d'en abuser autrement
que par l'oisiveté et la débauche continuelle.

D'ailleurs, si l'on fait réflexion que l'Européen, le Nègre, le Chinois, l'Américain, l'homme
policé, l'homme sauvage, le riche, le pauvre,
l'habitant de la ville, celui de la campagne, si
différens entre eux par tout le reste, se ressemblent à cet égard, et n'ont chacun que la même
mesure, le même intervalle de temps à parcourir depuis la naissance à la mort; que la différence des races, des climats, des nourritures,
des commodités, n'en fait aucune à la durée de
la vie; que les hommes qui ne se nourrissent
que de chair crue ou de poisson sec, de sagou
ou de riz, de cassave ou de racines, vivent aussi
long-temps que ceux qui se nourrissent de pain
ou de mets préparés; on reconnaîtra encore plus
clairement que la durée de la vie ne dépend ni
des habitudes, ni des mœurs, ni de la qualité
des alimens; que rien ne peut changer les lois de
la mécanique, qui règlent le nombre de nos années, et qu'on ne peut guère les altérer que par
des excès de nourriture ou par de trop grandes
diètes.

S'il y a quelque différence tant soit peu remarquable dans la durée de la vie, il semble qu'on
doit l'attribuer à la qualité de l'air : on a observé
que dans les pays élevés, il se trouve communément plus de vieillards que dans les lieux bas;
les montagnes d'Écosse, de Galles, d'Auvergne,

de Suisse, ont fourni plus d'exemples de vieillesses extrêmes que les plaines de Hollande, de Flandre, d'Allemagne et de Pologne; mais à prendre le genre humain en général, il n'y a, pour ainsi dire, aucune différence dans la durée de la vie; l'homme qui ne meurt point de maladies accidentelles, vit partout quatre-vingt-dix ou cent ans; nos ancêtres n'ont pas vécu davantage, et depuis le siècle de David ce terme n'a point du tout varié.

SEPTIÈME FRAGMENT.

Pourquoi donc craindre la mort, si l'on a assez bien vécu pour n'en pas craindre les suites! Pourquoi redouter cet instant, puisqu'il est préparé par une infinité d'autres instans du même ordre, puisque la mort est aussi naturelle que la vie, et que l'une et l'autre nous arrivent de la même façon, sans que nous le sentions, sans que nous puissions nous en apercevoir! Qu'on interroge les médecins et les ministres de l'église, accoutumés à observer les actions des mourans, et à recueillir leurs derniers sentimens, ils conviendront qu'à l'exception d'un très-petit nombre de maladies aiguës, où l'agitation, causée par des mouvemens convulsifs, semble indiquer les souffrances du malade, dans toutes les autres on meurt tranquillement, doucement et sans douleurs, et même ces terribles agonies effraient plus les spectateurs, qu'elles ne tourmentent le malade; car combien n'en a-t-on pas vu qui, après avoir été à cette dernière extrémité, n'avaient aucun souvenir de ce qui s'était passé, non plus que de ce qu'ils avaient senti ! ils avaient réellement cessé d'être pour eux pendant ce temps, puisqu'ils sont obligés de rayer du nombre de leurs jours tous ceux qu'ils ont passés dans cet état duquel il ne leur reste aucune idée.

La plupart des hommes meurent donc sans le savoir, et dans le petit nombre de ceux qui conservent de la connaissance jusqu'au dernier soupir, il ne s'en trouve peut-être pas un qui ne conserve en même temps de l'espérance, et qui ne se flatte d'un retour vers la vie ! La nature a pour le bonheur de l'homme, rendu ce sentiment plus fort que la raison. Un malade dont le mal est incurable, qui peut juger son état par des exemples fréquens et familiers, qui en est averti par les mouvemens inquiets de sa famille, par les larmes de ses amis, par la contenance ou l'abandon des médecins, n'en est pas plus convaincu qu'il touche à sa dernière heure; l'intérêt est si grand qu'on ne s'en rapporte qu'à soi, on n'en croit pas les jugemens des autres, on les regarde comme des alarmes peu fondées ; tant qu'on se sent, et qu'on pense, on réfléchit, on ne raisonne que pour soi, et tout est mort, que l'espérance vit encore.

Jetez les yeux sur un malade qui vous aura dit cent fois qu'il se sent attaqué à mort, qu'il voit bien qu'il ne peut pas en revenir, qu'il est prêt à expirer; examinez ce qui se passe sur son visage, lorsque par zèle, ou par indiscrétion, quel-

qu'un vient lui annoncer que sa fin est prochaine
en effet; vous le verrez changer comme celui d'un
homme auquel on annonce une nouvelle imprévue; ce malade ne croit donc pas ce qu'il dit lui-
même, tant il est vrai qu'il n'est nullement convaincu qu'il doit mourir, il a seulement quelque doute, quelque inquiétude sur son état, mais
il craint toujours beaucoup moins qu'il n'espère,
et si l'on ne réveillait pas ses frayeurs par ces
tristes soins et cet appareil lugubre qui devancent
la mort, il ne la verrait point arriver.

La mort n'est donc pas une chose aussi terrible que nous l'imaginons; nous la jugeons mal
de loin; c'est un spectre qui nous épouvante à
une certaine distance, et qui disparaît lorsqu'on
vient à en approcher de près, nous n'en avons
donc que des notions fausses; nous la regardons
non-seulement comme le plus grand malheur,
mais encore comme un mal accompagné de la
plus vive douleur et des plus pénibles angoisses;
nous avons même cherché à grossir dans notre
imagination ces funestes images, et à augmenter
nos craintes en raisonnant sur la nature de la douleur. Elle doit être extrême, a-t-on dit, lorsque
l'âme se sépare du corps, elle peut aussi être de
très-longue durée, puisque le temps n'ayant d'autre mesure que la succession de nos idées, un
instant de douleur très-vive pendant lequel ces
idées se succèdent avec une rapidité proportionnée à la violence du mal, peut nous paraître
plus long qu'un siècle pendant lequel elles cou-

lent lentement et relativement aux sentimens tranquilles qui nous affectent ordinairement. Quel abus de la philosophie dans ce raisonnement ! il ne mériterait pas d'être relevé s'il était sans conséquence : mais il influe sur le malheur du genre humain, il rend l'aspect de la mort mille fois plus affreux qu'il ne peut être; n'y eût-il qu'un très-petit nombre de gens trompés par l'apparence spécieuse de ces idées, il serait toujours utile de les détruire et d'en faire voir la fausseté.

Lorsque l'âme vient à s'unir à notre corps, avons-nous un plaisir excessif, une joie vive et prompte qui nous transporte et nous ravisse ! Non, cette union se fait sans que nous nous en apercevions; la désunion doit s'en faire de même sans exciter aucun sentiment. Quelle raison a-t-on pour croire que la séparation de l'âme et du corps ne puisse se faire sans une douleur extrême ! Quelle cause peut produire cette douleur ou l'occasioner ? La fera-t-on résider dans l'âme ou dans le corps ! La douleur de l'âme ne peut être produite que par la pensée, celle du corps est toujours proportionnée à sa force et à sa faiblesse; dans l'instant de la mort naturelle le corps est plus faible que jamais, il ne peut donc éprouver qu'une très-petite douleur, si même il en éprouve aucune.

Maintenant, supposons une mort violente, un homme, par exemple, dont la tête est emportée par un boulet de canon, souffre-t-il plus d'un instant, a-t-il dans l'intervalle de cet instant une succession d'idées assez rapide pour que cette douleur lui paraisse durer une heure, un jour, un siècle ? c'est ce qu'il faut examiner.

J'avoue que la succession de nos idées est en effet, par rapport à nous, la seule mesure du temps ; et que nous devons le trouver plus court ou plus long, selon que nos idées coulent plus uniformément ou se croisent plus irrégulièrement ; mais cette mesure a une unité dont la grandeur n'est point arbitraire ni indéfinie, elle est au contraire déterminée par la nature même, et relative à notre organisation : deux idées qui se succèdent, ou qui sont seulement différentes l'une de l'autre, ont nécessairement entre elles un certain intervalle qui les sépare, quelque prompte que soit la pensée, il faut un petit temps pour qu'elle soit suivie d'une autre pensée, cette succession ne peut se faire dans un instant indivisible ; il en est de même du sentiment, il faut un certain temps pour passer de la douleur au plaisir, ou même d'une douleur à une autre douleur ; cet intervalle de temps qui sépare nécessairement nos pensées, nos sentimens, est l'unité dont je parle, il ne peut être ni extrêmement long, ni extrêmement court, il doit même être à peu près égal dans sa durée, puisqu'elle dépend de la nature de notre âme et de l'organisation de notre corps dont les mouvemens ne peuvent avoir qu'un certain degré de vitesse déterminée ; il ne peut donc y avoir dans le même individu des successions d'idées plus ou moins rapides au degré qui serait nécessaire pour produire cette différence énorme de durée, qui d'une minute de douleur ferait un siècle, un jour, une heure.

Une douleur très-vive, pour peu qu'elle dure, conduit à l'évanouissement ou à la mort; nos organes n'ayant qu'un certain degré de force, ne peuvent résister que pendant un certain temps à un certain degré de douleur; si elle devient excessive, elle cesse, parce qu'elle est plus forte que le corps, qui ne pouvant la supporter, peut encore moins la transmettre à l'âme avec laquelle il ne peut correspondre que quand les organes agissent; ici l'action des organes cesse, le sentiment intérieur qu'ils communiquent à l'âme doit donc cesser aussi.

Ce que je viens de dire est peut-être plus que suffisant pour prouver que l'instant de la mort n'est point accompagné d'une douleur extrême, ni de longue durée; mais pour rassurer les gens les moins courageux, nous ajouterons encore un mot. Une douleur excessive ne permet aucune réflexion, cependant on a vu souvent des signes de réflexion dans le moment même d'une mort violente; lorsque Charles XII reçut le coup qui termina dans un instant ses exploits et sa vie, il porta la main sur son épée: cette douleur mortelle n'était donc pas excessive, puisqu'elle n'excluait pas la réflexion; il se sentit attaqué, il réfléchit qu'il fallait se défendre, il ne souffrit donc qu'autant que l'on souffre par un coup ordi-

naire ; on ne peut pas dire que cette action ne fut
que le résultat d'un mouvement mécanique , **car
nous avons prouvé à l'article des passions (1) que
leurs mouvemens , même les plus prompts, dépendent toujours de la réflexion, et ne sont que
des effets d'une volonté habituelle de l'âme.**

COMPARAISON

Des Animaux et des Végétaux.

DANS la foule d'objets que nous présente ce vaste
globe dont nous venons de faire la description,
dans le nombre infini des différentes productions
dont sa surface est couverte et peuplée , les animaux tiennent le premier rang , tant par la conformité qu'ils ont avec nous , que par la supériorité que nous leur connaissons sur les êtres
végétans ou inanimés. Les animaux ont par leurs
sens, par leur forme, par leur mouvement,
beaucoup plus de rapports avec les choses qui
les environnent, que n'en ont les végétaux ;
ceux-ci par leur développement, par leur figure,
par leur accroissement et par leurs différentes
parties ont aussi un plus grand nombre de rapports avec les objets extérieurs que n'en ont les
minéraux ou les pierres, qui n'ont aucune sorte
de vie ou de mouvement, et c'est par ce plus

____

(1) *Voyez* le troisième fragment de l'histoire naturelle
de l'homme , pages 26 et suiv.

grand nombre de rapports que l'animal est réellement au-dessus du végétal, et le végétal au-
dessus du minéral. Nous-mêmes, à ne considérer que la partie matérielle de notre être, nous
ne sommes au-dessus des animaux que par quelques rapports de plus, tels que ceux que nous
donnent la langue et la main : et quoique les ouvrages du Créateur soient en eux-mêmes tous
également parfaits, l'animal est, selon notre façon
d'apercevoir, l'ouvrage le plus complet de la
nature et l'homme en est le chef-d'œuvre.

En effet, que de ressorts, que de forces, que
de machines et de mouvemens sont renfermés
dans cette petite partie de matière qui compose
le corps d'un animal ! Que de rapports, que d'harmonie, que de correspondance entre les parties !
Combien de combinaisons, d'arrangemens, de
causes, d'effets, de principes, qui tous concourent au même but, et que nous ne connaissons
que par des résultats si difficiles à comprendre,
qu'ils n'ont cessé d'être des merveilles que par
l'habitude que nous avons prise de n'y point
réfléchir !

Cependant, quelque admirable que cet ouvrage
nous paraisse, ce n'est pas dans l'individu qu'est
la plus grande merveille, c'est dans la succession,
dans le renouvellement et dans la durée des
espèces que la nature paraît tout-à-fait inconcevable. Cette faculté de produire son semblable,
qui réside dans les animaux et dans les végétaux,
cette espèce d'unité toujours subsistante et qui

paraît éternelle, cette vertu procréatrice qui s'exerce perpétuellement sans se détruire jamais; est pour nous un mystère dont il semble qu'il ne nous est pas permis de sonder la profondeur.

Car la matière inanimée, cette pierre, cette argile qui est sous nos pieds, a bien quelques propriétés; son existence seule en suppose un très-grand nombre, et la matière la moins organisée ne laisse pas que d'avoir, eu vertu de son existence, une infinité de rapports avec toutes les autres parties de l'univers. Nous ne dirons pas, avec quelques philosophes, que la matière, sous quelque forme qu'elle soit, connaît son existence et ses facultés relatives; cette opinion tient à une question de métaphysique que nous ne nous proposons pas de traiter ici, il nous suffira de faire sentir que n'ayant pas nous-mêmes la connaissance de tous les rapports que nous pouvons avoir avec les objets extérieurs, nous ne devons pas douter que la matière inanimée n'ait infiniment moins de cette connaissauce, et que d'ailleurs nos sensations ne ressemblant en aucune façon aux objets qui les causent, nous devons conclure par analogie que la matière inanimée n'a ni sentiment, ni sensation, ni conscience d'existence, et que de lui attribuer quelques-unes de ces facultés, ce serait lui donner celle de penser, d'agir et de sentir à peu près dans le même ordre et de la même façon que nous pensons, agissons et sentons, ce qui répugne autant à la raison qu'à la religion.

Nous devons donc dire qu'étant formés de terre et composés de poussière, nous avons en effet avec la terre et la poussière des rapports communs qui nous lient à la matière en général, tels sont l'étendue, l'impénétrabilité, la pesanteur, etc.; mais comme nous n'apercevons pas ces rapports purement matériels, comme ils ne font aucune impression au dedans de nous-mêmes, comme ils subsistent sans notre participation, et qu'après la mort ou avant la vie ils existent et ne nous affectent point du tout, on ne peut pas dire qu'ils fassent partie de notre être, c'est donc l'organisation, la vie, l'âme, qui fait proprement notre existence; la matière, considérée sous ce point de vue, en est moins le sujet que l'accessoire : c'est une enveloppe étrangère dont l'union nous est inconnue et la présence nuisible, et cet ordre de pensées qui constitue notre être en est peut-être tout-à-fait indépendant.

Nous existons donc sans savoir comment, et nous pensons sans savoir pourquoi; mais quoi qu'il en soit de notre manière d'être ou de sentir, quoi qu'il en soit de la vérité ou de la fausseté, de l'apparence ou de la réalité de nos sensations, les résultats de ces mêmes sensations n'en sont pas moins certains par rapport à nous. Cet ordre d'idées, cette suite de pensées qui existe au dedans de nous-mêmes, quoique fort différente des objets qui les causent, ne laisse pas que d'être l'affection la plus réelle de notre individu, et de nous donner des relations avec les objets extérieurs, que nous pouvons regarder comme des rapports réels, puisqu'ils sont invariables et toujours les mêmes relativement à nous; ainsi nous ne devons pas douter que les différences ou les ressemblances que nous apercevons entre les objets, ne soient des différences et des ressemblances certaines et réelles dans l'ordre de notre existence par rapport à ces mêmes objets; nous pouvons donc légitimement nous donner le premier rang dans la nature; nous devons ensuite donner la seconde place aux animaux; la troisième aux végétaux, et enfin la dernière aux minéraux; car, quoique nous ne distinguions pas bien nettement les qualités que nous avons en vertu de notre animalité, de celles que nous avons en vertu de la spiritualité de notre âme, nous ne pouvons guère douter que les animaux étant doués, comme nous, des mêmes sens, possédant les mêmes principes de vie et de mouvement, et faisant une infinité d'actions semblables aux nôtres, ils n'aient avec les objets extérieurs des rapports du même ordre que les nôtres, et que par conséquent nous ne leur ressemblions réellement à bien des égards. Nous différons beaucoup des végétaux, cependant nous leur ressemblons plus qu'ils ne ressemblent aux minéraux, et cela parce qu'ils ont une espèce de forme vivante, une organisation animée, semblable en quelque façon à la nôtre, au lieu que les minéraux n'ont aucun organe.

Pour faire donc l'histoire de l'animal, il faut d'abord reconnaître avec exactitude l'ordre général des rapports qui lui sont propres, et distinguer ensuite les rapports qui lui sont communs avec les végétaux et les minéraux. L'animal n'a de commun avec le minéral que les qualités de la matière prise généralement; sa substance a les mêmes propriétés virtuelles; elle est étendue, pesante, impénétrable comme tout le reste de la matière, mais son économie est toute différente. Le minéral n'est qu'une matière brute, inactive, insensible, n'agissant que par la contrainte des loix de la mécanique, n'obéissant qu'à la force généralement répandue dans l'univers; sans organisation, sans puissance, dénuée de toutes facultés, même de celle de se reproduire; substance informe, faite pour être foulée aux pieds par les hommes et les animaux, laquelle, malgré le nom de métal précieux, n'en est pas moins méprisée par le sage, et ne peut avoir qu'une valeur arbitraire, toujours subordonnée à la volonté et dépendante de la convention des hommes. L'animal réunit toutes les puissances de la nature, les forces qui l'animent lui sont propres et particulières; il veut, il agit, il se détermine, il opère, il communique par ses sens avec les objets les plus éloignés, son individu est un centre où tout se rapporte, un point où l'univers entier se réfléchit, un monde en raccourci; voilà les rapports qui lui sont propres: ceux qui lui sont communs avec les végétaux sont les facultés de croître, de se développer, de se reproduire et de se multiplier.

La différence la plus apparente entre les animaux et les végétaux paraît être cette faculté de se mouvoir et de changer de lieu, dont les animaux sont doués, et qui n'est pas donnée aux végétaux; il est vrai que nous ne connaissons aucun végétal qui ait le mouvement progressif, mais nous voyons plusieurs espèces d'animaux, comme les huîtres, les gallinsectes, etc., auxquelles ce mouvement paraît avoir été refusé; cette différence n'est donc pas générale et nécessaire.

Une différence plus essentielle pourrait se tirer de la faculté de sentir qu'on ne peut guère refuser aux animaux, et dont il semble que les végétaux soient privés, mais ce mot *sentir* renferme un si grand nombre d'idées qu'on ne doit pas le prononcer avant que d'en avoir fait l'analyse; car si par sentir nous entendons seulement faire une action de mouvement à l'occasion d'un choc ou d'une résistance, nous trouverons que la plante appelée *sensitive* est capable de cette espèce de sentiment, comme les animaux; si au contraire on veut que sentir signifie apercevoir et comparer des perceptions, nous ne sommes pas sûrs que les animaux aient cette espèce de sentiment; et si nous accordons quelque chose de semblable aux chiens, aux éléphans, etc., dont les actions semblent avoir les mêmes causes que les nôtres, nous le refuserons à une infinité d'espèces d'animaux, et surtout à ceux qui nous paraissent être immobiles et sans action ; si on voulait que les huîtres, par exemple , eussent du sentiment comme les chiens , mais à un degré fort inférieur, pourquoi n'accorderait - on pas aux végétaux ce même sentiment dans un degré encore au - dessous ! Cette différence entre les animaux et les végétaux non-seulement n'est pas générale, mais même n'est pas bien décidée.

Une troisième différence paraît être dans la manière de se nourrir ; les animaux, par le moyen de quelques organes extérieurs, saisissent les choses qui leur conviennent, ils vont chercher leur pâture , ils choisissent leurs alimens ; les plantes au contraire paraissent être réduites à recevoir la nourriture que la terre veut bien leur fournir, il semble que cette nourriture soit toujours la même ; aucune diversité dans la manière de se la procurer, aucun choix dans l'espèce ; l'humidité de la terre est leur seul aliment. Cependant si l'on fait attention à l'organisation et à l'action des racines et des feuilles, on reconnaîtra bientôt que ce sont là les organes extérieurs dont les végétaux se servent pour pomper la nourriture ; on verra que les racines se détournent d'un obstacle ou d'une veine de mauvais terrain pour aller chercher la bonne terre ; que même ces racines se divisent, se multiplient, et vont jusqu'à changer de forme pour procurer de la nourriture à la plante ; la différence entre les animaux et les végétaux ne peut donc pas s'établir sur la manière dont ils se nourrissent.

Cet examen nous conduit à reconnaître évidemment qu'il n'y a aucune différence absolument essentielle et générale entre les animaux et les végétaux, mais que la nature descend par degrés et par nuances imperceptibles d'un animal qui nous paraît le plus parfait à celui qui l'est le moins, et de celui-ci au végétal.

FRAGMENS

Extraits de la nature des Animaux.

L'ANIMAL a deux manières d'être, l'état de mouvement et l'état de repos, la veille et le sommeil, qui se succèdent alternativement pendant toute la vie ; dans le premier état, tous les ressorts de la machine animale sont en action ; dans le second, il n'y en a qu'une partie, et cette partie qui est en action pendant le sommeil, est aussi en action pendant la veille. Cette partie est donc d'une nécessité absolue, puisque l'animal ne peut exister d'aucune façon sans elle ; cette partie est indépendante de l'autre, puisqu'elle agit seule : l'autre au contraire dépend de celle-ci, puisqu'elle ne peut seule exercer son action. L'une est la partie fondamentale de l'économie animale, puisqu'elle agit continuellement et sans interruption ; l'autre est une partie moins essentielle, puisqu'elle n'a d'exercice que par intervalles et d'une manière alternative.

Cette première division de l'économie animale me paraît naturelle, générale et bien fondée; l'animal qui dort ou qui est en repos est une machine moins compliquée et plus aisée à considérer que l'animal qui veille ou qui est en mouvement. Cette différence est essentielle, et n'est pas un simple changement d'état, comme dans un corps inanimé qui peut également et indifféremment être en repos, ou en mouvement; car un corps inanimé, qui est dans l'un ou l'autre de ces états, restera perpétuellement dans cet état, à moins que des forces ou des résistances étrangères ne les contraignent à en changer : mais c'est par ses propres forces que l'animal change d'état: il passe du repos à l'action, et de l'action au repos, naturellement et sans contrainte : le moment de l'éveil revient aussi nécessairement que celui du sommeil, et tous deux arriveraient indépendamment des causes étrangères, puisque l'animal ne peut exister que pendant un certain temps dans l'un ou dans l'autre état, et que la continuité non interrompue de la veille ou du sommeil, de l'action ou du repos, amènerait également la cessation de la continuité du mou-vement vital.

Nous pouvons donc distinguer dans l'économie animale deux parties, dont la première agit perpétuellement sans aucune interruption, et la seconde n'agit que par intervalles. L'action du cœur et des poumons dans l'animal qui respire, l'action du cœur dans le fœtus, paraissent

être cette première partie de l'économie animale : l'action des sens et le mouvement du corps
et des membres, semblent constituer la seconde.

Si nous imaginons donc des êtres auxquels la
nature n'eût accordé que cette première partie
de l'économie animale, ces êtres, qui seraient
nécessairement privés de sens et de mouvement
progressif, ne laisseraient pas d'être des êtres
animés, qui ne différeraient en rien des animaux
qui dorment. Une huître, un zoophyte, qui ne
paraît avoir ni mouvement extérieur sensible,
ni sens externe, est un être formé pour dormir
toujours ; un végétal n'est dans ce sens qu'un
animal qui dort, et en général les fonctions de
tout être organisé qui n'aurait ni mouvement, ni
sens, pourraient être comparées aux fonctions
d'un animal qui serait par sa nature contraint à
dormir perpétuellement.

Dans l'animal, l'état de sommeil n'est donc
pas un état accidentel, occasioné par le plus ou
moins grand exercice de ses fonctions pendant
la veille ; cet état est au contraire une manière
d'être essentielle, et qui sert de base à l'économie animale. C'est par le sommeil que commence
notre existence; le fœtus dort presque continuellement, et l'enfant dort beaucoup plus qu'il ne veille.

Le sommeil qui paraît être un état purement
passif, une espèce de mort, est donc au contraire
le premier état de l'animal vivant et le fondement
de la vie; ce n'est point une privation, un anéantis-
sement. C'est une manière d'être, une façon d'exis-

ter tout aussi réelle et plus générale qu'aucune autre ; nous existons de cette façon avant d'exister autrement : tous les êtres organisés qui n'ont point de sens n'existent que de cette façon ; aucun n'existe dans un état de mouvement continuel, et l'existence de tous participe plus ou moins à cet état de repos.

Si nous réduisons l'animal même le plus parfait à cette partie qui agit seule et continuellement, il ne nous paraîtra pas différent de ces êtres auxquels nous avons peine à accorder le nom d'animal ; il nous paraîtra , quant aux fonctions extérieures, presque semblable au végétal ; car , quoique l'organisation intérieure soit différente dans l'animal et dans le végétal , l'un et l'autre ne nous offriront plus que les mêmes résultats ; ils se nourriront , ils croîtront , ils se développeront, ils auront les principes d'un mouvement interne, ils posséderont une vie végétale : mais ils seront également privés de mouvement progressif, d'action , de sentiment , et ils n'auront aucun signe extérieur, aucun caractère apparent de vie animale. Mais revêtons cette partie intérieure d'une enveloppe convenable, c'est-à-dire, donnons-lui des sens et des membres , bientôt la vie animale se manifestera ; et plus l'enveloppe contiendra de sens, de membres et d'autres parties extérieures , plus la vie animale nous paraîtra complète , et plus l'animal sera parfait. C'est donc par cette enveloppe que les animaux diffèrent entre eux; la partie intérieure qui fait le fondement de l'économie animale appartient à tous les animaux, sans aucune exception, et elle est à peu près la même, pour la forme, dans l'homme et dans les animaux qui ont de la chair et du sang : mais l'enveloppe extérieure est très-différente, et c'est aux extrémités de cette enveloppe que sont les plus grandes différences.

Comparons, pour nous faire mieux entendre, le corps de l'homme avec celui d'un animal ; par exemple, avec le corps du cheval, du bœuf, du cochon, etc., la partie intérieure qui agit continuellement, c'est-à-dire, le cœur et les poumons, ou plus généralement les organes de la circulation et de la respiration, sont à peu près les mêmes dans l'homme et dans l'animal ; mais la partie extérieure l'enveloppe, est fort différente. La charpente du corps de l'animal, quoique composée de parties similaires à celles du corps humain, varie prodigieusement pour le nombre, la grandeur et la position ; les os y sont plus ou moins alongés, plus ou moins accourcis, plus au moins arrondis, plus ou moins aplatis, etc., leurs extrémités sont plus ou moins élevées, plus ou moins cavées ; plusieurs sont soudés ensemble, il y en a même quelques-uns qui manquent absolument, comme les clavicules ; il y en a d'autres qui sont en plus grand nombre, comme les cornets du nez, les vertèbres, les côtes, etc., d'autres qui sont en plus petit nombre, comme les os du carpe, du métacarpe, du tarse, du métatarse, les phalanges,

etc., ce qui produit des différences très-considé-
rables dans la forme du corps de ces animaux,
relativement à la forme du corps de l'homme.

De plus, si nous y faisons attention, nous verrons que les plus grandes différences sont aux
extrémités, et que c'est par ces extrémités que
le corps de l'homme diffère le plus du corps de
l'animal; car divisons le corps en trois parties principales : le tronc, la tête et les membres ; la tête et
les membres, qui sont les extrémités du corps, sont
ce qu'il y a de plus différent dans l'homme et dans
l'animal : ensuite, en considérant les extrémités de
chacune de ces trois parties principales, nous
reconnaîtrons que la plus grande différence dans
la partie du tronc se trouve à l'extrémité supérieure et inférieure de cette partie; puisque dans
le corps de l'homme il y a des clavicules en haut
au lieu que ces parties manquent dans la plupart
des animaux, nous trouverons pareillement à
l'extrémité inférieure du tronc un certain nombre de vertèbres extérieures qui forment une
queue à l'animal; et ces vertèbres extérieures
manquent à cette extrémité inférieure du corps
de l'homme. De même l'extrémité inférieure de
la tête, les mâchoires et l'extrémité supérieure
de la tête, les os du front diffèrent prodigieusement dans l'homme et dans l'animal : les mâchoires dans la plupart des animaux sont fort alongées, et les os frontaux sont au contraire fort
raccourcis. Enfin, en comparant les membres
de l'animal avec ceux de l'homme, nous recon-

5

naîtrons encore aisément que c'est par leurs extrémités qu'ils diffèrent le plus ; rien ne se ressemblant moins au premier coup d'œil que la
main humaine et le pied d'un cheval ou d'un
bœuf.

En prenant donc le cœur pour centre dans la
machine animale , je vois que l'homme ressemble parfaitement aux animaux, par l'économie
de cette partie et des autres qui en sont voisines :
mais plus on s'éloigne de ce centre , plus les
différences deviennent considérables , et c'est
aux extrémités où elles sont les plus grandes ; et
lorsque dans ce centre même il se trouve quelque différence, l'animal est alors infiniment plus
différent de l'homme ; il est, pour ainsi dire ,
d'une autre nature, et n'a rien de commun avec
les espèces d'animaux que nous considérons.
Dans la plupart des insectes, par exemple, l'organisation de cette principale partie de l'économie animale est singulière ; au lieu de cœur et
de poumons on y trouve des parties qui servent
de même aux fonctions vitales , et que par cette
raison l'on a regardées comme analogues à ces
viscères, mais qui réellement en sont très-différentes, tant par la structure que par le résultat
de leur action : aussi les insectes diffèrent-ils,
autant qu'il est possible , de l'homme et des autres animaux. Une légère différence dans ce
centre de l'économie animale est toujours accompagnée d'une différence infiniment plus grande
dans les parties extérieures. La tortue , dont le

cœur est singulièrement conformé , est aussi un animal extraordinaire, qui ne ressemble à aucun autre animal.

Que l'on considère l'homme , les animaux quadrupèdes , les oiseaux , les cétacées , les poissons , les amphibies , les reptiles , quelle prodigieuse variété dans la figure , dans la proportion de leur corps , dans le nombre et dans la position de leurs membres , dans la substance de leur chair , de leurs os , de leurs tégumens ! Les quadrupèdes ont assez généralement des queues, des cornes , et toutes les extrémités du corps différentes de celles de l'homme : les cétacées vivent dans un autre élément, et quoiqu'ils se multiplient par une voie de génération semblable à celle des quadrupèdes, ils en sont très-différens par la forme , n'ayant point d'extrémités inférieures : les oiseaux semblent en différer encore plus par leur bec , leurs plumes, leur vol , et leur génération par des œufs : les poissons et les amphibies sont encore plus éloignés de la forme humaine : les reptiles n'ont point de membres. On trouve donc la plus grande diversité dans toute l'enveloppe extérieure, tous ont au contraire à peu près la même conformation intérieure : ils ont tous un cœur, un foie , un estomac , des intestins , des organes pour la génération : ces parties doivent donc être regardées comme les plus essentielles à l'économie animale , puisqu'elles sont de toutes les plus constantes et les moins sujettes à la variété.

5*

Mais on doit observer que dans l'enveloppe même il y a aussi des parties plus constantes les unes que les autres; les sens, surtout certains sens, ne manquent à aucuns de ces animaux. Nous ne savons pas de quelle nature est leur odorat et leur goût, mais nous sommes assurés qu'ils ont tous le sens de la vue, et peut-être aussi celui de l'ouïe. Les sens peuvent donc être regardés comme une autre partie essentielle de l'économie animale, aussi bien que le cerveau et ses enveloppes, qui se trouvent dans tous les animaux qui ont des sens, et qui en effet est la partie dont les sens tirent leur origine, et sur laquelle ils exercent leur première action. Les insectes mêmes, qui diffèrent si fort des autres animaux par le centre de l'économie animale, ont une partie, dans la tête, analogue au cerveau, et des sens dont les fonctions sont semblables à celles des autres animaux : et ceux qui, comme les huîtres, paraissent en être privés, doivent être regardés comme des demi-animaux, comme des êtres qui font la nuance entre les animaux et les végétaux.

Le cerveau et les sens forment donc une seconde partie essentielle à l'économie animale ; le cerveau est le centre de l'enveloppe, comme le cœur est le centre de la partie intérieure de l'animal. C'est cette partie qui donne à toutes les autres parties extérieures le mouvement et l'action, par le moyen de la moelle, de l'épine et des nerfs, qui n'en sont que le prolongement ; et

de la même façon que le cœur et toute la partie intérieure communiquent avec le cerveau et
avec toute l'enveloppe extérieure par les vaisseaux sanguins qui s'y distribuent ; le cerveau
communique aussi avec le cœur et toute la partie
intérieure par les nerfs qui s'y ramifient. L'union
paraît intime et réciproque, et quoique ces deux
organes aient des fonctions absolument différentes
les unes des autres lorsqu'on les considère à part,
ils ne peuvent cependant être séparés sans que
l'animal périsse à l'instant.

Le cœur et toute la partie intérieure agissent
continuellement, sans interruption, et, pour
ainsi dire, mécaniquement et indépendamment
d'aucune cause extérieure ; les sens au contraire
et toute l'enveloppe n'agissent que par intervalles
alternatifs, et par des ébranlemens successifs
causés par les objets extérieurs. Les objets exercent leur action sur les sens, les sens modifient
cette action des objets, et en portent l'impression
modifiée dans le cerveau, où cette impression
devient ce que l'on appelle sensation ; le cerveau,
en conséquence de cette impression, agit sur les
nerfs et leur communique l'ébranlement qu'il
vient de recevoir, et c'est cet ébranlement qui
produit le mouvement progressif et toutes les
autres actions extérieures du corps et des membres de l'animal. Toutes les fois qu'une cause agit
sur un corps, on sait que ce corps agit lui-même
par sa réaction sur cette cause ; ici les objets
agissent sur l'animal par le moyen des sens, et

l'animal réagit sur les objets par ses mouvemens extérieurs ; en général l'action est la cause et la réaction l'effet.

On me dira peut-être qu'ici l'effet n'est point proportionnel à la cause ; que dans les corps solides qui suivent les lois de la mécanique, la réaction est toujours égale à l'action ; mais que dans le corps animal il paraît que le mouvement extérieur ou la réaction est incomparablement plus grande que l'action, et que par conséquent le mouvement progressif et les autres mouvemens extérieurs ne doivent pas être regardés comme de simples effets de l'impression des objets sur les sens. Mais il est aisé de répondre que si les effets nous paraissent proportionnels à leurs causes dans certains cas et dans certaines circonstances, il y a dans la nature un bien plus grand nombre de cas et de circonstances où les effets ne sont en aucune façon proportionnels à leurs causes apparentes. Avec une étincelle on enflamme un magasin à poudre, et l'on fait sauter une citadelle ; avec un léger frottement on produit par l'électricité un coup violent, une secousse vive, qui se fait sentir dans l'instant même à de très-grandes distances, et qu'on n'affaiblit point en la partageant ; en sorte que mille personnes qui se touchent ou se tiennent par la main, en sont également affectées et presque aussi violemment que si le coup n'avait porté que sur une seule : par conséquent il ne doit pas paraître extraordinaire qu'une légère impression sur les sens puisse produire dans le corps animal une violente réaction qui se manifeste par les mouvemens extérieurs.

Les causes que nous pouvons mesurer, et dont nous pouvons en conséquence estimer au juste la quantité des effets, ne sont pas en aussi grand nombre que celles dont les qualités nous échappent, dont la manière d'agir nous est inconnue, et dont nous ignorons par conséquent la relation proportionnelle qu'elles peuvent avoir avec leurs effets. Il faut, pour que nous puissions mesurer une cause, qu'elle soit simple, qu'elle soit toujours la même, que son action soit constante, ou, ce qui revient au même, qu'elle ne soit variable que suivant une loi qui nous soit exactement connue. Or, dans la nature, la plupart des effets dépendent de plusieurs causes différemment combinées, de causes dont l'action varie, de causes dont les degrés d'activité ne semblent suivre aucune règle, aucune loi constante, et que nous ne pouvons par conséquent, ni mesurer ni même estimer que comme on estime des probabilités, en tâchant d'approcher de la vérité par le moyen des vraisemblances.

Je ne prétends donc pas assurer comme une vérité démontrée, que le mouvement progressif et les autres mouvemens extérieurs de l'animal aient pour cause, et pour cause unique, l'impression des objets sur les sens : je le dis seulement comme une chose vraisemblable, et qui

me paraît fondée sur de bonnes analogies ; car je
vois que dans la nature, tous les êtres organisés
qui sont dénués de sens sont aussi privés du
mouvement progressif, et que tous ceux qui en
sont pourvus ont tous aussi cette qualité active de
mouvoir leurs membres et de changer de lieu.
Je vois de plus qu'il arrive souvent que cette action des objets sur les sens met à l'instant l'animal en mouvement, sans même que la volonté
paraisse y avoir part, et qu'il arrive toujours,
lorsque c'est la volonté qui détermine le mouvement, qu'elle a été elle-même excitée par la sensation qui résulte de l'impression actuelle des
objets sur les sens, ou de la réminiscence d'une
impression antérieure.

Pour le faire mieux sentir, considérons nous
nous-mêmes, et analysons un peu le physique
de nos actions, lorsqu'un objet nous frappe par
quelque sens que ce soit, que la sensation qu'il
produit est agréable, et qu'il fait naître un désir,
ce désir ne peut être que relatif à quelques-unes
de nos qualités et à quelques-unes de nos manières de jouir ; nous ne pouvons désirer cet objet que pour le voir, pour le goûter, pour l'entendre, pour le sentir, pour le toucher ; nous ne
le désirons que pour satisfaire plus pleinement
le sens avec lequel nous l'avons aperçu, ou pour
satisfaire quelques-uns de nos autres sens en
même temps, c'est-à-dire, pour rendre la première sensation encore plus agréable, ou pour
en exciter une autre, qui est une nouvelle ma-

nière de jouir de cet objet : car si dans le moment même que nous l'apercevons, nous pouvions en jouir pleinement et par tous les sens à la fois, nous ne pourrions rien désirer. Le désir ne vient donc que de ce que nous sommes mal situés par rapport à l'objet que nous venons d'apercevoir; nous en sommes trop loin ou trop près : nous changeons donc naturellement de situation, parce qu'en même temps que nous avons aperçu l'objet, nous avons aussi aperçu la distance ou la proximité qui fait l'incommodité de notre situation, et qui nous empêche d'en jouir pleinement. Le mouvement que nous faisons en conséquence du désir, et le désir lui-même, ne viennent donc que de l'impression qu'a fait cet objet sur nos sens.

Que ce soit un objet que nous ayons aperçu par les yeux et que nous désirons de toucher, s'il est à notre portée nous étendons le bras pour l'atteindre, et s'il est éloigné, nous nous mettons en mouvement pour nous en approcher. Un homme profondément occupé d'une spéculation ne saisira-t-il pas, s'il a grand faim, le pain qu'il trouvera sous sa main? il pourra même le porter à sa bouche et le manger sans s'en apercevoir : ces mouvemens sont une suite nécessaire de la première impression des objets; ces mouvemens ne manqueraient jamais de succéder à cette impression, si d'autres impressions qui se réveillent en même temps ne s'opposaient souvent à cet effet naturel, soit en affaiblissant, soit en détruisant l'action de cette première impression.

Un être organisé qui n'a point de sens, une huître, par exemple, qui probablement n'a qu'un toucher fort imparfait est donc un être privé, non-seulement de mouvement progressif, mais même de sentiment et de toute intelligence, puisque l'un ou l'autre produiraient également le désir, et se manifesteraient par le mouvement extérieur. Je n'assurerai pas que ces êtres privés de sens soient aussi privés du sentiment même de leur existence, mais au moins peut-on dire qu'ils ne la sentent que très-imparfaitement, puisqu'ils ne peuvent apercevoir ni sentir l'existence des autres êtres.

C'est donc l'action des objets sur les sens qui fait naître le désir, et c'est le désir qui produit le mouvement progressif. Pour le faire encore mieux sentir, supposons un homme qui, dans l'instant où il voudrait s'approcher d'un objet, se trouverait tout à coup privé des membres nécessaires à cette action ; cet homme auquel nous retranchons les jambes tâcherait de marcher sur ses genoux ; ôtons-lui encore les genoux et les cuisses, en lui conservant toujours le désir de s'approcher de l'objet, il s'efforcera alors de marcher sur ses mains ; privons-le encore des bras et des mains, il rampera, il se traînera, il emploiera toutes les forces de son corps et s'aidera de toute la flexibilité des vertèbres pour se mettre en mouvement, il s'accrochera par le

menton ou avec les dents à quelque point d'appui pour tâcher de changer de lieu; et quand
même nous réduirions son corps à un point physique, à un atome globuleux, si le désir subsiste,
il emploiera toujours toutes ses forces pour
changer de situation : mais comme il n'aurait
alors d'autre moyen pour se mouvoir que d'agir
contre le plan sur lequel il porte, il ne manque-
rait pas de s'élever plus ou moins haut pour atteindre à l'objet. Le mouvement extérieur et
progressif ne dépend donc point de l'organisation et de la figure du corps et des membres,
puisque de quelque manière qu'un être fût extérieurement conformé, il ne pourrait manquer
de se mouvoir, pourvu qu'il eût des sens et le
désir de les satisfaire.

C'est à la vérité de cette organisation extérieure,
que dépend la facilité, la vitesse, la direction,
la continuité, etc., du mouvement; mais la cause,
le principe, l'action, la détermination, viennent
uniquement du désir occasioné par l'impression
des objets sur les sens : car supposons maintenant que la conformation extérieure étant toujours la même, un homme se trouvât privé successivement de ses sens, il ne changera pas de
lieu pour satisfaire ses yeux, s'il est privé de la
vue; il ne s'approchera pas pour entendre, si le
son ne fait aucune impression sur son organe; il
ne fera jamais aucun mouvement pour respirer
une bonne odeur ou pour en éviter une mauvaise,
si son odorat est détruit; il en est de même du

toucher et du goût, si ces deux sens ne sont plus susceptibles d'impression, il n'agira pas pour les satisfaire : cet homme demeurera donc en repos, et perpétuellement en repos, rien ne pourra le faire changer de situation, et lui imprimer le mouvement progressif, quoique par sa conformation extérieure il fût parfaitement capable de se mouvoir et d'agir.

Les besoins naturels, celui, par exemple, de prendre de la nourriture, sont des mouvemens intérieurs, dont les impressions font naître le désir, l'appétit, et même la nécessité; ces mouvemens intérieurs pourront donc produire des mouvemens extérieurs dans l'animal, et pourvu qu'il ne soit pas privé de tous les sens extérieurs, pourvu qu'il y ait un sens relatif à ses besoins, il agira pour les satisfaire. Le besoin n'est pas le désir, il en diffère comme la cause diffère de l'effet, et il ne peut le produire sans le concours des sens. Toutes les fois que l'animal aperçoit quelque objet relatif à ses besoins, le désir ou l'appétit naît, et l'action suit.

Les objets extérieurs exerçant leur action sur les sens, il est donc nécessaire que cette action produise quelque effet, et on concevrait aisément que l'effet de cette action serait le mouvement de l'animal, si toutes les fois que ses sens sont frappés de la même façon, le même effet, le même mouvement succédait toujours à cette impression : mais comment entendre cette modification de l'action des objets sur l'animal, qui fait naître l'appétit ou la répugnance ? Comment

concevoir ce qui s'opère au delà des sens à ce
terme moyen entre l'action des objets et l'action
de l'animal? opération dans laquelle cependant
consiste le principe de la détermination du mouvement, puisqu'elle change et modifie l'action
de l'animal, et qu'elle la rend quelquefois nulle,
malgré l'impression des objets.

Cette question est d'autant plus difficile à résoudre, qu'étant par notre nature différens des animaux, l'âme a part à presque tous nos mouvemens,
et peut-être à tous, et qu'il nous est très-difficile
de distinguer les effets de l'action de cette substance spirituelle, de ceux qui sont produits par
les seules forces de notre être matériel; nous ne
pouvons en juger que par analogie, et en comparant à nos actions les opérations naturelles des
animaux : mais comme cette substance spirituelle
n'a été accordée qu'à l'homme, et que ce n'est
que par elle qu'il pense et qu'il réfléchit, que l'a-
nimal est au contraire un être purement matériel, qui ne pense ni ne réfléchit, et qui cependant agit et semble se déterminer, nous ne
pouvons pas douter que le principe de la détermination du mouvement ne soit dans l'animal un
effet purement mécanique, et absolument dépen-
dant de son organisation.

Je conçois donc que dans l'animal, l'action des
objets sur les sens en produit une autre sur le cerveau, que je regarde comme un sens intérieur
et général qui reçoit toutes les impressions que
les sens extérieurs lui transmettent. Ce sens in-

terne est non-seulement susceptible d'être ébranlé par l'action des sens et des organes extérieurs, mais il est encore, par sa nature, capable de conserver long-temps l'ébranlement que produit cette action : et c'est dans la continuité de cet ébranlement que consiste l'impression, qui est plus ou moins profonde, à proportion que cet ébranlement dure plus ou moins de temps.

Le sens intérieur diffère donc des sens extérieurs, d'abord par la propriété qu'il a de recevoir généralement toutes les impressions, de quelque nature qu'elles soient; au lieu que les sens extérieurs ne les reçoivent que d'une manière particulière et relative à leur conformation, puisque l'œil n'est jamais ni pas plus ébranlée par le son que l'oreille par la lumière. Secondement, ce sens intérieur diffère des sens extérieurs par la durée de l'ébranlement que produit l'action des causes extérieures : mais pour tout le reste, il est de même nature que les sens extérieurs. Le sens intérieur de l'animal est aussi bien que ses sens extérieurs, un organe, un résultat mécanique, un sens purement matériel. Nous avons comme l'animal ce sens intérieur matériel, et nous possédons de plus un sens d'une nature supérieure et bien différente, qui réside dans la substance spirituelle qui nous anime et nous conduit.

Le cerveau de l'animal est donc un sens interne, général et commun, qui reçoit également toutes les impressions que lui transmettent les

sens externes, c'est-à-dire, tous les ébranlemens
que produit l'action des objets, et ces ébranlemens durent et subsistent bien plus long-temps
dans ce sens interne que dans les sens externes.
On le concevra facilement, si l'on fait attention
que même dans les sens externes il y a une différence très-sensible dans la durée de leurs
ébranlemens. L'ébranlement que la lumière
produit dans l'œil subsiste plus long-temps que
l'ébranlement de l'oreille par le son; il ne faut
pour s'en assurer, que réfléchir sur des phénomènes fort connus. Lorsqu'on tourne avec
vitesse un charbon allumé, ou que l'on met le
feu à une fusée volante, ce charbon allumé
forme à nos yeux un cercle de feu, et la fusée
volante une longue trace de flamme : on sait
que ces apparences viennent de la durée de l'é-
branlement que la lumière produit sur l'organe,
et de ce que l'on voit en même temps la première
et la dernière image du charbon ou de la fusée
volante ; or le temps entre la première et la dernière impression ne laisse pas d'être sensible.
Mesurons cet intervalle, et disons qu'il faut une
demi-seconde, ou, si l'on veut, un quart de
seconde pour que le charbon allumé décrive
son cercle et se retrouve au même point de la
circonférence; cela étant, l'ébranlement causé
par la lumière dure une demi-seconde ou un
quart de seconde au moins. Mais l'ébranlement
que produit le son n'est pas à beaucoup près
d'une aussi longue durée, car l'oreille saisit de
bien plus petits intervalles de temps : on peut

entendre distinctement trois ou quatre fois le même son, ou trois ou quatre sons successifs dans l'espace d'un quart de seconde, et sept ou huit dans une demi-seconde, la dernière impression ne se confond point avec la première, elle en est distincte et séparée; au lieu que dans l'œil la première et la dernière impression semblent être continues, et c'est par cette raison qu'une suite de couleurs, qui se succéderaient aussi vite que des sons, doit se brouiller nécessairement, et ne peut pas nous affecter d'une manière distincte comme le fait une suite de sons.

Nous pouvons donc présumer avec assez de fondement, que les ébranlemens peuvent durer beaucoup plus long-temps dans le sens intérieur qu'ils ne durent dans les sens extérieurs, puisque dans quelques-uns de ces sens mêmes l'ébranlement dure plus long-temps que dans d'autres; comme nous venons de le faire voir de l'œil, dont les ébranlemens sont plus durables que ceux de l'oreille. C'est par cette raison que les impressions que ce sens transmet au sens intérieur, sont plus fortes que les impressions transmises par l'oreille, et que nous nous représentons les choses que nous avons vues, beaucoup plus vivement que celles que nous avons entendues. Il paraît même que de tous les sens l'œil est celui dont les ébranlemens ont le plus de durée, et qui doit par conséquent former les impressions les plus fortes, quoiqu'en apparence elles soient les plus légères, car cet organe paraît, par sa nature, participer plus qu'aucun autre à la nature de l'organe intérieur. On pourrait le prouver par la quantité de nerfs qui arrivent à l'œil; il en reçoit presque autant lui seul que l'ouïe, l'odorat et le goût pris ensemble.

L'œil peut donc être regardé comme une continuation du sens intérieur : ce n'est qu'un gros nerf épanoui, un prolongement de l'organe dans lequel réside le sens intérieur de l'animal; il n'est donc pas étonnant qu'il approche plus qu'aucun autre sens de la nature de ce sens intérieur : en effet, non-seulement ses ébranlemens sont plus durables, comme dans le sens intérieur, mais il a encore des propriétés éminentes au-dessus des autres sens, et ces propriétés sont semblables à celle du sens intérieur.

L'œil rend au dehors les impressions intérieures; il exprime le désir que l'objet agréable qui vient de le frapper a fait naître; c'est comme le sens intérieur, un sens actif : tous les autres sens au contraire sont presque purement passifs; ce sont de simples organes faits pour recevoir les impressions extérieures, mais incapables de les conserver, et plus encore de les réfléchir au dehors. L'œil les réfléchit parce qu'il les conserve, et il les conserve, parce que les ébranlemens dont il est affecté sont durables, au lieu que ceux des autres sens naissent et finissent presque dans le même instant.

Cependant, lorsqu'on ébranle très-fortement et très-long-temps quelque sens que ce soit, l'ébranlement subsiste et continue long-temps après l'action de l'objet extérieur. Lorsque l'œil est frappé par une lumière trop vive ou lorsqu'il se fixe trop long-temps sur un objet, si la couleur de cet objet est éclatante, il reçoit une impression si profonde et si durable, qu'il porte ensuite l'image de cet objet sur tous les autres objets. Si l'on regarde le soleil un instant, on verra pendant plusieurs minutes, et quelquefois pendant plusieurs heures et même plusieurs jours, l'image du disque du soleil sur tous les autres objets. Lorsque l'oreille a été ébranlée pendant quelques heures de suite par le même air de musique, par des sons forts auxquels on aura fait attention, comme par des hautbois ou par des cloches, l'ébranlement subsiste, on continue d'entendre les cloches et les hautbois, l'impression dure quelquefois plusieurs jours, et ne s'efface que peu à peu. De même lorsque l'odorat et le goût ont été affectés par une odeur très-forte et par une saveur très-désagréable, on sent encore long-temps après cette mauvaise odeur ou ce mauvais goût : et enfin lorsqu'on exerce trop le sens du toucher sur le même objet, lorsqu'on applique fortement un corps étranger sur quelque partie de notre corps, l'impression subsiste aussi pendant quelque temps, et il nous semble encore toucher et être touchés.

Tous les sens ont donc la faculté de conserver plus ou moins les impressions des causes extérieures, mais l'œil l'a plus que les autres sens; et la cerveau, où réside le sens intérieur de l'animal, a éminemment cette propriété: non-seulement il conserve les impressions qu'il a reçues, mais il en propage l'action en communiquant aux nerfs les ébranlemens. Les organes des sens extérieurs, le cerveau, qui est l'organe du sens intérieur, la moelle épinière, et les nerfs qui se répandent dans toutes les parties du corps animal, doivent être regardés comme faisant un corps continu, comme une machine organique dans laquelle les sens sont les parties sur lesquelles s'appliquent les forces ou les puissances extérieures; le cerveau est l'hypomoclion ou la masse d'appui, et les nerfs sont les parties que l'action des puissances met en mouvement. Mais ce qui rend cette machine si différente des autres machines, c'est que l'hypomoclion est non-seulement capable de résistance et de réaction, mais qu'il est lui-même actif, parce qu'il conserve long-temps l'ébranlement qu'il a reçu : et comme cet organe intérieur, le cerveau et les membranes qui l'environnent, est d'une très-grande capacité et d'une très-grande sensibilité, il peut recevoir un très-grand nombre d'ébranlemens successifs et contemporains, et les conserver dans l'ordre où il les a reçus, parce que chaque impression n'ébranle qu'une partie du cerveau, et que les impressions successives ébranlent différemment la même partie, et peuvent ébranler aussi des parties voisines et contiguës.

Si nous supposions un animal qui n'eût point

de cerveau, mais qui eût un sens extérieur fort sensible et fort étendu, un œil, par exemple, dont la rétine eût une aussi grande étendue que celle du cerveau, et eût en même temps cette propriété du cerveau de conserver long-temps les impressions qu'elle aurait reçues, il est certain qu'avec un tel sens l'animal verrait en même temps, non-seulement les objets qui le frapperaient actuellement, mais encore tous ceux qui l'auraient frappé auparavant; parce que dans cette supposition les ébranlemens subsistant toujours, et la capacité de la rétine étant assez grande pour les recevoir dans des parties différentes, il apercevrait également et en même temps les premières et les dernières images : et voyant ainsi le passé et le présent du même coup d'œil, il serait déterminé mécaniquement à faire telle ou telle action en conséquence du degré de force et du nombre plus ou moins grand des ébranlemens produits par les images relatives ou contraires à cette détermination. Si le nombre des images propres à faire naître l'appétit surpasse celui des images propres à faire naître la répugnance, l'animal sera nécessairement déterminé à faire un mouvement pour satisfaire cet appétit; et si le nombre ou la force des images d'appétit sont égaux au nombre ou à la force des images de répugnance, l'animal ne sera pas déterminé, il demeurera en équilibre entre ces deux puissances égales, et il ne fera aucun mouvement ni pour atteindre, ni pour éviter. Je dis que

ceci se fera mécaniquement et sans que la mémoire y ait aucune part; car l'animal voyant en
même temps toutes les images, elles agissent par
conséquent toutes en même temps : celles qui sont
relatives à l'appétit se réunissent et s'opposent à
celles qui sont relatives à la répugnance, et c'est
par la prépondérance, ou plutôt par l'excès de
la force et du nombre des unes ou des autres,
que l'animal serait dans ces suppositions nécessairement déterminé à agir de telle ou telle façon.

Ceci nous fait voir que dans l'animal le sens
intérieur ne diffère des sens extérieurs que par
cette propriété qu'a le sens intérieur de conserver les ébranlemens, les impressions qu'il a
reçues : cette propriété seule est suffisante pour
expliquer toutes les actions des animaux et nous
donner quelque idée de ce qui se passe dans leur
intérieur; elle peut aussi servir à démontrer la
différence essentielle et infinie qui doit se trouver
entre eux et nous, et en même temps à nous
faire reconnaître ce que nous avons de commun
avec eux.

Les animaux ont les sens excellens; cependant ils
ne les ont pas généralement tous aussi bons que
l'homme, et il faut observer que les degrés d'excellence des sens suivent dans l'animal un autre ordre que dans l'homme. Le sens le plus relatif à la
pensée et à la connaissance est le toucher; l'homme
a ce sens plus parfait que les animaux. L'odorat est
le sens le plus relatif à l'instinct, à l'appétit; l'animal a ce sens infiniment meilleur que l'homme :

aussi l'homme doit plus connaître qu'appéter, et l'animal doit plus appéter que connaître. Dans l'homme le premier des sens pour l'excellence est le toucher, l'odorat est le dernier; dans l'animal l'odorat est le premier des sens, et le toucher est le dernier; cette différence est relative à la nature de l'un et de l'autre. Le sens de la vue ne peut avoir de sûreté, et ne peut servir à la connaissance que par le secours du sens du toucher; aussi le sens de la vue est-il plus imparfait, ou plutôt acquiert moins de perfection dans l'animal que dans l'homme. L'oreille, quoique peut-être aussi bien conformée dans l'animal que dans l'homme, lui est cependant beaucoup moins utile par le défaut de la parole, qui dans l'homme est une dépendance du sens de l'ouïe, un organe de communication, organe qui rend ce sens actif, au lieu que dans l'animal l'ouïe est un sens presque entièrement passif. L'homme a donc le toucher, l'œil et l'oreille plus parfaits, et l'odorat plus imparfait que l'animal; et comme le goût est un odorat intérieur, et qu'il est encore plus relatif à l'appétit qu'aucun des autres sens; on peut croire que l'animal a aussi ce sens plus sûr et peut-être plus exquis que l'homme : on pourrait le prouver par la répugnance invincible que les animaux ont pour certains alimens, et par l'appétit naturel qui les porte à choisir, sans se tromper, ceux qui leur conviennent, au lieu que l'homme, s'il n'était averti, mangerait le fruit du mancenillier comme la pomme, et la ciguë comme le persil.

L'excellence des sens vient de la nature, mais l'art et l'habitude peuvent leur donner aussi un plus grand degré de perfection ; il ne faut pour cela que les exercer souvent et long-temps sur les mêmes objets. Un peintre accoutumé à considérer attentivement les formes, verra du premier coup d'œil une infinité de nuances et de différences qu'un autre homme ne pourra saisir qu'avec beaucoup de temps, et que même il ne pourra peut-être saisir. Un musicien, dont l'oreille est continuellement exercée à l'harmonie, sera vivement choqué d'une dissonance ; une voix fausse, un son aigre l'offensera, le blessera ; son oreille est un instrument qu'un son discordant démonte et désaccorde. L'œil du peintre est un tableau où les nuances les plus légères sont senties, où les traits les plus délicats sont tracés. On perfectionne aussi les sens et même l'appétit des animaux ; on apprend aux oiseaux à répéter des paroles et des chants : on augmente l'ardeur d'un chien pour la chasse en lui faisant curée.

Mais cette excellence des sens et la perfection même qu'on peut leur donner n'ont des effets bien sensibles que dans l'animal ; il nous paraîtra d'autant plus actif et plus intelligent que ses sens seront meilleurs ou plus perfectionnés. L'homme, au contraire, n'en est pas plus raisonnable, pas plus spirituel, pour avoir beaucoup exercé son oreille et ses yeux. On ne voit pas, que les personnes qui ont les sens obtus, la vue courte, l'oreille dure, l'odorat détruit ou insensible aient moins d'esprit que les autres; preuve évidente qu'il y a dans l'homme quelque chose de plus qu'un sens intérieur animal : celui-ci n'est qu'un organe matériel, semblable à l'organe des sens extérieurs, et qui n'en diffère que parce qu'il a la propriété de conserver les ébranlemens qu'il a reçus; l'âme de l'homme au contraire est un sens supérieur, une substance spirituelle, entièrement différente, par son essence et par son action, de la nature des sens extérieurs.

Ce n'est pas qu'on puisse nier pour cela qu'il y ait dans l'homme un sens intérieur matériel relatif, comme dans l'animal, aux sens extérieurs; l'inspection seule le démontre : la conformité des organes dans l'un et dans l'autre, le cerveau qui est dans l'homme comme dans l'animal, et qui même est d'une plus grande étendue, relativement au volume du corps, suffisent pour assurer dans l'homme l'existence de ce sens intérieur matériel. Mais ce que je prétends, c'est que ce sens est infiniment subordonné à l'autre; la substance spirituelle le commande, elle en détruit ou en fait naître l'action; ce sens, en un mot, qui fait tout dans l'animal, ne fait dans l'homme que ce que le sens supérieur n'empêche pas; il fait aussi ce que le sens supérieur ordonne. Dans l'animal, ce sens est le principe de la détermination du mouvement et de toutes les actions; dans l'homme ce n'en est que le moyen ou la cause secondaire.

FRAGMENS

Sur la manière de traiter de l'Histoire naturelle.

Mais revenons à l'homme qui veut s'appliquer sérieusement à l'étude de la nature, et re-
prenons-le au point où nous l'avons laissé, à ce
point où il commence à généraliser ses idées, et
à se former une méthode d'arrangement et de
systèmes d'explication : c'est alors qu'il doit consulter les gens instruits, lire les bons auteurs,
examiner leurs différentes méthodes, et emprun-
ter des lumières de tous côtés. Mais comme il
arrive ordinairement qu'on se prend alors d'affection et de goût pour certains auteurs, pour
une certaine méthode, et que souvent, sans un
examen assez mûr, on se livre à un système
quelquefois mal fondé, il est bon que nous don-
nions ici quelques notions préliminaires sur les
méthodes qu'on a imaginées pour faciliter l'intelligence de l'histoire naturelle; ces méthodes
sont très-utiles, lorsqu'on ne les emploie qu'a-
vec les restrictions convenables; elles abrègent
le travail, elles aident la mémoire, et elles offrent à l'esprit une suite d'idées, à la vérité composées d'objets différens entre eux, mais qui ne
laissent pas d'avoir des rapports communs, et
ces rapports forment des impressions plus fortes

que ne pourraient faire des objets détachés qui n'auraient aucune relation. Voilà la principale utilité des méthodes, mais l'inconvénient est de vouloir trop alonger ou trop resserrer la chaîne, de vouloir soumettre à des lois arbitraires les lois de la nature, de vouloir la diviser dans des points où elle est indivisible, et de vouloir mesurer ses forces par notre faible imagination. Un autre inconvénient qui n'est pas moins grand, et qui est le contraire du premier, c'est de s'assujettir à des méthodes trop particulières, de vouloir juger du tout par une seule partie, de réduire la nature à de petits systèmes qui lui sont étrangers, et de ses ouvrages immenses, en former arbitrairement autant d'assemblages détachés; enfin de rendre en multipliant les noms et les représentations la langue de la science plus difficile que la science elle-même.

Nous sommes naturellement portés à imaginer en tout une espèce d'ordre et d'uniformité, et quand on n'examine que légèrement les ouvrages de la nature, il paraît à cette première vue qu'elle a toujours travaillé sur un même plan : comme nous ne connaissons nous-mêmes qu'une voie pour arriver à un but, nous nous persuadons que la nature fait et opère tout par les mêmes moyens et par des opérations semblables; cette manière de penser a fait imaginer une infinité de faux rapports entre les productions naturelles : les plantes ont été comparées aux animaux; on a cru voir végéter les minéraux; leur organisation si différente, et leur mécanique si peu ressemblante ont été souvent réduites à la même forme. Le moule commun de toutes ces choses, si dissemblables entre elles, est moins dans la nature que dans l'esprit étroit de ceux qui l'ont mal connue, et qui savent aussi peu juger de la force d'une vérité que des justes limites d'une analogie comparée. En effet, doit-on, parce que le sang circule, assurer que la sève circule aussi ? Doit-on conclure de la végétation connue des plantes à une pareille végétation dans les minéraux, du mouvement du sang à celui de la sève de celui de la sève au mouvement du suc pétrifiant? N'est-ce pas porter dans la réalité des ouvrages du Créateur, les abstractions de notre esprit borné, et ne lui accorder, pour ainsi dire, qu'autant d'idées que nous en avons ? Cependant on a dit, et on dit tous les jours des choses aussi peu fondées, et on bâtit des systèmes sur des faits incertains, dont l'examen n'a jamais été fait, et qui ne servent qu'à montrer le penchant qu'ont les hommes à vouloir trouver de la ressemblance dans les objets les plus différens, de la régularité où il ne règne que de la variété, et de l'ordre dans les choses qu'ils n'aperçoivent que confusément.

Car lorsque, sans s'arrêter à des connaissances superficielles dont les résultats ne peuvent nous donner que des idées incomplètes des productions et des opérations de la nature, nous voulons pénétrer plus avant, et examiner avec des yeux plus attentifs la forme et la conduite de ses ouvrages, on est aussi surpris de la variété du dessin, que de la multiplicité des moyens d'exécution. Le nombre des productions de la nature, quoique prodigieux, ne fait alors que la plus petite partie de notre étonnement; sa mécanique, son art, ses ressources, ses désordres mêmes, emportent toute notre admiration; trop petit pour cette immensité, accablé par le nombre des merveilles, l'esprit humain succombe : il semble que tout ce qui peut être, est; la main du Créateur ne paraît pas s'être ouverte pour donner l'être à un certain nombre déterminé d'espèces, mais il semble qu'elle ait jeté tout à la fois un monde d'êtres relatifs et non relatifs, une infinité de combinaisons harmoniques et contraires, et une perpétuité de destructions et de renouvellemens. Quelle idée de puissance ce spectacle ne nous offre-t-il pas? Quel sentiment de respect cette vue de l'univers ne nous inspire-t-elle pas pour son auteur? Que serait-ce si la faible lumière qui nous guide devenait assez vive pour nous faire apercevoir l'ordre général des causes et de la dépendance des effets? Mais l'esprit le plus vaste, et le génie le plus puissant ne s'élèveront jamais à ce haut point de connaissance : les premières causes nous seront à jamais cachées; les résultats généraux de ces causes nous seront aussi difficiles à connaître que les causes mêmes ; tout ce qui nous est possible, c'est d'apercevoir quelques effets particuliers, de les comparer, de les combiner, et enfin d'y reconnaître plutôt un ordre relatif à notre propre nature, que convenable à l'existence des choses que nous considérons.

Mais puisque c'est la seule voie qui nous soit ouverte, puisque nous n'avons pas d'autres moyens pour arriver à la connaissance des choses naturelles, il faut aller jusqu'où cette route peut nous conduire, il faut rassembler tous les objets, les comparer, les étudier, et tirer de leurs rapports combinés toutes les lumières qui peuvent nous aider à les apercevoir nettement et à les mieux connaître.

La première vérité qui sort de cet examen sérieux de la nature, est une vérité peut-être humiliante pour l'homme : c'est qu'il doit se ranger lui-même dans la classe des animaux, auxquels il ressemble par tout ce qu'il a de matériel, et même leur instinct lui paraîtra peut-être plus sûr que sa raison, et leur industrie plus admirable que ses arts. Parcourant ensuite successivement et par ordre les différens objets qui composent l'univers, et se mettant à la tête de tous les êtres créés, il verra avec étonnement qu'on peut descendre par des degrés presqu'insensibles, de la créature la plus parfaite jusqu'à la matière la plus informe, de l'animal le mieux organisé jusqu'au minéral le plus brut; il reconnaîtra que ces nuances imperceptibles sont le grand œuvre de la nature ; il les trouvera ces nuances, non-seulement dans les grandeurs et dans les formes, mais dans les mouvemens, dans les générations, dans les successions de toute espèce.

En approfondissant cette idée, on voit clairement qu'il est impossible de donner un système général, une méthode parfaite, non-seulement pour l'histoire naturelle entière, mais même pour une seule de ses branches, car pour faire un système, un arrangement, en un mot une méthode générale, il faut que tout y soit compris; il faut diviser ce tout en différentes classes; partager ces classes en genres, sous-diviser ces genres en espèces, et tout cela suivant un ordre dans lequel il entre nécessairement de l'arbitraire. Mais la nature marche par des gradations inconnues, et par conséquent, elle ne peut pas se prêter totalement à ces divisions, puisqu'elle passe d'une espèce à une autre espèce, et souvent d'un genre à un autre genre, par des nuances imperceptibles; de sorte qu'il se trouve un grand nombre d'espèces moyennes et d'objets mi-parti qu'on ne sait où placer et qui dérangent nécessairement le projet du système général.

SECOND FRAGMENT.

On peut se servir d'une méthode déjà faite comme d'une commodité pour étudier, on doit la regarder comme une facilité pour s'entendre; mais le seul et le vrai moyen d'avancer la science est de travailler à la description et à l'histoire des différentes choses qui en font l'objet.

Les choses par rapport à nous ne sont rien en

elles-mêmes, elles ne sont encore rien lorsqu'elles ont un nom ; mais elles commencent à exister pour nous lorsque nous leur connaissons des rapports, des propriétés ; ce n'est même que par ces rapports que nous pouvons leur donner une définition : or la définition, telle qu'on la peut faire par une phrase, n'est encore que la représentation très-imparfaite de la chose , et nous ne pouvons jamais bien définir une chose sans la décrire exactement. C'est cette difficulté de faire une bonne définition, que l'on retrouve à tout moment dans toutes les méthodes, dans tous les abrégés qu'on a tâché de faire pour soulager la mémoire ; aussi doit-on dire que dans les choses naturelles il n'y a rien de bien défini que ce qui est exactement décrit : or, pour décrire exactement, il faut avoir vu, revu, examiné, comparé la chose qu'on veut décrire, et tout cela sans préjugé, sans idée de système, sans quoi la description n'a plus le caractère de la vérité, qui est le seul qu'elle puisse comporter. Le style même de la description doit être simple, net et mesuré, il n'est pas susceptible d'élévation, d'agrémens, et encore moins d'écarts, de plaisanterie ou d'équivoque ; le seul ornement qu'on puisse lui donner, c'est de la noblesse dans l'expression, du choix et de la propriété dans les termes.

Dans le grand nombre d'auteurs qui ont écrit sur l'histoire naturelle, il y en a fort peu qui aient bien décrit. Représenter naïvement et net-tement les choses, sans les changer ni les diminuer, et sans y rien ajouter de son imagination, est un talent d'autant plus louable qu'il est moins brillant, et qu'il ne peut être senti que d'un petit nombre de personnes capables d'une certaine attention nécessaire pour suivre les choses jusque dans les petits détails : rien n'est plus commun que des ouvrages embarrassés d'une nombreuse et sèche nomenclature, de méthodes ennuyeuses et peu naturelles dont les auteurs croient se faire un mérite ; rien de si rare que de trouver de l'exactitude dans les descriptions, de la nouveauté dans les faits, de la finesse dans les observations.

Aldrovande, le plus laborieux et le plus savant de tous les naturalistes, a laissé, après un travail de soixante ans, des volumes immenses sur l'histoire naturelle, qui ont été imprimés successivement, et la plupart après sa mort : on les réduirait à la dixième partie si on en ôtait toutes les inutilités et toutes les choses étrangères à son sujet ; à cette prolixité près, qui, je l'avoue, est accablante, ses livres doivent être regardés comme ce qu'il y a de mieux sur la totalité de l'histoire naturelle ; le plan de son ouvrage est bon, ses distributions sont sensées, ses divisions bien marquées, ses descriptions assez exactes, monotones, à la vérité, mais fidèles : l'historique est moins bon, souvent il est mêlé de fabuleux, et l'auteur y laisse voir trop de penchant à la crédulité.

J'ai été frappé, en parcourant cet auteur, d'un

défaut ou d'un excès qu'on retrouve presque
dans tous les livres faits il y a cent ou deux cents
ans, et que les savans d'Allemagne ont encore
aujourd'hui ; c'est de cette quantité d'érudition
inutile dont ils grossissent à dessein leurs ouvrages, en sorte que le sujet qu'ils traitent est noyé
dans une quantité de matières étrangères sur
lesquelles ils raisonnent avec tant de complai-
sance et s'étendent avec si peu de ménagement
pour les lecteurs, qu'ils semblent avoir oublié ce
qu'ils avaient à vous dire, pour ne vous raconter que ce qu'ont dit les autres. Je me représente
un homme comme Aldrovande, ayant une fois
conçu le dessein de faire un corps complet d'histoire naturelle, je le vois dans sa bibliothèque
lire successivement les anciens, les modernes,
les philosophes, les théologiens, les juriscon-
sultes, les historiens, les voyageurs, les poëtes,
et lire sans autre but que de saisir tous les mots,
toutes les phrases qui de près ou de loin ont rapport à son objet ; je le vois copier et faire copier
toutes ces remarques et les ranger par lettres
alphabétiques, et après avoir rempli plusieurs
porte-feuilles de notes de toute espèce, prises
souvent sans examen et sans choix, commencer
à travailler un sujet particulier, et ne vouloir
rien perdre de tout ce qu'il a ramassé ; en sorte
qu'à l'occasion de l'histoire naturelle du coq ou
du bœuf, il vous raconte tout ce qui a jamais
été dit des coqs ou des bœufs, tout ce que les
anciens en ont pensé, tout ce qu'on a imaginé

6**

de leurs vertus, de leur caractère, de leur courage, toutes les choses auxquelles on a voulu les
employer, tous les contes que les bonnes femmes
en ont faits, tous les miracles qu'on leur a fait
faire dans certaines religions, tous les sujets
de superstition qu'ils ont fournis, toutes les comparaisons que les poëtes en ont tirées, tous les
attributs que certains peuples leur ont accordés,
toutes les représentations qu'on en fait dans les
hiéroglyphes, dans les armoiries, en un mot
toutes les histoires et toutes les fables dont on
s'est jamais avisé au sujet des coqs ou des bœufs.
Qu'on juge après cela de la portion d'histoire
naturelle qu'on doit s'attendre à trouver dans ce
fatras d'écritures; et si en effet l'auteur ne l'eût
pas mise dans des articles séparés des autres,
elle n'aurait pas été trouvable, ou du moins elle
n'aurait pas valu la peine d'y être cherchée.

On s'est tout-à-fait corrigé de ce défaut dans
ce siècle; l'ordre et la précision avec laquelle on
écrit maintenant ont rendu les sciences plus
agréables, plus aisées, et je suis persuadé que
cette différence de style contribue peut-être autant à leur avancement que l'esprit de recherche
qui règne aujourd'hui ; car nos prédécesseurs
cherchaient comme nous, mais ils ramassaient
tout ce qui se présentait, au lieu que nous reje-
tons ce qui nous paraît avoir peu de valeur, et
que nous préférons un petit ouvrage bien raisonné à un gros volume bien savant; seulement
il est à craindre que, venant à mépriser l'érudi-

tion, nous ne venions aussi à imaginer que l'esprit peut suppléer à tout, et que la science n'est qu'un vain nom.

Les gens sensés cependant sentiront toujours que la seule et vraie science est la connaissance des faits, l'esprit ne peut pas y suppléer, et les faits sont dans les sciences ce qu'est l'expérience dans la vie civile. On pourrait donc diviser toutes les sciences en deux classes principales, qui contiendraient tout ce qu'il convient à l'homme de savoir, la première est l'histoire civile, et la seconde l'histoire naturelle, toutes deux fondées sur des faits qu'il est souvent important et toujours agréable de connaître : la première est l'étude des hommes d'état, la seconde est celle des philosophes ; et quoique l'utilité de celle-ci ne soit peut-être pas aussi prochaine que celle de l'autre, on peut cependant assurer que l'histoire naturelle est la source des autres sciences physiques et la mère de tous les arts : combien de remèdes excellens la médecine n'a-t-elle pas tirés de certaines productions de la nature jusqu'alors inconnues! Combien de richesses les arts n'ont-ils pas trouvées dans plusieurs matières autrefois méprisées ! Il y a plus, c'est que toutes les idées des arts ont leurs modèles dans les productions de la nature : Dieu a créé, et l'homme imite; toutes les inventions des hommes, soit pour la nécessité, soit pour la commodité, ne sont que des imitations assez grossières de ce que la nature exécute avec la dernière perfection.

TROISIÈME FRAGMENT.

A l'égard de l'ordre général et de la méthode de distributions des différens sujets de l'histoire naturelle, on pourrait dire qu'il est purement arbitraire, et dès lors on est assez le maître de choisir celui qu'on regarde comme le plus commode ou le plus communément reçu; mais avant que de donner les raisons qui pourraient déterminer à adopter un ordre plutôt qu'un autre, il est nécessaire de faire encore quelques réflexions, par lesquelles nous tâcherons de faire sentir ce qu'il peut y avoir de réel dans les divisions que l'on a faites des productions naturelles.

Pour le reconnaître il faut nous défaire un instant de tous nos préjugés, et même nous dépouiller de nos idées. Imaginons un homme qui a en effet tout oublié ou qui s'éveille tout neuf pour les objets qui l'environnent; plaçons cet homme dans une campagne où les animaux, les oiseaux, les poissons, les plantes, les pierres se présentent successivement à ses yeux. Dans les premiers instans cet homme ne distinguera rien et confondra tout; mais laissons ses idées s'affermir peu à peu par des sensations réitérées des mêmes objets, bientôt il se formera une idée générale de la matière animée, il la distinguera aisément de la matière inanimée, et peu de temps après il distinguera très-bien la matière animée de la matière végétative, et naturellement il arrivera à cette première grande division. — *Ani-*

mal, *Végétal* et *Minéral* ; et comme il aura pris en même temps une idée nette de ces grands objets si différens, la *Terre*, l'*Air* et l'*Eau*, il viendra en peu de temps à se former une idée particulière des animaux qui habitent la terre, de ceux qui demeurent dans l'eau, et de ceux qui s'élèvent dans l'air, et par conséquent il se fera aisément à lui-même cette seconde division : *Animaux quadrupèdes*, *Oiseaux*, *Poissons* ; il en est de même dans le règne végétal, des arbres et des plantes, il les distinguera très-bien, soit par leur grandeur, soit par leur substance, soit par leur figure. Voilà ce que la simple inspection doit nécessairement lui donner, et ce qu'avec une très-légère attention il ne peut manquer de reconnaître ; c'est là aussi ce que nous devons regarder comme réel, et ce que nous devons respecter comme une division donnée par la nature même. Ensuite mettons-nous à la place de cet homme, et supposons qu'il ait acquis autant de connaissances, et qu'il ait autant d'expérience que nous en avons, il viendra à juger les objets de l'histoire naturelle par les rapports qu'ils auront avec lui ; ceux qui lui seront les plus nécessaires, les plus utiles tiendront le premier rang. Par exemple, il donnera la préférence dans l'ordre des animaux, au cheval, au chien, au bœuf, etc., et il connaîtra toujours mieux ceux qui lui seront les plus familiers ; ensuite il s'occupera de ceux qui, sans être familiers, ne laissent pas que d'habiter les mêmes lieux, les mêmes climats, comme les cerfs, les lièvres, et tous les animaux sauvages, et ce ne sera qu'après toutes ces connaissances acquises que sa curiosité le portera à rechercher ce que peuvent être les animaux des climats étrangers, comme les éléphans, les dromadaires, etc. Il en sera de même pour les poissons, pour les oiseaux, pour les insectes, pour les coquillages, pour les plantes, pour les minéraux et pour toutes les autres productions de la nature; il les étudiera à proportion de l'utilité qu'il en pourra tirer, il les considérera à mesure qu'ils se présenteront plus familièrement, et il les rangera dans sa tête, relativement à cet ordre de ses connaissances, parce que c'est en effet l'ordre selon lequel il les a acquises, et selon lequel il lui importe de les conserver.

Cet ordre, le plus naturel de tous, est celui que nous avons cru devoir suivre. Notre méthode de distribution n'est pas plus mystérieuse que ce qu'on vient de voir; nous partons des divisions générales telles qu'on vient de les indiquer, et que personne ne peut contester, ensuite nous prenons des objets qui nous intéressent le plus par les rapports qu'ils ont avec nous, de là nous passons peu à peu jusqu'à ceux qui sont les plus éloignés, et qui nous sont étrangers, et nous croyons que cette façon simple et naturelle de considérer les choses, est préférable aux méthodes les plus recherchées et les plus composées, parce qu'il n'y en a pas une, et de celles qui sont faites et de toutes celles que l'on peut faire, où il n'y ait plus d'arbitraire que dans celle-ci, et qu'à tout prendre il nous est plus facile, plus agréable et plus utile de considérer les choses par rapport à nous, que sous un autre point de vue.

QUATRIÈME FRAGMENT.

C'est ici le point le plus délicat et le plus important de l'étude des sciences : savoir bien distinguer ce qu'il y a de réel dans un sujet, de ce que nous y mettons d'arbitraire en le considérant, reconnaître clairement les propriétés qui lui appartiennent et celles que nous lui prêtons, me paraît être le fondement de la vraie méthode de conduire son esprit dans les sciences ; et si on ne perdait jamais de vue ce principe, on ne ferait pas une fausse démarche, on éviterait de tomber dans ces erreurs savantes, qu'on reçoit souvent comme des vérités, on verrait disparaître les paradoxes, les questions insolubles des sciences abstraites, on reconnaîtrait les préjugés et les incertitudes que nous portons nous-mêmes dans les sciences réelles, on viendrait alors à s'entendre sur la métaphysique des sciences, on cesserait de disputer, et on se réunirait pour marcher dans la même route à la suite de l'expérience, et arriver enfin à la connaissance de toutes les vérités qui sont du ressort de l'esprit humain.

Lorsque les sujets sont trop compliqués pour

qu'on puisse y appliquer avec avantage le calcul et les mesures, comme le sont presque tous ceux de l'histoire naturelle et de la physique particulière, il me paraît que la vraie méthode de conduire son esprit dans ces recherches, c'est d'avoir recours aux observations, de les rassembler, d'en faire de nouvelles, et en assez grand nombre pour nous assurer de la vérité des faits principaux, et de n'employer la méthode mathématique que pour estimer les probabilités des conséquences qu'on peut tirer de ces faits; surtout il faut tâcher de les généraliser et de bien distinguer ceux qui sont essentiels de ceux qui ne sont qu'accessoires aux sujets que nous considérons, il faut ensuite les lier ensemble par les analogies, confirmer ou détruire certains points équivoques, par le moyen des expériences, former son plan d'explication sur la combinaison de tous ces rapports, et les présenter dans l'ordre le plus naturel. Cet ordre peut se prendre de deux façons, la première est de remonter des effets particuliers à des effets plus généraux, et l'autre de descendre du général au particulier : toutes deux sont bonnes, et le choix de l'une ou de l'autre dépend plutôt du génie de l'auteur que de la nature des choses, qui toutes peuvent être également bien traitées par l'une ou l'autre de ces manières.

FRAGMENS

De l'Histoire naturelle des Animaux domes-
tiques.

L'HOMME change l'état naturel des animaux
en les forçant à lui obéir, et les faisant servir à
son usage : un animal domestique est un esclave
dont on s'amuse, dont on se sert, dont on abuse,
qu'on altère, qu'on dépaïse, et que l'on dénature,
tandis que l'animal sauvage, n'obéissant qu'à la
nature, ne connaît d'autres lois que celles du
besoin et de sa liberté. L'histoire d'un animal
sauvage est donc bornée à un petit nombre de
faits émanés de la simple nature, au lieu que l'histoire d'un animal domestique est compliquée de
tout ce qui a rapport à l'art que l'on emploie pour
l'apprivoiser, ou pour le subjuguer ; et comme
on ne sait pas assez combien l'exemple, la contrainte, la force de l'habitude, peuvent influer
sur les animaux et changer leurs mouvemens,
leurs déterminations, leurs penchans ; le but
d'un naturaliste doit être de les observer assez
pour pouvoir distinguer les faits qui dépendent
de l'instinct de ceux qui ne viennent que de l'é-
ducation, reconnaître ce qui leur appartient et
ce qu'ils ont emprunté, séparer ce qu'ils font de
ce qu'on leur fait faire, et ne jamais confondre

l'animal avec l'esclave, la bête de somme avec la créature de Dieu.

L'empire de l'homme sur les animaux est un empire légitime qu'aucune révolution ne peut détruire, c'est l'empire de l'esprit sur la matière, c'est non-seulement un droit de nature, un pouvoir fondé sur des lois inaltérables, mais c'est encore un don de Dieu, par lequel l'homme peut reconnaître à tout instant l'excellence de son être ; car ce n'est pas parce qu'il est le plus parfait, le plus fort ou le plus adroit des animaux, qu'il leur commande. S'il n'était que le premier du même ordre, les seconds se réuniraient pour lui disputer l'empire ; mais c'est par supériorité de nature que l'homme règne et commande, il pense, et dès lors il est maître des êtres qui ne pensent point.

Il est maître des corps bruts, qui ne peuvent opposer à sa volonté qu'une lourde résistance ou qu'une inflexible dureté, que sa main sait toujours surmonter et vaincre en les faisant agir les uns contre les autres ; il est maître des végétaux, que par son industrie il peut augmenter, diminuer, renouveler, dénaturer, détruire ou multiplier à l'infini ; il est maître des animaux, parce que non-seulement il a comme eux du mouvement et du sentiment, mais qu'il a de plus la lumière de la pensée, qu'il connaît les fins et les moyens, qu'il sait diriger ses actions, concerter ses opérations, mesurer ses mouvemens, vaincre la force par l'esprit, et la vitesse par l'emploi du temps.

Cependant parmi les animaux les uns paraissent être plus ou moins familiers, plus ou moins sauvages, plus ou moins doux, plus ou moins féroces : que l'on compare la docilité et la soumission du chien avec la fierté et la férocité du tigre, l'un paraît être l'ami de l'homme et l'autre son ennemi : son empire sur les animaux n'est donc pas absolu ; combien d'espèces savent se soustraire à sa puissance par la rapidité de leur vol, par la légèreté de leur course, par l'obscurité de leur retraite, par la distance que met entre eux et l'homme l'élément qu'ils habitent ; combien d'autres espèces lui échappent par leur seule petitesse ! et enfin combien y en a-t-il qui bien loin de reconnaître leur souverain, l'attaquent à force ouverte, sans parler de ces insectes qui semblent l'insulter par leurs piqûres, de ces serpens dont la morsure porte le poison et la mort, et de tant d'autres bêtes immondes, incommodes, inutiles, qui semblent n'exister que pour former la nuance entre le mal et le bien, et faire sentir à l'homme combien, depuis sa chute, il est peu respecté !

C'est qu'il faut distinguer l'empire de Dieu du domaine de l'homme : Dieu créateur des êtres est seul maître de la nature ; l'homme ne peut rien sur le produit de la création, il ne peut rien sur les mouvemens des corps célestes, sur les révolutions de ce globe qu'il habite, il ne peut

rien sur les animaux, les végétaux, les minéraux en général, il ne peut rien sur les espèces,
il ne peut que sur les individus, car les espèces
en général et la matière en bloc appartiennent à
la nature, ou plutôt la constituent : tout se passe,
se suit, se succède, se renouvelle et se meut par
une puissance irrésistible; l'homme, entraîné lui-
même par le torrent des temps, ne peut rien pour
sa propre durée; lié par son corps à la matière,
enveloppé dans le tourbillon des êtres, il est forcé
de subir la loi commune; il obéit à la même puissance, et comme tout le reste, il naît, croît et
périt.

Mais le rayon divin dont l'homme est animé
l'anoblit et l'élève au-dessus de tous les êtres
matériels; cette substance spirituelle, loin d'être
sujette à la matière, a le droit de la faire obéir,
et quoiqu'elle ne puisse pas commander à la nature entière, elle domine sur les êtres particuliers : Dieu, source unique de toute lumière et
de toute intelligence, régit l'univers et les espèces entières avec une puissance infinie;
l'homme, qui n'a qu'un rayon de cette intelligence, n'a de même qu'une puissance limitée à
de petites portions de matière, et n'est maître
que des individus.

C'est donc par les talens de l'esprit, et non
par la force et par les autres qualités de la matière, que l'homme a su subjuguer les animaux.
Dans les premiers temps ils devaient être tous
également indépendans; l'homme devenu cri-

minel et féroce, était peu propre à les apprivoiser; il a fallu du temps pour les approcher, pour les reconnaître, pour les choisir, pour les dompter; il a fallu qu'il fût civilisé lui-même pour savoir instruire et commander, et l'empire sur les animaux, comme tous les autres empires n'a été fondé qu'après la société.

C'est d'elle que l'homme tient sa puissance, c'est par elle qu'il a perfectionné sa raison, exercé son esprit et réuni ses forces. Auparavant l'homme était peut-être l'animal le plus sauvage et le moins redoutable de tous. Nu, sans armes et sans abri, la terre n'était pour lui qu'un vaste désert peuplé de monstres dont souvent il devenait la proie; et même long-temps après, l'histoire nous dit que les premiers héros n'ont été que des destructeurs de bêtes.

Mais lorsqu'avec le temps l'espèce humaine s'est étendue, multipliée, répandue, et qu'à la faveur des arts et de la société l'homme a pu marcher en force pour conquérir l'univers, il a fait reculer peu à peu les bêtes féroces, il a purgé la terre de ces animaux gigantesques dont nous trouvons encore les ossemens énormes, il a détruit ou réduit à un petit nombre d'individus les espèces voraces et nuisibles, il a opposé les animaux aux animaux, et subjuguant les uns par adresse, domptant les autres par la force, ou les écartant par le nombre, et les attaquant tous par des moyens raisonnés, il est parvenu à se mettre en sûreté, et à établir un empire qui n'est borné que par les lieux inaccessibles, les solitudes reculées, les sables brûlans, les montagnes glacées, les cavernes obscures qui servent de retraites au petit nombre d'espèces d'animaux indomptables.

LE CHEVAL.

La plus noble conquête que l'homme ait jamais faite est celle de ce fier et fougueux animal qui partage avec lui les fatigues de la guerre et la gloire des combats; aussi intrépide que son maî-tre, le cheval voit le péril et l'affronte; il se fait au bruit des armes, il l'aime, il le cherche et s'anime de la même ardeur. Il partage aussi ses plaisirs, à la chasse, aux tournois, à la course, il brille, il étincelle, mais, docile autant que courageux, il ne se laisse point emporter à son feu, il sait réprimer ses mouvemens; non-seulement il fléchit sous la main de celui qui le guide, mais il semble consulter ses désirs, et obéissant toujours aux impressions qu'il en reçoit, il se précipite, se modère ou s'arrête, et n'agit que pour y satisfaire : c'est une créature qui renonce à son être pour n'exister que par la volonté d'un autre, qui sait même la prévenir, qui, par la promptitude et la précision de ses mouvemens, l'exprime et l'exécute, qui sent autant qu'on le désire, et ne rend qu'autant qu'on veut, qui se livre sans réserve, ne se refuse à rien, sert de toutes ses forces, s'excède et même meurt pour mieux obéir.

Voilà le cheval dont les talens sont développés,

dont l'art a perfectionné les qualités naturelles, qui dès le premier âge a été soigné et ensuite exercé, dressé au service de l'homme ; c'est par la perte de sa liberté que commence son éducation, et c'est par la contrainte qu'elle s'achève : l'esclavage ou la domesticité de ces animaux est même si universelle, si ancienne que nous ne les voyons que rarement dans leur état naturel, ils sont toujours couverts de harnais dans leurs travaux ; on ne les delivre jamais de tous leurs liens, même dans les temps du repos; et si on les laisse quelquefois errer en liberté dans les pâturages, ils portent toujours les marques de la servitude et souvent les empreintes cruelles du travail et de la douleur; la bouche est déformée par les plis que le mors a produits, les flancs sont entamés par des plaies, ou sillonnés de cicatrices faites par l'éperon; la corne des pieds est traversée par des clous, l'attitude du corps est encore gênée par l'impression subsistante des entraves habituelles; on les en délivrerait en vain, ils n'en seraient pas plus libres : ceux même dont l'esclavage est le plus doux, qu'on ne nourrit, qu'on n'entretient que pour le luxe et la magnificence, et dont les chaînes dorées servent moins à leur parure qu'à la vanité de leur maître, sont encore plus déshonorés par l'élégance de leur toupet, par les tresses de leurs crins, par l'or et la soie dont on les couvre, que par les fers qui sont sous leurs pieds.

La nature est plus belle que l'art, et dans un

être animé la liberté des mouvemens fait la belle nature. Voyez ces chevaux qui se sont multipliés dans les contrées de l'Amérique espagnole, et qui vivent en chevaux libres; leur démarche, leurs courses leurs sauts ne sont ni gênés ni mesurés : fiers de leur indépendance, ils fuient la présence de l'homme, ils dédaignent ses soins, ils cherchent et trouvent eux-mêmes la nourriture qui leur convient, ils errent, ils bondissent en liberté dans des prairies immenses, où ils cueillent les productions nouvelles d'un printemps toujours nouveau; sans habitation fixe, sans autre abri que celui d'un ciel serein, il respirent un air plus pur que celui de ces palais voûtés où nous les renfermons en pressant les espaces qu'ils doivent occuper; aussi ces chevaux sauvages sont-ils beaucoup plus forts, plus légers, plus nerveux que la plupart des chevaux domestiques, ils ont ce que donne la nature, la force et la noblesse; les autres n'ont que ce que l'art peut donner, l'adresse et l'agrément.

Le naturel de ces animaux n'est point féroce, ils sont seulement fiers et sauvages; quoique supérieurs par la force à la plupart des autres animaux, jamais ils ne les attaquent, et, s'ils en sont attaqués, ils les dédaignent, les écartent ou les écrasent : ils vont aussi par troupes et se réunissent pour le seul plaisir d'être ensemble, car ils n'ont aucune crainte; mais ils prennent de l'attachement les uns pour les autres; comme l'herbe et les végétaux suffisent à leur nourriture qu'ils ont abondamment de quoi satisfaire leur appétit, et qu'ils n'ont aucun goût pour la chair des animaux; ils ne leur font point la guerre, ils ne se la font point entre eux; ils ne se disputent pas leur subsistance; ils n'ont jamais occasion de ravir une proie ou de s'arracher un bien, sources ordinaires de querelles et de combats parmi les autres animaux carnassiers : ils vivent donc en paix, parce que leurs appétits sont simples et modérés, et qu'ils ont assez pour ne se rien envier.

Tout cela peut se remarquer dans les jeunes chevaux qu'on élève ensemble et qu'on mène par troupeaux; ils ont les mœurs douces et les qualités sociales; leur force et leur ardeur ne se marquent ordinairement que par des signes d'émulation; ils cherchent à se devancer à la course à se faire et même s'animer au péril en se défiant à traverser une rivière, sauter un fossé; et ceux qui d'eux-mêmes vont les premiers, sont les plus généreux, les meilleurs, et souvent les plus dociles et les plus souples lorsqu'ils sont une fois domptés.

DESCRIPTION D'UN BON CHEVAL.

Le cheval est de tous les animaux celui qui, avec une grande taille, a le plus de proportion et d'élégance dans les parties de son corps; car en lui comparant les animaux qui sont immédiatement au-dessus et au-dessous, on verra que l'âne est mal fait, que le lion a la tête trop grosse, que le bœuf a les jambes trop minces et trop courtes pour la grosseur de son corps, que le chameau est difforme, et que les plus gros animaux, le rhinocéros et l'éléphant, ne sont, pour ainsi dire, que des masses informes. Le grand alongement des mâchoires est la principale cause de la différence entre la tête des quadrupèdes et celle de l'homme, c'est aussi le caractère le plus ignoble de tous ; cependant, quoique les mâchoires du cheval soient fort alongées, il n'a pas comme l'âne un air d'imbécillité, ou de stupidité comme le bœuf : la régularité des proportions de sa tête lui donne au contraire un air de légèreté qui est bien soutenu par la beauté de son encolure. Le cheval semble vouloir se mettre au-dessus de son état de quadrupède en élevant sa tête ; dans cette noble attitude, il regarde l'homme face à face ; ses yeux sont vifs et bien ouverts, ses oreilles sont bien faites et d'une juste grandeur, sans être courtes comme celles du taureau, ou trop longues comme celles de l'âne ; sa crinière accompagne bien sa tête, orne son cou et lui donne un air de force et de fierté ; sa queue traînante et touffue couvre et termine avantageusement l'extrémité de son corps : bien différente de la courte queue du cerf, de l'éléphant, etc., et de la queue nue de l'âne, du chameau, du rhinocéros, etc., la queue du cheval est formée par des crins épais et longs qui semblent sortir de la croupe, parce que le tronçon dont ils sortent est fort court ; il ne peut relever sa queue comme le lion, mais elle lui sied mieux quoique abaissée, et comme il peut la mouvoir de côté il s'en sert utilement pour chasser les mouches qui l'incommodent; car, quoique sa peau soit très-ferme, et qu'elle soit garnie partout d'un poil épais et serré, elle est cependant très-sensible.

L'attitude de la tête et du cou contribue plus que celle de toutes les autres parties du corps à donner au cheval un noble maintien; la partie supérieure de l'encolure dont sort la crinière, doit s'élever d'abord en ligne droite en sortant du garrot, et former ensuite, en approchant de la tête, une courbe à peu près semblable à celle du cou d'un cygne : la partie inférieure de l'encolure ne doit former aucune courbure, il faut que sa direction soit en ligne droite depuis le poitrail jusqu'à la ganache, et un peu penchée en avant ; si elle était perpendiculaire, l'encolure serait fausse : il faut aussi que la partie supérieure du cou soit mince, et qu'il y ait peu de chair auprès de la crinière, qui doit être médiocrement garnie de crins longs et déliés ; une belle encolure doit être longue et relevée, et cependant proportionnée à la taille du cheval : lorsqu'elle est trop longue et trop menue, les chevaux donnent ordinairement des coups de tête, et quand elle est trop courte et trop charnue, ils sont pesans à la main; et pour que la tête soit le plus avantageusement placée, il faut que le front soit perpendiculaire à l'horizon.

La tête doit être sèche et menue, sans être trop longue, les oreilles peu distantes, petites, droites,

immobiles, déliées et étroites, bien plantées sur le
haut de la tête, le front étroit et un peu convexe, les
salières remplies, les paupières minces, les yeux
clairs, vifs, pleins de feu, assez gros et avancés
à fleur de tête, la prunelle grande, la ganache
décharnée et peu épaisse, le nez un peu arqué,
les naseaux bien ouverts et bien fendus, la cloison
du nez mince, les lèvres déliées, la bouche médiocrement fendue, le garrot élevé et tranchant, les
épaules sèches, plates et peu serrées, le dos égal,
uni, insensiblement arqué sur la longueur, et
relevé des deux côtés de l'épine qui doit paraître
enfoncée, les flancs pleins et courts, la croupe
ronde et bien fournie, la hanche bien garnie, le
tronçon de la queue épais et ferme, les bras et les
cuisses gros et charnus, le genou rond en devant,
le jarret ample et évidé, les canons minces sur le
devant et larges sur les côtés, le nerf bien détaché,
le boulet menu, le fanon peu garni, le paturon
gros et d'une médiocre longueur, la couronne peu
élevée, la corne noire, unie et luisante, le sabot
haut, les quartiers ronds, les talons larges et médiocrement élevés, la fourchette menue et mai-
gre, et la solle épaisse et concave.

L'ANE.

L'âne n'est point un cheval dégénéré, un cheval à queue nue ; il n'est ni étranger, ni intrus,
ni bâtard ; il a comme tous les autres animaux sa
famille, son espèce et son rang ; son sang est
pur, et quoique sa noblesse soit moins illustre,

elle est tout aussi bonne, tout aussi ancienne que celle du cheval; pourquoi donc tant de mépris pour cet animal, si bon, si patient, si sobre, si utile? Les hommes mépriseraient-ils, jusque dans les animaux, ceux qui les servent trop bien et à trop peu de frais? On donne au cheval de l'éducation, on le soigne, on l'instruit, on l'exerce, tandis que l'âne, abandonné à la grossièreté du dernier des valets, ou à la malice des enfans, bien loin d'acquérir, ne peut que perdre par son éducation; et s'il n'avait pas un grand fonds de bonnes qualités, il les perdrait en effet par la manière dont on le traite; il est le jouet, le plastron, le bardeau des rustres qui le conduisent le bâton à la main, qui le frappent, le surchargent, l'excèdent sans précaution, sans ménagement. On ne fait pas attention que l'âne serait par lui-même, et pour nous, le premier, le plus beau, le mieux fait, le plus distingué des animaux, si dans le monde il n'y avait point de cheval; il est le second au lieu d'être le premier, et par cela seul il semble n'être plus rien : c'est la comparaison qui le dégrade; on le regarde, on le juge, non pas en lui-même, mais relativement au cheval; on oublie qu'il est âne, qu'il a toutes les qualités de sa nature, tous les dons attachés à son espèce, et on ne pense qu'à la figure et aux qualités du cheval, qui lui manquent, et qu'il ne doit pas avoir.

Il est de son naturel aussi humble, aussi patient, aussi tranquille, que le cheval est fier, ardent, impétueux ; il souffre avec constance, et peut-être avec courage, les châtimens et les coups ; il est sobre, et sur la quantité, et sur la qualité de la nourriture ; il se contente des herbes les plus dures et les plus désagréables que le cheval et les autres animaux lui laissent et dédaignent; il est fort délicat sur l'eau, il ne veut boire que de la plus claire et aux ruisseaux qui lui sont connus ; il boit aussi sobrement qu'il mange, et n'enfonce point du tout son nez dans l'eau, par la peur que lui fait, dit-on, l'ombre de ses oreilles. Comme on ne prend pas la peine de l'étriller, il se roule souvent sur le gazon, sur les chardons, sur la fougère, et sans se soucier beaucoup de ce qu'on lui fait porter, il se couche pour se rouler toutes les fois qu'il le peut, et semble par-là reprocher à son maître le peu de soin qu'on prend de lui ; car il ne se vautre pas comme le cheval dans la fange et dans l'eau, il craint même de se mouiller les pieds, et se détourne pour éviter la boue ; aussi a-t-il la jambe plus sèche et plus nette que le cheval : il est susceptible d'éducation, et l'on en a vu d'assez bien dressés pour faire curiosité de spectacle.

LE BOEUF.

L'homme sait user en maître de sa puissance sur les animaux; il a choisi ceux dont la chair flatte son goût, il en a fait des esclaves domestiques, il les a multipliés plus que la nature ne l'aurait fait, il en a formé des troupeaux nom-

breux, et par les soins qu'il prend de les faire
naître, il semble avoir acquis le droit de se les
immoler; mais il étend ce droit bien au delà de
ses besoins, car, indépendamment de ces espèces
qu'il s'est assujetties, et dont il dispose à son gré,
il fait aussi la guerre aux animaux sauvages, aux
oiseaux, aux poissons : il ne se borne pas même
à ceux du climat qu'il habite, il va chercher au
loin, et jusqu'au milieu des mers, de nouveaux
mets, et la nature entière semble suffire à peine
à son intempérance et à l'inconstante variété de
ses appétits; l'homme consomme, engloutit lui
seul plus de chair que tous les animaux ensemble
n'en dévorent; il est donc le plus grand destructeur, et cela plus par abus que par nécessité. Au
lieu de jouir modérément des biens qui lui sont
offerts, au lieu de les dispenser avec équité, au
lieu de réparer à mesure qu'il détruit, de renouveler lorsqu'il anéantit, l'homme riche met toute
sa gloire à consommer, toute sa grandeur à
perdre en un jour à sa table plus de bien qu'il
n'en faudrait pour faire subsister plusieurs familles; il abuse également et des animaux et des
hommes, dont le reste demeure affamé, languit
dans la misère, et ne travaille que pour satisfaire
à l'appétit immodéré et à la vanité encore plus
insatiable de cet homme, qui détruisant les autres par la disette, se détruit lui-même par les
excès.

LE CHIEN.

La grandeur de la taille, l'élégance de la forme, la force du corps, la liberté des mouvemens, toutes les qualités extérieures ne sont pas ce qu'il y a de plus noble dans un être animé; et comme nous préférons dans l'homme l'esprit à la figure, le courage à la force, les sentimens à la beauté, nous jugeons aussi que les qualités intérieures sont ce qu'il y a de plus relevé dans l'animal; c'est par elles qu'il diffère de l'automate, qu'il s'élève au-dessus du végétal et s'approche de nous; c'est le sentiment qui ennoblit son être, qui le régit, qui le vivifie, qui commande aux organes, rend les membres actifs, fait naître le désir, et donne à la matière le mouvement progressif, la volonté, la vie.

La perfection de l'animal dépend donc de la perfection du sentiment; plus il est étendu, plus l'animal a de facultés et de ressources; plus il existe, plus il a de rapports avec le reste de l'univers : et lorsque le sentiment est délicat, exquis, lorsqu'il peut encore être perfectionné par l'éducation, l'animal devient digne d'entrer en société avec l'homme; il sait concourir à ses desseins, veiller à sa sûreté, l'aider, le défendre, le flatter; il sait, par des services assidus, par des caresses réitérées, se concilier son maître, le captiver, et de son tyran se faire un protecteur.

Le chien, indépendamment de la beauté de sa forme, de la vivacité, de la force, de la légèreté, a par excellence toutes les qualités intérieures qui peuvent lui attirer les regards de l'homme. Un naturel ardent, colère, même féroce et sanguinaire, rend le chien sauvage redoutable à tous les animaux, et cède dans le chien domestique aux sentimens les plus doux, au plaisir de s'attacher et au désir de plaire ; il vient en rampant mettre aux pieds de son maître son courage, sa force, ses talens ; il attend ses ordres pour en faire usage ; il le consulte ; il l'interroge ; il le supplie : un coup-d'œil suffit, il entend les signes de sa volonté ; sans avoir, comme l'homme, la lumière de la pensée, il a toute la chaleur du sentiment ; il a de plus que lui la fidélité, la constance dans ses affections ; nulle ambition, nul intérêt, nul désir de vengeance, nulle crainte que celle de déplaire ; il est tout zèle, tout ardeur et tout obéissance ; plus sensible au souvenir des bienfaits qu'à celui des outrages, il ne se rebute pas par les mauvais traitemens ; il les subit, les oublie, ou ne s'en souvient que pour s'attacher davantage ; loin de s'irriter ou de fuir, il s'expose de lui-même à de nouvelles épreuves il lèche cette main, instrument de douleur, qui vient de le frapper, il ne lui oppose que la plainte, et la désarme enfin par la patience et la soumission.

Plus docile que l'homme, plus souple qu'aucun des animaux, non-seulement le chien s'instruit en peu de temps, mais même il se conforme aux mouvemens, aux manières, à toutes les habitudes de ceux qui lui commandent ; il prend le ton de la maison qu'il habite ; comme les autres domestiques, il est dédaigneux chez les grands et rustre à la campagne ; toujours empressé pour son maître et prévenant pour ses seuls amis, il ne fait aucune attention aux gens indifférens, et se déclare contre ceux qui, par état, ne sont faits que pour importuner ; il les connaît aux vêtemens, à la voix, à leurs gestes, et les empêche d'approcher ; lorsqu'on lui a confié pendant la nuit la garde de la maison, il devient plus fier, et quelquefois féroce ; il veille, il fait la ronde, il sent de loin les étrangers, et pour peu qu'ils s'arrêtent ou tentent de franchir les barrières, il s'élance, s'oppose, et par des aboiemens réitérés, des efforts et des cris de colère, il donne l'alarme, avertit et combat : aussi furieux contre les hommes de proie que contre les animaux carnassiers, il se précipite sur eux, les blesse, les déchire, leur ôte ce qu'ils s'efforçaient d'enlever ; mais content d'avoir vaincu, il se repose sur les dépouilles, n'y touche pas, même pour satisfaire à son appétit, et donne en même temps des exemples de courage, de tempérance et de fidélité.

On sentira de quelle importance cette espèce est dans l'ordre de la nature, en supposant un instant qu'elle n'eût jamais existé. Comment l'homme aurait-il pu, sans le secours du chien, conquérir, dompter, réduire en esclavage les autres animaux ? Comment pourrrait-il encore aujourd'hui découvrir, chasser, détruire les bêtes sauvages et nuisibles ? Pour se mettre en sûreté, et pour se rendre maître de l'univers vivant, il a fallu commencer par se faire un parti parmi les animaux, se concilier avec douceur et par caresses ceux qui se sont trouvés capables de s'attacher et d'obéir, afin de les opposer aux autres : le premier art de l'homme a donc été l'éducation du chien, et le fruit de cet art la conquête et la possession paisible de la terre.

La plupart des animaux ont plus d'agilité, plus de vitesse, plus de force, et même plus de courage que l'homme ; la nature les a mieux munis, mieux armés ; ils ont aussi les sens, et surtout l'odorat plus parfait. Avoir gagné une espèce courageuse et docile comme celle du chien, c'est avoir acquis de nouveaux sens et les facultés qui nous manquent. Les machines, les instrumens que nous avons imaginés pour perfectionner nos autres sens, pour en augmenter l'étendue, n'approchent pas, même pour l'utilité, de ces machines toutes faites que la nature nous présente, et qui, en suppléant à l'imperfection de notre odorat, nous ont fourni de grands et d'éternels moyens de vaincre et de régner : et le chien fidèle à l'homme, conservera toujours une portion de l'empire, un degré de supériorité sur les autres animaux. Il leur commande, il règne lui-même à la tête d'un troupeau ; il s'y fait mieux entendre que la voix du berger ; la sûreté, l'ordre et la discipline sont les fruits de sa vigilance et de son activité ; c'est un peuple qui lui est soumis, qu'il conduit, qu'il protége, et contre lequel il n'emploie jamais la force que pour y maintenir la paix. Mais c'est surtout à la guerre, c'est contre les animaux ennemis ou indépendans, qu'éclate son courage, et que son intelligence se déploie toute entière : les talens naturels se réunissent ici aux qualités acquises. Dès que le bruit des armes se fait entendre, dès que le son du cor ou la voix du chasseur a donné le signal d'une guerre prochaine, brillant d'une ardeur nouvelle, le chien marque sa joie par les plus vifs transports ; il annonce par ses mouvemens et par ses cris l'impatience de combattre et le désir de vaincre ; marchant ensuite en silence, il cherche à reconnaître le pays, à découvrir, à surprendre l'ennemi dans son fort ; il recherche ses traces, il les suit pas à pas, et par des accens différens indique le temps, la distance, l'espèce, et même l'âge de celui qu'il poursuit.

Intimidé, pressé, désespérant de trouver son salut dans la fuite, l'animal se sert aussi de toutes ses facultés ; il oppose la ruse à la sagacité ; jamais les ressources de l'instinct ne furent plus admirables : pour faire perdre sa trace, il va, vient et revient sur ses pas ; il fait des bonds, il voudrait se détacher de la terre et supprimer les espaces ; il franchit d'un saut les routes, les haies, passe à la nage les ruisseaux, les rivières ; mais toujours poursuivi, et ne pouvant anéantir son corps, il cherche à en mettre un autre à sa place ; il va lui-même troubler le repos d'un voisin plus jeune et moins expérimenté, le faire lever, marcher, fuir avec lui; et lorsqu'ils ont confondu leurs traces, lorsqu'il croit l'avoir substitué à sa mauvaise fortune, il le quitte plus brusquement encore qu'il ne l'a joint, afin de le rendre seul l'objet et la victime de l'ennemi trompé.

Mais le chien, par cette supériorité que donnent l'exercice et l'éducation, par cette finesse de sentiment qui n'appartient qu'à lui, ne perd pas l'objet de sa poursuite; il démêle les points communs, délie les nœuds du fil tortueux qui seul peut y conduire; il voit de l'odorat tous les détours du labyrinthe, toutes les fausses routes où l'on a voulu l'égarer; et loin d'abandonner l'ennemi pour un indifférent, après avoir triomphé de la ruse, il s'indigne, il redouble d'ardeur, arrive enfin, l'attaque, et le mettant à mort, étanche dans le sang sa soif et sa haine.

Le penchant pour la chasse ou la guerre nous est commun avec les animaux; l'homme sauvage ne fait que combattre et chasser. Tous les animaux qui aiment la chair, et qui ont de la force et des armes, chassent naturellement : le lion, le tigre, dont la force est si grande qu'ils sont sûrs de vaincre, chassent seul et sans art; les loups, les renards, les chiens sauvages se réunissent, s'entendent, s'aident, se relaient et partagent la proie; et lorsque l'éducation a perfectionné ce talent naturel dans le chien domestique, lorsqu'on lui a appris à réprimer son ardeur, à mesurer ses mouvemens, qu'on l'a accoutumé à une marche régulière et à l'espèce de discipline nécessaire à cet art, il chasse avec méthode, et toujours avec succès.

Dans les pays déserts, dans les contrées dépeuplées, il y a des chiens sauvages qui, pour les mœurs, ne diffèrent des loups que par la facilité qu'on trouve à les apprivoiser; ils se réunissent aussi en plus grandes troupes pour chasser et attaquer en force les sangliers, les taureaux sauvages, et même les lions et les tigres. En Amérique, ces chiens sauvages sont de races anciennement domestiques; ils y ont été transportés d'Europe, et quelques-uns, ayant été oubliés ou abandonnés dans ces déserts, s'y sont multipliés au point qu'ils se répandent par troupes dans les contrées habitées, où ils attaquent le bétail et insultent même les hommes : on est donc obligé de les écarter par la force, et de les tuer comme les autres bêtes féroces; et les chiens sont tels en effet, tant qu'ils ne connaissent pas les hommes : mais lorsqu'on les approche avec douceur, ils s'adoucissent, deviennent bientôt familiers, et demeurent fidèlement attachés à leurs maîtres; au lieu que le loup, quoique pris jeune et élevé dans les maisons, n'est doux que dans le premier âge, ne perd jamais son goût pour la proie, et se livre tôt ou tard à son penchant pour la rapine ou pour la destruction.

L'on peut dire que le chien est le seul animal dont la fidélité soit à l'épreuve; le seul qui connaisse toujours son maître et les amis de la maison; le seul qui, lorsqu'il arrive un inconnu, s'en aperçoive; le seul qui entende son nom, et qui reconnaisse la voix domestique; le seul qui ne se confie point à lui-même; le seul qui, lorsqu'il a perdu son maître, et qu'il ne peut le retrouver, l'appelle par ses gémissemens; le seul qui, dans un voyage long qu'il n'aura fait qu'une fois, se souvienne du chemin et retrouve la route; le seul enfin dont les talens naturels soient évidens et l'éducation toujours heureuse.

LE CHAT.

Le chat est un domestique infidèle, qu'on ne garde que par nécessité, pour l'opposer à un autre ennemi domestique encore plus incommode, et qu'on ne peut chasser : car nous ne comptons pas les gens qui, ayant du goût pour toutes les bêtes, n'élèvent des chats que pour s'en amuser; l'un est l'usage, l'autre l'abus, et quoique ces animaux, surtout quand ils sont jeunes, aient de la gentillesse, ils ont en même temps une malice innée, un caractère faux, un naturel pervers, que l'âge augmente encore, et que l'éducation ne fait que masquer. De voleurs déterminés, ils deviennent seulement, lorsqu'ils sont bien élevés, souples et flatteurs comme les fripons; ils ont la même adresse, la même subtilité, le même goût pour faire le mal, le même penchant à la petite rapine; comme eux, ils savent couvrir leur marche, dissimuler leur dessein, épier les occasions, attendre, choisir, saisir l'instant de faire leur coup, se dérober ensuite au châtiment, fuir et demeurer éloignés jusqu'à ce qu'on les rappelle. Ils prennent aisément des habitudes de société, mais jamais des mœurs; ils n'ont que l'apparence de l'attachement; on le voit à leurs mouvemens obliques, à leurs yeux équivoques, ils ne regardent jamais en face la personne aimée, soit défiance ou fausseté; ils prennent des détours pour en approcher, pour chercher des caresses auxquelles ils ne sont sensibles que pour le plaisir qu'elles leur font. Bien différent de cet animal fidèle, dont tous les sentimens se rapportent à la personne de son maître, le chat paraît ne sentir que pour soi, n'aimer que sous condition, ne se prêter au commerce que pour en abuser, et par cette convenance de naturel, il est moins incompatible avec l'homme qu'avec le chien, dans lequel tout est sincère.

L'ÉLÉPHANT.

L'éléphant est, si nous voulons ne nous pas compter, l'être le plus considérable de ce monde; il surpasse tous les animaux terrestres en grandeur, et il approche de l'homme, par l'intelligence, autant au moins que la matière peut approcher de l'esprit. L'éléphant, le chien, le castor et le singe, sont de tous les êtres animés ceux dont l'instinct est le plus admirable : mais cet instinct, qui n'est que le produit de toutes les facultés, tant intérieures qu'extérieures de l'animal, se manifeste par des résultats bien différens dans

chacune de ces espèces. Le chien est naturellement, et lorsqu'il est livré à lui seul, aussi cruel,
aussi sanguinaire que le loup; seulement il s'est
trouvé, dans cette nature féroce, un point flexible,
sur lequel nous avons appuyé; le naturel du chien
ne diffère donc de celui des autres animaux de
proie, que par ce point sensible qui le rend
susceptible d'affection et capable d'attachement;
c'est de la nature qu'il tient le germe de ce sentiment, que l'homme ensuite a cultivé, nourri,
développé par une ancienne et constante société
avec cet animal, qui seul en était digne, qui,
plus susceptible, plus capable qu'un autre des im-
presssions étrangères, a perfectionné dans le
commerce toutes ses facultés relatives. Sa sensibilité, sa docilité, son courage, ses talens, tout,
jusqu'à ses manières, s'est modifié par l'exemple,
et modelé sur les qualités de son maître : l'on ne
doit donc pas lui accorder en propre tout ce qu'il
paraît avoir; ses qualités les plus relevées, les
plus frappantes, sont empruntées de nous, il a
plus d'acquit que les autres animaux, parce qu'il
est plus à portée d'acquérir; que loin d'avoir
comme eux de la répugnance pour l'homme, il a
pour lui du penchant; que ce sentiment doux, qui
n'est jamais muet, s'est annoncé par l'envie de
plaire, et a produit la docilité, la fidélité, la soumission constante, et en même temps, le degré
d'attention nécesssaire pour agir en conséquence,
et toujours obéir à propos.

Le singe, au contraire, est indocile autant

qu'extravagant ; sa nature est en tout point également revêche ; nulle sensibilité relative, nulle reconnaissance des bons traitemens, nulle mémoire des bienfaits, de l'éloignement pour la société de l'homme, de l'horreur pour la contrainte, du penchant à toute espèce de mal, ou pour mieux dire, une forte propension à faire tout ce qui peut nuire ou déplaire. Mais ces défauts réels sont compensés par des perfections apparentes ; il est extérieurement conformé comme l'homme, il a des bras, des mains, des doigts ; l'usage seul de ces parties le rend supérieur pour l'adresse aux autres animaux, et les rapports qu'elles lui donnent avec nous par la similitude des mouvemens et par la conformité des actions nous plaisent, nous déçoivent et nous font attribuer à des qualités intérieures, ce qui ne dépend que de la forme des membres.

Le castor, qui paraît être fort au-dessous du chien et du singe par les facultés individuelles, a cependant reçu de la nature un don presque équivalent à celui de la parole ; il se fait entendre à ceux de son espèce, et si bien entendre, qu'ils se réunissent en société, qu'ils agissent de concert, qu'ils entreprennent et exécutent de grands et longs travaux en commun, et cet amour social, aussi bien que le produit de leur intelligence réciproque, ont plus de droit à notre admiration que l'adresse du singe et la fidélité du chien.

Le chien n'a donc que de l'esprit ; qu'on me permette, faute de termes, de profaner ce nom ;

le chien, dis-je, n'a donc que de l'esprit d'em-
prunt : le singe n'en a que l'apparence, et le castor n'a du sens que pour lui seul et pour les siens.
L'éléphant leur est supérieur à tous trois; il réunit
leurs qualités les plus éminentes. La main est
le principal organe de l'adresse du singe : l'éléphant, au moyen de sa trompe, qui lui sert de
bras et de main, et avec laquelle il peut enlever et
saisir les plus petites choses comme les plus
grandes, les porter à sa bouche, les poser sur
son dos, les tenir embrassées, ou les lancer au
loin, a donc le même moyen d'adresse que le singe,
et en même temps il a la docilité du chien, il est
comme lui susceptible de reconnaissance et capable d'un fort attachement; il s'accoutume aisément
à l'homme, se soumet moins par la force que par
les bons traitemens, le sert avec zèle, avec fidélité, avec intelligence, etc. Enfin l'éléphant, comme
le castor, aime la société de ses semblables, il
s'en fait entendre; on les voit souvent se rassembler, se disperser, agir de concert, et s'ils n'édi-
fient rien, s'ils ne travaillent point en commun,
ce n'est peut-être que faute d'assez d'espace et de
tranquillité : car les hommes se sont très-anciennement multipliés dans toutes les terres qu'habite
l'éléphant : il vit donc dans l'inquiétude, et n'est
nulle part paisible possesseur d'un espace assez
grand, assez libre pour s'y établir à demeure.
Nous avons vu qu'il faut toutes ces conditions et
tous ces avantages, pour que les talens du castor

se manifestent, et que partout où les hommes se sont habitués, il perd son industrie et cesse d'édifier. Chaque être dans la nature a son prix réel et sa valeur relative; si l'on veut juger au juste de l'un et de l'autre dans l'éléphant, il faut lui accorder au moins l'intelligence du castor, l'adresse du singe, le sentiment du chien, et y ajouter ensuite les avantages particuliers, uniques, de la force, de la grandeur et de la longue durée de la vie; il ne faut pas oublier ses armes ou ses défenses, avec lesquelles il peut percer et vaincre le lion; il faut se représenter que, sous ses pas, il ébranle la terre; que de sa main, il arrache les arbres; que d'un coup de son corps, il fait brèche dans un mur; que terrible par la force, il est encore invincible par la seule résistance de sa masse, par l'épaisseur du cuir qui la couvre; qu'il peut porter sur son dos une tour armée en guerre et chargée de plusieurs hommes; que seul, il fait mouvoir des machines et transporte des fardeaux que six chevaux ne pourraient remuer; qu'à cette force prodigieuse, il joint encore le courage, la prudence, le sangfroid, l'obéissance exacte; qu'il conserve de la modération, même dans ses passions les plus vives; que dans la colère, il ne méconnaît pas ses amis; qu'il n'attaque jamais que ceux qui l'ont offensé; qu'il se souvient des bienfaits aussi long-temps que des injures; que n'ayant nul goût pour la chair et ne se nourrissant que de végétaux, il n'est pas né l'ennemi des autres animaux; qu'enfin, il est aimé de tous, puisque tous le respectent et n'ont nulle raison de le craindre.

Aussi les hommes ont-ils eu, dans tous les temps, pour ce grand, pour ce premier animal, une espèce de vénération. Les anciens le regardaient comme un prodige, un miracle de la nature, et c'est en effet son dernier effort; ils ont beaucoup exagéré ses facultés naturelles; ils lui ont attribué sans hésiter des qualités intellectuelles et des vertus morales. Pline, Alien, Solin, Plutarque et d'autres auteurs plus modernes, n'ont pas craint de donner à ces animaux des mœurs raisonnées, une religion naturelle et innée, l'observance d'un culte, l'adoration quotidienne du soleil et de la lune, l'usage de l'ablution avant l'adoration, l'esprit de divination, la piété envers le ciel, et pour leurs semblables qu'il assistent à la mort, et qu'après leurs décès ils arrosent de leurs larmes et recouvrent de terre, etc. Les Indiens, prévenus de l'idée de la métempsycose, sont encore persuadés aujourd'hui, qu'un corps aussi majestueux que celui de l'éléphant ne peut être animé que par l'âme d'un grand homme, ou d'un roi. On respecte à Siam, à Laos, à Pégu, etc., les éléphans blancs, comme les mânes vivans des empereurs de l'Inde; ils ont chacun un palais, une maison composée d'un nombreux domestique, une vaisselle d'or, des mets choisis, des vêtemens, magnifiques et sont dispensés de tout travail, de toute obéisance; l'empereur vivant

est le seul devant lequel ils fléchissent les genoux, et ce salut leur est rendu par le monar-
que; cependant les attentions, les respects, les
offrandes les flattent sans les corrompre; ils n'ont
donc pas une âme humaine; cela seul devrait
suffire pour le démontrer aux Indiens.

En écartant les fables de la crédule antiquité,
en rejetant aussi les fictions puériles de la superstition toujours subsistante, il reste encore assez
à l'éléphant, aux yeux mêmes du philosophe,
pour qu'il doive le regarder comme un être de
la première distinction; il est digne d'être connu,
d'être observé; nous tâcherons donc d'en écrire
l'histoire sans partialité, c'est-à-dire, sans admiration ni mépris : nous le considérerons d'abord
dans son état de nature lorsqu'il est indépendant
et libre, et ensuite dans sa condition de servitude ou de domesticité, où la volonté de son
maître est en partie le mobile de la sienne.

Dans l'état de sauvage, l'éléphant n'est ni sanguinaire, ni féroce; il est d'un naturel doux, et
jamais il ne fait abus de ses armes ou de sa force;
il ne les emploie, il ne les exerce que pour se
défendre lui-même ou pour protéger ses semblables; il a les mœurs sociales, on le voit
rarement errant ou solitaire; il marche ordinairement de compagnie : le plus âgé conduit la
troupe; le second d'âge la fait aller et marche le
dernier; les jeunes et les faibles sont au milieu
des autres; les mères portent leurs petits et les
tiennent embrassés de leur trompe; ils ne gar-

dent cet ordre que dans les marches périlleuses, lorsqu'ils vont paître sur des terres cultivées; ils se promènent ou voyagent avec moins de précautions dans les forêts et dans les solitudes, sans cependant se séparer absolument ni même s'écarter assez loin pour être hors de portée des secours et des avertissemens : il y en a néanmoins quelques-uns qui s'égarent, ou qui traînent après les autres, et ce sont les seuls que les chasseurs osent attaquer; car il faudrait une petite armée pour assaillir la troupe entière, et l'on ne pourrait la vaincre sans perdre beaucoup de monde; il serait même dangereux de leur faire la moindre injure : ils vont droit à l'offenseur, et quoique la masse de leur corps soit très-pesante, leur pas est si grand qu'ils atteignent aisément l'homme le plus léger à la course, ils le percent de leurs défenses ou le saisissent avec la trompe, le lancent comme une pierre, et achèvent de le tuer en le foulant aux pieds; mais ce n'est que lorsqu'ils sont provoqués qu'ils font ainsi mainbasse sur les hommes, ils ne font aucun mal à ceux qui ne les cherchent pas; cependant, comme ils sont susceptibles et délicats sur le fait des injures, il est bon d'éviter leur rencontre, et les voyageurs qui fréquentent leur pays allument de grands feux la nuit et battent de la caisse pour les empêcher d'approcher. On prétend que lorsqu'ils ont une fois été attaqués par les hommes, ou qu'ils sont tombés dans quelque embuche, ils ne l'oublient jamais et qu'ils cherchent à se venger en toute occasion. Comme ils ont l'odorat excellent et peut-être plus parfait qu'aucun des animaux, à cause de la grande étendue de leur nez, l'odeur de l'homme les frappe de très-loin ; ils pourraient aisément le suivre à la piste. Les anciens ont écrit que les éléphans arrachent l'herbe des endroits où le chasseur a passé, et qu'ils se la donnent de main en main, pour que tous soient informés du passage et de la marche de l'ennemi. Ces animaux aiment le bord des fleuves, les profondes vallées, les lieux ombragés et les terrains humides ; ils ne peuvent se passer d'eau et la troublent avant que de la boire ; ils en remplissent souvent leur trompe, soit pour la porter à leur bouche, ou seulement pour se rafraîchir le nez et s'amuser en la répandant à flots, ou en l'aspergeant à la ronde ; ils ne peuvent supporter le froid, et souffrent aussi de l'excès de la chaleur, car, pour éviter la trop grande ardeur du soleil, ils s'enfoncent autant qu'ils peuvent dans la profondeur des forêts les plus sombres. Ils se mettent aussi assez souvent dans l'eau ; le volume énorme de leur corps leur nuit moins qu'il ne leur aide à nager ; ils enfoncent moins dans l'eau que les autres animaux, et d'ailleurs la longueur de leur trompe, qu'ils redressent en haut et par laquelle ils respirent, leur ôte toute crainte d'être submergés.

Leurs alimens ordinaires sont des racines, des herbes, des feuilles et du bois tendre ; ils mangent aussi des fruits et des grains, mais ils dédaignent la chair et le poisson ; lorsque l'un d'entre eux trouve quelque part un pâturage abondant, il appelle les autres et les invite à venir manger avec lui. Comme il leur faut une grande quantité de fourrage, ils changent souvent de lieu, et lorsqu'ils arrivent à des terres ensemencées, ils y font un dégât prodigieux ; leur corps étant d'un poids énorme, ils écachent et détruisent dix fois plus de plantes avec leurs pieds qu'ils n'en consomment pour leur nourriture, laquelle peut monter à cent cinquante livres d'herbe par jour ; n'arrivant jamais qu'en nombre, ils dévastent donc une campagne en une heure. Aussi les Indiens et les Nègres cherchent tous les moyens de prévenir leur visite et de les détourner, en faisant de grands bruits, de grands feux autour de leurs terres cultivées ; souvent, malgré ces précautions, les éléphans viennent s'en emparer, en chassent le bétail domestique, font fuir les hommes et quelquefois renversent de fond en comble leurs minces habitations. Il est difficile de les épouvanter, et ils ne sont guère susceptibles de crainte ; la seule chose qui les surprenne et qui puisse les arrêter, sont les feux d'artifice, les pétards qu'on leur lance, et dont l'effet subit et promptement renouvelé les saisit et leur fait quelquefois rebrousser chemin. On vient très-rarement à bout de les séparer les uns des autres, car ordinairement ils prennent tous ensemble le même parti d'attaquer, de passer indifféremment ou de fuir.

LE CHAMEAU.

Les Arabes regardent le chameau comme un présent du ciel, un animal sacré sans le secours duquel ils ne pourraient ni subsister, ni commercer, ni voyager. Le lait des chameaux fait leur nourriture ordinaire; ils en mangent aussi la chair, surtout celle des jeunes qui est très-bonne, à leur goût; le poil de ces animaux, qui est fin et moelleux, et qui se renouvelle tous les ans, par une mue complète, leur sert à faire les étoffes dont ils se vêtissent et se meublent; avec leurs chameaux, non-seulement ils ne manquent de rien, mais même ils ne craignent rien; ils peuvent mettre en un seul jour cinquante lieues de désert entre eux et leurs ennemis; toutes les armées du monde périraient à la suite d'une troupe d'Arabes; aussi ne sont-ils soumis qu'autant qu'il leur plaît. Qu'on se figure un pays sans verdure et sans eau, un soleil brûlant, un ciel toujours sec, des plaines sablonneuses, des montagnes encore plus arides, sur lesquelles l'œil s'étend et le regard se perd sans pouvoir s'arrêter sur aucun objet vivant; une terre morte, et, pour ainsi dire, écorchée par les vents, laquelle ne présente que des ossemens, des cailloux jonchés, des rochers debout ou renversés, un désert entièrement découvert où le voyageur n'a jamais respiré sous l'ombrage, où rien ne l'accompagne, rien ne lui rappelle la nature vivante : solitude absolue, mille fois plus affreuse que celle des forêts, car les arbres sont encore des êtres pour l'homme qui se voit seul plus isolé; plus dénué, plus perdu dans ces lieux vides et sans bornes, il voit partout l'espace comme son tombeau : la lumière du jour plus triste que l'ombre de la nuit, ne renaît que pour éclairer sa nudité, son impuissance, et pour lui présenter l'horreur de sa situation, en reculant à ses yeux les barrières du vide, en étendant autour de lui l'abîme de l'immensité qui le sépare de la terre habitée : immensité qu'il tenterait en vain de parcourir, car la faim, la soif et la chaleur brûlante pressent tous les instans qui lui restent entre le désespoir et la mort.

Cependant l'Arabe, à l'aide du chameau, a su franchir et même s'approprier ces lacunes de la nature; elles lui servent d'asile, elles assurent son repos et le maintiennent dans son indépendance; mais de quoi les hommes savent-ils user sans abus! Ce même Arabe, libre, indépendant, tranquille et même riche, au lieu de respecter ces déserts comme les remparts de sa liberté, les souille par le crime, il les traverse pour aller chez des nations voisines enlever des esclaves et de l'or; il s'en sert pour exercer son brigandage, dont malheureusement il jouit plus encore que de sa liberté; car ses entreprises sont presque toujours heureuses; malgré la défiance de ses voisins et la supériorité de leurs forces, il échappe à leur poursuite et emporte impunément tout ce qu'il leur a ravi. Un Arabe qui se destine à ce métier de pirate de terre, s'endurcit de bonne heure à la fatigue des voyages; il s'essaie à se passer du sommeil, à souffrir la faim, la soif et la chaleur, en même temps il instruit ses chameaux, il les élève et les exerce dans cette même vue; peu de jours après leur naissance, il leur plie les jambes sous le ventre, il les contraint à demeurer à terre et les charge, dans cette situation, d'un poids assez fort qu'il les accoutume à porter et qu'il ne leur ôte que pour leur en donner un plus fort; au lieu de les laisser paître à toute heure et boire à leur soif, il commence par régler leurs repas, et peu à peu les éloigne à de grandes distances, en diminuant aussi la quantité de la nourriture; lorsqu'ils sont un peu forts il les exerce à la course; il les excite par l'exemple des chevaux et parvient à les rendre aussi légers et plus robustes; enfin dès qu'il est sûr de la force, de la légèreté et de la sobriété de ses chameaux, il les charge de ce qui est nécessaire à sa subsistance et à la leur; il part avec eux, arrive sans être attendu aux confins du désert, arrête les premiers passans, pille les habitations écartées, charge ses chameaux de son butin; et s'il est poursuivi, s'il est forcé de précipiter sa retraite, c'est alors qu'il développe tous ses talens et les leurs; monté sur l'un des plus légers, il conduit la troupe, la fait marcher jour et nuit, presque sans s'arrêter, ni boire, ni manger; il fait aisément trois cents lieues en huit jours, et pendant tout ce temps de fatigue et de mouvement, il laisse ses chameaux chargés, il ne leur donne chaque jour qu'une heure de repos et une pelotte de pâte; souvent ils courent aussi neuf ou dix jours sans trouver de l'eau; ils se passent de boire : et lorsque par hasard il se trouve une mare à quelque distance de leur route, ils sentent l'eau de plus d'une demi-lieue, la soif qui les presse leur fait doubler le pas, et ils boivent en une seule fois pour tout le temps passé et pour tout autant de temps à venir; car souvent leurs voyages sont de plusieurs semaines, et leurs temps d'abstinences durent aussi long-temps que leurs voyages.

En Turquie, en Perse, en Arabie, en Egypte, en Barbarie, etc., le transport des marchandises ne se fait que par le moyen des chameaux; c'est de toutes les voitures la plus prompte et la moins chère. Les marchands et autres passagers se réunissent en caravanes pour éviter les insultes et les pirateries des Arabes; ces caravanes sont souvent très-nombreuses et toujours composées de plus de chameaux que d'hommes; chacun de ces chameaux est chargé selon sa force : il la sent si bien lui-même que, quand on lui donne une charge trop forte, il la refuse, et reste constamment couché jusqu'à ce qu'on l'ait allégée; ordinairement les grands chameaux portent un millier, et même douze cents pesant; les plus petits six à sept cents. Dans ces voyages de commerce on ne précipite pas leur marche; comme la route est souvent de sept ou huit cents lieues, on règle leur mouvement et leurs journées, ils ne vont que le pas et font chaque jour dix à douze lieues; tous les soirs on leur ôte leur charge et on les laisse paître en liberté : si l'on est en pays vert, dans une bonne prairie, ils prennent en moins d'une heure tout ce qu'il leur faut pour en vivre vingt-quatre, et pour ruminer pendant toute la nuit; mais rarement ils trouvent de ces bons pâturages, et cette nourriture délicate ne leur est pas nécessaire; ils semblent même préférer aux herbes les plus douces, l'absinthe, le chardon, l'ortie, le genêt, la cassie, et les autres végétaux épineux; tant qu'ils trouvent des plantes à brouter, ils se passent très-aisément de boire.

Au reste, cette facilité qu'ils ont à s'abstenir long-temps de boire n'est pas de pure habitude, c'est plutôt un effet de leur conformation : il y a dans le chameau, indépendamment des quatre estomacs qui se trouvent d'ordinaire dans les animaux ruminans, une cinquième poche qui lui sert de réservoir pour conserver de l'eau; ce cinquième estomac manque aux autres animaux et n'appartient qu'au chameau; il est d'une capacité assez vaste pour contenir une grande quantité de liqueur, elle y séjourne sans se corrompre et sans que les autres alimens puissent s'y mêler; et lorsque l'animal est pressé par la soif et qu'il a besoin de délayer les nourritures sèches et de les macérer par la rumination, il fait remonter dans sa panse et jusqu'à l'œsophage une parti

de cette eau par une simple contraction des muscles. C'est donc en vertu de cette conformation
très-singulière que le chameau peut se passer
plusieurs jours de boire, et qu'il prend en une
seule fois une prodigieuse quantité d'eau qui
demeure saine et limpide dans ce réservoir,
parce que les liqueurs du corps ni les sucs de la
digestion ne peuvent s'y mêler.

Si l'on réfléchit sur les difformités, ou plutôt
sur les non-conformités de cet animal avec les
autres, on ne pourra douter que sa nature n'ait
été considérablement altérée par la contrainte
de l'esclavage, et par la continuité des travaux.
Le chameau est plus anciennement, plus complétement et plus laborieusement esclave qu'aucun des autres animaux domestiques; il l'est plus
anciennement, parce qu'il habite les climats où
les hommes se sont le plus anciennement policés;
il l'est plus complétement, parce que dans les
autres espèces d'animaux domestiques, telles que
celles du cheval, du chien, du bœuf, de la brebis,
du cochon, etc., on trouve encore des individus
dans leur état de nature, des animaux de ces mêmes
espèces qui sont sauvages, et que l'homme ne s'est
pas soumis : au lieu que dans le chameau l'espèce
entière est esclave; on ne le trouve nulle part
dans sa condition primitive d'indépendance et
de liberté; enfin il est plus laborieusement esclave
qu'aucun autre, parce qu'on ne l'a jamais nourri,
ni pour le faste, comme la plupart des chevaux,
ni pour l'amusement, comme presque tous les

chiens, ni pour l'usage de la table, comme le bœuf, le cochon, le mouton; que l'on n'en a jamais fait qu'une bête de somme qu'on ne s'est pas même donné la peine d'atteler ni de faire tirer, mais dont on a regardé le corps comme une voiture vivante qu'on pouvait tenir chargée et surchargée, même pendant le sommeil; car lors-qu'on est pressé on se dispense quelquefois de leur ôter le poids qui les accable, et sous lequel ils s'affaissent pour dormir, les jambes pliées et le corps appuyé sur l'estomac; aussi portent-ils toutes les empreintes de la servitude, et les stig-mates de la douleur.

LE CASTOR.

Autant l'homme s'est élevé au-dessus de l'état de nature, autant les animaux se sont abaissés au-dessous; soumis et réduits en servitude, ou traités comme rebelles et dispersés par la force, leurs sociétés se sont évanouies, leur industrie est deve-nue stérile, leurs faibles arts ont disparu, chaque espèce a perdu ses qualités générales, et tous n'ont conservé que leurs propriétés individuelles, perfectionnées dans les uns par l'exemple, l'imi-tation, l'éducation, et dans les autres, par la crainte et par la nécessité où ils sont de veiller con-tinuellement à leur sûreté. Quelles vues, quels desseins, quels projets peuvent avoir des esclaves sans âme, ou des relégués sans puissance? Ram-per ou fuir, et toujours exister d'une manière solitaire; ne rien édifier, ne rien produire, ne rien transmettre, et toujours languir dans la calamité, déchoir, se perpétuer sans se multiplier, perdre en un mot par la durée autant et plus qu'ils n'avaient acquis par le temps.

Aussi ne reste-t-il quelques vestiges de leur merveilleuse industrie que dans ces contrées éloignées et désertes, ignorées de l'homme pendant une longue suite de siècles, où chaque espèce pouvait manifester en liberté ses talens naturels et les perfectionner dans le repos en se réunissant en société durable. Les castors sont peut-être le seul exemple qui subsiste comme un ancien monument de cette espèce d'intelligence des brutes, qui, quoique infiniment inférieure par son principe à celle de l'homme, suppose cependant des projets communs et des vues relatives; projet qui ayant pour base la société, et pour objet une digue à construire, une bourgade à élever, une espèce de république à fonder, supposent aussi une manière quelconque de s'entendre et d'agir de concert.

Les castors, dira-t-on, sont parmi les quadrupèdes ce que les abeilles sont parmi les insectes. Quelle différence! Il y a dans la nature, telle qu'elle nous est parvenue, trois espèces de sociétés qu'on doit considérer avant de les comparer, la société libre de l'homme, de laquelle après Dieu il tient toute sa puissance; la société gênée des animaux, toujours fugitive devant celle de l'homme; et enfin la société forcée de quelques petites bêtes, qui naissant toutes en même temps dans le même lieu, sont contraintes d'y demeurer ensemble. Un individu pris solitairement et au sortir des mains de la nature, n'est qu'un être stérile, dont l'industrie se borne au simple usage des sens; l'homme lui-même, dans l'état de pure nature, dénué de lumières et de tous les secours de la société, ne produit rien, n'édifie rien. Toute société, au contraire, devient nécessairement féconde, quelque fortuite, quelqu'aveugle qu'elle puisse être, pourvu qu'elle soit composée d'êtres de même nature : par la seule nécessité de se chercher ou de s'éviter, il s'y formera des mouvemens communs, dont le résultat sera souvent un ouvrage qui aura l'air d'avoir été conçu, conduit et exécuté avec intelligence. Ainsi l'ouvrage des abeilles, qui dans un lieu donné, tel qu'une ruche ou le creux d'un vieux arbre, bâtissent chacune leur cellule; l'ouvrage des mouches de Cayenne, qui non-seulement font aussi leurs cellules, mais construisent même la ruche qui doit les contenir, sont des travaux purement mécaniques qui ne supposent aucune intelligence, aucun projet concerté, aucune vue générale; des travaux qui n'étant que le produit d'une nécessité physique, un résultat de mouvemens communs, s'exercent toujours de la même façon, dans tous les temps et dans tous les lieux, par une multitude qui ne s'est point assemblée par choix, mais qui se trouve réunie par force de nature. Ce n'est donc pas la société, c'est le nombre seul qui opère ici; c'est une puissance aveugle, qu'on ne peut comparer à la lumière qui dirige toute société : je ne parle point de cette lumière pure, de ce rayon divin, qui n'a été départi qu'à l'homme seul ; les castors en sont assurément privés, comme tous les autres animaux : mais leur société n'étant point une réunion forcée, se faisant au contraire par une espèce de choix, et supposant au moins un concours général et des vues communes dans ceux qui la composent, suppose au moins aussi une lueur d'intelligence qui, quoique très-différente de celle de l'homme par le principe, produit cependant des effets assez semblables pour qu'on puisse les comparer, non pas dans la société plénière et puissante, telle qu'elle existe parmi les peuples anciennement policés, mais dans la société naissante, chez des hommes sauvages, laquelle seule peut, avec équité, être comparée à celle des animaux.

Voyons donc le produit de l'une et de l'autre de ces sociétés ; voyons jusqu'où s'étend l'art du castor, et où se borne celui du sauvage. Rompre une branche pour s'en faire un bâton, se bâtir une hutte, la couvrir de feuillages pour se mettre à l'abri, amasser de la mousse ou du foin pour se faire un lit, sont des actes communs à l'animal et au sauvage ; les ours font des huttes, les singes ont des bâtons, plusieurs autres animaux se pratiquent un domicile propre, commode, impénétrable à l'eau. Frotter une pierre pour la rendre tranchante et s'en faire une hache, s'en servir pour couper, pour écorcer du bois, pour aiguiser des flèches, pour creuser un vase, écorcher un animal, pour se revêtir de sa peau, en prendre les nerfs pour faire une corde d'arc, attacher ses mêmes nerfs à une épine dure, et se servir de tous deux comme de fil et d'aiguille, sont des actes purement individuels que l'homme en solitude peut tous exécuter sans être aidé des autres, des actes qui dépendent de sa seule conformation, puisqu'ils ne supposent que l'usage de la main; mais couper et transporter un gros arbre, élever un carbet, construire une pirogue, sont au contraire des opérations qui supposent nécessairement un travail commun et des vues concertées. Ces ouvrages sont aussi les seuls résultats de la société naissante chez des nations sauvages, comme les ouvrages des castors sont les fruits de la société perfectionnée parmi ces animaux : car il faut observer qu'ils ne songent point à bâtir, à moins qu'ils n'habitent un pays libre, et qu'ils n'y soient parfaitement tranquilles. Il y a des castors en Languedoc, dans les îles du Rhône, il y en a en plus grand nombre dans les provinces du nord de l'Europe; mais comme toutes ces contrées sont habitées, ou du moins fort fréquentées par les hommes, les castors y sont, comme tous les autres animaux, dispersés, solitaires, fugitifs, ou cachés dans un terrier; on ne les a jamais vus se réunir, se rassembler, ni rien entreprendre, ni rien construire; au lieu que dans ces terres désertes, où l'homme en société n'a pénétré que bien tard, et où l'on ne voyait aupa-

ravant que quelques vestiges de l'homme sauvage, on a partout trouvé des castors, réunis,
formant des sociétés, et l'on n'a pu s'empêcher
d'admirer leurs ouvrages.

FRAGMENS

De l'Histoire naturelle des Animaux Sauvages.

DANS les animaux domestiques et dans l'homme,
nous n'avons vu la nature que contrainte, rarement
perfectionnée, souvent altérée, défigurée et toujours environnée d'entraves ou chargée d'ornemens étrangers : maintenant elle va paraître nue,
parée de sa seule simplicité, mais plus piquante
par sa beauté naïve, sa démarche légère, son air
libre, et par les autres attributs de la noblesse et de
l'indépendance. Nous la verrons, parcourant en
souveraine la surface de la terre, partager son
domaine entre les animaux, assigner à chacun
son élément, son climat, sa subsistance; nous la
verrons dans les forêts, dans les eaux, dans les
plaines, dictant ses lois simples, mais immuables,
imprimant sur chaque espèce ses caractères inaltérables, et dispensant avec équité ses dons, compenser le bien et le mal, donner aux uns la force et
le courage, accompagnés du besoin et de la voracité; aux autres, la douceur, la tempérance, la légèreté du corps, avec la crainte, l'inquiétude et la ti-

midité; à tous la liberté avec des mœurs constantes.

Ces animaux, que nous appelons sauvages,
parce qu'ils ne nous sont pas soumis, ont-ils besoin de plus pour être heureux? Ils ont encore
l'égalité, ils ne sont ni les esclaves, ni les tyrans
de leurs semblables; l'individu n'a pas à craindre comme l'homme tout le reste de son espèce;
ils ont entre eux la paix, et la guerre ne leur vient
que des étrangers ou de nous. Ils ont donc raison
de fuir l'espèce humaine, de se dérober à notre
aspect, de s'établir dans des solitudes éloignées
de nos habitations, de se servir de toutes les ressources de leur instinct pour se mettre en sûreté,
et d'employer, pour se soustraire à la puissance
de l'homme, tous les moyens de liberté que la
nature leur a fournis en même temps qu'elle leur
a donné le désir de l'indépendance.

Les uns, et ce sont les plus doux, les plus innocens, les plus tranquilles, se contentent de s'é-
loigner, et passent leur vie dans nos campagnes;
ceux qui sont plus défians, plus farouches, s'enfoncent dans les bois; d'autres, comme s'ils savaient qu'il n'y a nulle sûreté sur la surface de la
terre, se creusent des demeures souterraines, se
réfugient dans des cavernes, ou gagnent les sommets des montagnes les plus inaccessibles; enfin
les plus féroces ou plutôt les plus fiers, n'habitent
que les déserts, et règnent en souverains dans ces
climats brûlans, où l'homme aussi sauvage qu'eux
ne peut leur disputer l'empire.

Et comme tout est soumis aux lois physiques, que les êtres même les plus libres y sont assujettis, et que les animaux éprouvent, comme l'homme, les influences du ciel et de la terre, il semble que les mêmes causes qui ont adouci, civilisé l'espèce humaine dans nos climats, ont produit de pareils effets sur toutes les autres espèces. Le loup, qui dans cette zone tempérée est peut-être de tous les animaux le plus féroce, n'est pas, à beaucoup près, aussi terrible, aussi cruel que le tigre, la panthère, le lion de la zone torride, ou l'ours blanc, le loup cervier, l'hienne de la zone glacée; et non-seulement cette différence se trouve en général, comme si la nature, pour mettre plus de rapport et d'harmonie dans ses productions, eût fait le climat pour les espèces, ou les espèces pour le climat; mais même on trouve, dans chaque espèce en particulier, le climat fait pour les mœurs, et les mœurs pour le climat.

En Amérique, où les chaleurs sont moindres, où l'air et la terre sont plus doux qu'en Afrique, quoique sous la même ligne, le tigre, le lion, la panthère, n'ont rien de redoutable que le nom; ce ne sont plus ces tyrans des forêts, ces ennemis de l'homme aussi fiers qu'intrépides, ces monstres altérés de sang et de carnage; ce sont des animaux qui fuient d'ordinaire devant les hommes, qui loin de les attaquer de front, loin même de faire la guerre à force ouverte aux autres bêtes sauvages, n'emploient le plus souvent que l'artifice et la ruse pour tâcher de les surprendre; ce sont des animaux qu'on peut dompter comme les autres, et presque apprivoiser. Ils ont donc dégénéré, si leur nature était la férocité jointe à la cruauté, ou plutôt ils n'ont qu'éprouvé l'influence du climat : sous un ciel plus doux, leur naturel s'est adouci, ce qu'ils avaient d'excessif s'est tempéré, et par les changemens qu'ils ont subis, ils sont seulement devenus plus conformes à la terre qu'ils ont habitée.

Les végétaux qui couvrent cette terre et qui y sont encore attachés de plus près que l'animal qui broute, participent aussi plus que lui à la nature du climat : chaque pays, chaque degré de température a ses plantes particulières; on trouve au pied des Alpes celles de France et d'Italie, on trouve à leur sommet celles des pays du nord; on retrouve ces mêmes plantes du nord sur les cimes glacées des montagnes d'Afrique. Sur les monts qui séparent l'empire du Mogol du royaume de Cachemire, on voit du côté du midi toutes les plantes des Indes, et l'on est surpris de ne voir de l'autre côté que des plantes d'Europe. C'est aussi des climats excessifs que l'on tire les drogues, les parfums, les poisons, et toutes les plantes dont les qualités sont excessives : le climat tempéré ne produit au contraire que des choses tempérées; les herbes les plus douces, les légumes les plus sains, les fruits les plus suaves, les animaux les plus tranquilles, les hommes les plus polis sont l'apanage de cet heureux climat. Ainsi la terre fait les plantes, la terre et les plantes font les animaux, la terre, les plantes et les animaux, font l'homme : car les qualités des végétaux viennent immédiatement de la terre et de l'air; le tempérament et les autres qualités relatives des animaux qui paissent l'herbe, tiennent de près à celles des plantes dont ils se nourrissent. Enfin les qualités physiques de l'homme et des animaux qui vivent sur les autres animaux autant que sur les plantes, dépendent, quoique de plus loin, de ces mêmes causes, dont l'influence s'étend jusque sur leur naturel et sur leurs mœurs. Et ce qui prouve encore mieux que tout se tempère dans un climat tempéré, et que tout est excès dans un climat excessif, c'est que la grandeur et la forme qui paraissent être des qualités absolues, fixes et déterminées, dépendent cependant, comme les qualités relatives, de l'influence du climat : la taille de nos animaux quadrupèdes n'approche pas de celle de l'éléphant, du rhinocéros, de l'hippopotame; nos plus gros oiseaux sont fort petits, si on les compare à l'autruche, au condor, au casoar; et qu'elle comparaison des poissons, des lézards, des serpens de nos climats, avec les baleines, les cachalots, les narvales qui peuplent les mers du nord, et avec les crocodiles, les grands lézards et les couleuvres énormes qui infectent les terres et les eaux du midi; et si l'on considère encore chaque espèce dans différens climats, on y trouvera des variétés sensibles pour la grandeur et pour la forme; toutes prou-

nent une teinture plus ou moins forte du climat.
Ces changemens ne se font que lentement, im-
perceptiblement ; le grand ouvrier de la nature
est le temps : comme il marche toujours d'un pas
égal, uniforme et réglé, il ne fait rien par sauts ;
mais par degrés, par nuances, par succession ;
il fait tout, et ces changemens, d'abord imperceptibles, deviennent peu à peu sensibles, et se
marquent enfin par des résultats auxquels on ne
peut se méprendre.

Cependant les animaux sauvages et libres sont
peut-être, sans même en excepter l'homme, de
tous les êtres vivans les moins sujets aux altérations, aux changemens, aux variations de tout
genre : comme ils sont absolument les maîtres
de choisir leur nourriture et leur climat, et qu'ils
ne se contraignent pas plus qu'on ne les contraint,
eur nature varie moins que celle des animaux
domestiques, que l'on asservit, que l'on transporte, que l'on maltraite, et qu'on nourrit sans
consulter leur goût. Les animaux sauvages vivent
constamment de la même façon : on ne les voit
pas errer de climats en climats; le bois où ils sont
nés est une patrie à laquelle ils sont fidèlement
attachés, ils s'en éloignent rarement, et ne la
quittent jamais que lorsqu'ils sentent qu'ils ne
peuvent y vivre en sûreté. Et ce sont moins leurs
ennemis qu'ils fuient, que la présence de l'homme;
la nature leur a donné des moyens et des ressources contre les autres animaux, ils sont de
pair avec eux, ils connaissent leur force et leur

adresse, ils jugent leurs desseins, leurs démarches, et s'ils ne peuvent les éviter, au moins
ils se défendent corps à corps; ce sont, en un
mot, des espèces de leur genre. Mais que peu-
vent-ils contre des êtres qui savent les trouver sans les voir, et les abattre sans les approcher?

C'est donc l'homme qui les inquiète, qui les
écarte, qui les disperse, et qui les rend mille fois
plus sauvages qu'ils ne le seraient en effet, car
la plupart ne demandent que la tranquillité,
la paix, et l'usage aussi modéré qu'innocent de
l'air et de la terre; ils sont même portés par la
nature à demeurer ensemble, à se réunir en familles, à se former des espèces de sociétés. On
voit encore des vestiges de ces sociétés dans les
pays dont l'homme ne s'est pas totalement emparé : on y voit même des ouvrages faits en commun, des espèces de projets, qui, sans être raisonnés, paraissent être fondés sur des convé-
nances raisonnables, dont l'exécution suppose au
moins l'accord, l'union et le concours de ceux
qui s'en occupent; et ce n'est point par force ou
par nécessité physique, comme les fourmis, les
abeilles, etc., que les castors travaillent et bâtissent; car ils ne sont contraints ni par l'espace,
ni par le temps, ni par le nombre : c'est par choix
qu'ils se réunissent; ceux qui se conviennent demeurent ensemble, ceux qui ne se conviennent pas
s'éloignent, et l'on en voit quelques-uns qui, toujours rebutés par les autres, sont obligés de vi-

vre solitaires. Ce n'est aussi que dans les pays reculés, éloignés, et où ils craignent peu la rencontre des hommes, qu'ils cherchent à s'établir et à rendre leur demeure plus fixe et plus commode, en y construisant des habitations, des espèces de bourgades, qui représentent assez bien les faibles travaux et les premiers efforts d'une république naissante. Dans les pays au contraire où les hommes se sont répandus, la terreur semble habiter avec eux, il n'y a plus de société parmi les animaux, toute l'industrie cesse, tout art est étouffé, ils ne songent plus à bâtir, ils négligent toute commodité ; toujours pressés par la crainte et la nécessité, ils ne cherchent qu'à vivre, ils ne sont occupés qu'à fuir et se cacher ; et si, comme on doit le supposer, l'espèce humaine continue dans la suite des temps à peupler également toute la surface de la terre, on pourra dans quelques siècles regarder comme une fable l'histoire de nos castors.

On peut donc dire que les animaux, loin d'aller en augmentant, vont au contraire en diminuant de facultés et de talens ; le temps même travaille contre eux : plus l'espèce humaine se multiplie, se perfectionne, plus ils sentent le poids d'un empire aussi terrible qu'absolu, qui leur laissant à peine leur existence individuelle, leur ôte tout moyen de liberté, toute idée de société, et détruit jusqu'au germe de leur intelligence. Ce qu'ils sont devenus, ce qu'ils deviendront encore, n'indique peut-être pas assez ce qu'ils ont été, ni ce qu'ils pourraient être. Qui sait si l'espèce humaine était anéantie, auquel d'entre eux appartiendrait le sceptre de la terre ?

LE CERF.

Voici l'un de ces animaux innocens, doux et tranquilles, qui ne semblent être faits que pour embellir, animer la solitude des forêts, et occuper loin de nous les retraites paisibles de ces jardins de la nature. Sa forme élégante et légère, sa taille aussi svelte que bien prise, ses membres flexibles et nerveux, sa tête, parée plutôt qu'armée d'un bois vivant, et qui, comme la cime des arbres, tous les ans se renouvelle, sa grandeur, sa légèreté, sa force, le distinguent assez des autres habitans des bois, et comme il est le plus noble d'entre eux, il ne sert aussi qu'aux plaisirs des plus nobles des hommes ; il a dans tous les temps occupé le loisir des héros : l'exercice de la chasse doit succéder aux travaux de la guerre, il doit même les précéder : savoir manier les chevaux et les armes, sont des talens communs au chasseur, au guerrier : l'habitude au mouvement, à la fatigue, l'adresse, la légèreté du corps si nécessaire pour soutenir et même pour seconder le courage, se prennent à la chasse, et se portent à la guerre ; c'est l'école agréable d'un art nécessaire ; c'est encore le seul amusement qui fasse diversion entière aux affaires, le seul délassement sans mollesse, le seul qui donne un plaisir vif sans langueur, sans mélange et sans satiété.

Que peuvent faire de mieux les hommes qui, par état, sont sans cesse fatigués de la présence des autres hommes? Toujours environnés, obsédés et gênés pour ainsi dire, par le nombre; toujours en butte à leurs demandes, à leur empressement; forcés de s'occuper de soins étrangers et d'affaires, agités par de grands intérêts, et d'autant plus contraints qu'ils sont plus élevés, les grands ne sentiraient que le poids de la grandeur, et n'existeraient que pour les autres, s'ils ne se dérobaient par instans à la foule même des flatteurs. Pour jouir de soi-même, pour rappeler dans l'âme les affections personnelles, les désirs secrets, ces sentimens intimes, mille fois plus précieux que les idées de la grandeur, ils ont besoin de solitude, et quelle solitude plus variée, plus animée que celle de la chasse? quel exercice plus sain pour le corps? quel repos plus agréable pour l'esprit?

Il serait aussi pénible de toujours représenter, que de toujours méditer. L'homme n'est pas fait par la nature pour la contemplation des choses abstraites; et de même que s'occuper sans relâche d'études difficiles, d'affaires épineuses, mener une vie sédentaire, et faire de son cabinet le centre de son existence, est un état peu naturel, il semble que celui d'une vie tumultueuse, agitée, entraînée, pour ainsi dire, par le mouvement des autres hommes, et où l'on est obligé de s'observer, de se contraindre, et de représenter continuellement à leurs yeux, est une situation encore plus forcée. Quelque idée que nous voulions avoir de nous-mêmes, il est aisé de sentir que représenter n'est pas être, et aussi que nous sommes moins faits pour penser que pour agir, pour raisonner que pour jouir : nos vrais plaisirs consistent dans le libre usage de nous-mêmes ; nos vrais biens sont ceux de la nature ; c'est le ciel, c'est la terre, ce sont ces campagnes, ces plaines, ces forêts, dont elle nous offre la jouissance utile, inépuisable. Aussi le goût de la chasse, de la pêche, des jardins, de l'agriculture, est un goût naturel à tous les hommes ; et dans les sociétés plus simples que la nôtre, il n'y a guère que deux ordres, tous deux relatifs à ce genre de vie ; les nobles, dont le métier est la chasse et les armes; et les hommes en sous-ordre, qui ne sont occupés qu'à la culture de la terre (1).

Et comme dans les sociétés policées on agrandit, on perfectionne tout, pour rendre le plaisir de la chasse plus vif et plus piquant, pour ennoblir encore cet exercice le plus noble de tous, on en a fait un art. La chasse du cerf demande des connaissances qu'on ne peut acquérir que par l'expérience : elle suppose un appareil royal, des hommes, des chevaux, des chiens, tous exercés,

---

(1) L'égalité en droit, fruit des conquêtes de l'esprit humain, ne laisse maintenant parmi les Français que des distinctions purement honoraires, et la seule véritable entre eux est le mérite.

stylés, dressés, qui par leurs mouvemens, leurs recherches et leur intelligence, doivent aussi concourir au même but.

FRAGMENT

Extrait de l'Histoire des Animaux Carnassiers.

LES animaux qui, par leur grandeur, figurent dans l'univers, ne font que la plus petite partie des substances vivantes; la terre fourmille de petits animaux, chaque plante, chaque graine, chaque particule de matière organique contient des milliers d'atomes animés. Les végétaux paraissent être le premier fonds de la nature; mais ce fonds de subsistance, tout abondant, tout inépuisable qu'il est, suffirait à peine au nombre encore plus abondant d'insectes de toute espèce. Leur pullulation, toute aussi nombreuse et souvent plus prompte que la reproduction des plantes, indique assez combien ils sont surabondans; car les plantes ne se reproduisent que tous les ans, il faut une saison entière pour en former la graine; au lieu que dans les insectes, et surtout dans les plus petites espèces, comme celle des pucerons, une seule saison suffit à plusieurs générations. Ils multiplieraient donc plus que les plantes, s'ils n'étaient détruits par d'autres animaux dont ils paraissent être la pâture naturelle, comme les herbes et les graines semblent être la nourriture préparée pour eux-mêmes. Aussi parmi les insectes y en a-t-il beaucoup qui ne vivent que d'autres insectes; il y en a même quelques espèces qui, comme les araignées, dévorent indifféremment les autres espèces et la leur : tous servent de pâture aux oiseaux, et les oiseaux domestiques et sauvages nourrissent l'homme, ou deviennent la proie des animaux carnassiers.

Ainsi la mort violente est un usage presque aussi nécessaire que la loi de la mort naturelle; ce sont deux moyens de destruction et de renouvellement, dont l'un sert à entretenir la jeunesse perpétuelle de la nature, et dont l'autre maintient l'ordre de ses productions et peut seul limiter le nombre dans les espèces. Tous deux sont des effets dépendans des causes générales; chaque individu qui naît, tombe de lui-même au bout d'un temps; ou lorsqu'il est prématurément détruit par les autres, c'est qu'il était surabondant. Eh combien n'y en a-t-il pas de supprimés d'avance ! Que de fleurs moissonnées au printemps ! Que de races éteintes au moment de leur naissance ! Que de germes anéantis avant leur développement ! L'homme et les animaux carnassiers ne vivent que d'individus tout formés, ou d'individus prêts à l'être; la chair, les œufs, les graines, les germes de toute espèce sont leur nourriture ordinaire; cela seul peut borner l'exubérauce de la nature. Que l'on considère un instant quelqu'une de ces espèces inférieures qui servent de pâture aux autres, celle des harengs, par exemple ; ils viennent par milliers s'offrir à nos pêcheurs, et après avoir nourri tous les monstres des mers du nord, ils fournissent encore à la subsistance de tous les peuples de l'Europe pendant une partie de l'année. Quelle pullulation prodigieuse parmi ces animaux ! Et s'ils n'étaient en grande partie détruits par les autres, quels seraient les effets de cette immense multiplication ! Eux seuls couvriraient la surface entière de la mer ; mais bientôt se nuisant par le nombre, ils se corrompraient, ils se détruiraient eux-mêmes ; faute de nourriture suffisante, leur fécondité diminuerait ; la contagion et la disette feraient ce que fait la consommation ; le nombre de ces animaux ne serait guère augmenté, et le nombre de ceux qui s'en nourrissent serait diminué. Et comme l'on peut dire la même chose de toutes les autres espèces, il est donc nécessaire que les unes vivent sur les autres, et dès lors la mort violente des animaux est un usage légitime, innocent, puisqu'il est fondé dans la nature, et qu'ils ne naissent qu'à cette condition.

Avouons cependant que le motif par lequel on voudrait en douter fait honneur à l'humanité ; les animaux, du moins ceux qui ont des sens, de la chair et du sang, sont des êtres sensibles ; comme nous ils sont capables de plaisir et sujets à la douleur ; il y a donc une espèce d'insensibilité cruelle à sacrifier, sans nécessité, ceux surtout qui nous approchent, qui vivent avec nous et dont le sentiment se réfléchit vers nous en se marquant par les signes de la douleur ; car ceux dont la nature est différente de la nôtre, ne peuvent guère nous affecter. La pitié naturelle est fondée sur les rapports que nous avons avec l'objet qui souffre ; elle est d'autant plus vive que la ressemblance, la conformité de nature est plus grande ; on souffre en voyant souffrir son semblable. *Compassion ;* ce mot exprime assez que c'est une souffrance, une passion qu'on partage ; cependant c'est moins l'homme qui souffre, que sa propre nature qui pâtit, qui se révolte machinalement et se met d'elle-même à l'unisson de la douleur. L'âme a moins de part que le corps à ce sentiment de pitié naturelle, et les animaux en sont susceptibles comme l'homme ; le cri de la douleur les émeut, ils accourent pour se secourir ; ils reculent à la vue d'un cadavre de leur espèce. Ainsi l'horreur et la pitié sont moins des passions de l'âme que des affections naturelles, qui dépendent de la sensibilité du corps et de la similitude de la conformation ; ce sentiment doit donc diminuer à mesure que les natures s'éloignent. Un chien qu'on frappe, un agneau qu'on égorge, nous font quelque pitié ; un arbre que l'on coupe, une huître qu'on mord, ne vous en font aucune.

Dans le réel, peut-on douter que les animaux dont l'organisation est semblable à la nôtre, n'é-

prouvent des sensations semblables! Ils sont sensibles puisqu'ils ont des sens, et ils le sont d'autant plus que ces sens sont plus actifs et plus parfaits : ceux au contraire dont les sens sont obtus
ont-ils un sentiment exquis? et ceux auxquels il
manque quelque organe, quelque sens, ne man-
quent-ils pas de toutes les sensations qui y sont
relatives? Le mouvement est l'effet nécessaire
de l'exercice du sentiment. Nous avons prouvé
que de quelque manière qu'un être fût organisé,
s'il a du sentiment, il ne peut manquer de le
marquer au dehors par des mouvemens extérieurs. Ainsi les plantes, quoique bien organi-
sées, sont des êtres insensibles, aussi bien que
les animaux qui, comme elles, n'ont nul mouvement apparent. Ainsi parmi les animaux, ceux
qui n'ont, comme la plante appelée *Sensitive*,
qu'un mouvement sur eux-mêmes, et qui sont
privés du mouvement progressif, n'ont encore
que très-peu de sentiment; et enfin ceux même
qui ont un mouvement progressif, mais qui,
comme des automates, ne font qu'un petit nombre de choses, et les font toujours de la même
façon, n'ont qu'une faible portion de sentiment,
limitée à un petit nombre d'objets. Dans l'espèce
humaine, que d'automates! Combien l'éducation, la communication respective des idées
n'augmentent-elles pas la quantité, la vivacité
du sentiment? Quelle différence à cet égard entre
l'homme sauvage et l'homme policé, la paysanne
et la femme du monde! Et de même parmi les

animaux, ceux qui vivent avec nous deviennent plus sensibles par cette communication, tandis que ceux qui demeurent sauvages n'ont que la sensibilité naturelle, souvent plus sûre, mais toujours moindre que l'acquise.

Au reste, en ne considérant le sentiment que comme une faculté naturelle, et même indépendamment de son résultat apparent, c'est-à-dire, des mouvemens qu'il produit nécessairement dans tous les êtres qui en sont doués ; on peut encore le juger, l'estimer et en déterminer à peu près les différens degrés par des rapports physiques auxquels il me paraît qu'on n'a pas fait assez d'attention.

Pour que le sentiment soit au plus haut degré dans un corps animé, il faut que ce corps fasse un tout, lequel non-seulement soit sensible dans toutes ses parties, mais encore composé de manière que toutes ces parties sensibles aient entre elles une correspondance intime, en sorte que l'une ne puisse être ébranlée sans communiquer une partie de cet ébranlement à chacune des autres. Il faut de plus qu'il y ait un centre principal et unique auquel puissent aboutir ces différens ébranlemens, et sur lequel, comme sur un point d'appui général et commun, se fasse la réaction de tous ces mouvemens. Ainsi l'homme, et les animaux, qui par leur organisation ressemblent le plus à l'homme, seront les êtres les plus sensibles ; ceux au contraire qui ne sont pas un tout aussi complet, ceux dont les parties ont une correspondance moins intime, ceux qui ont plusieurs centres de sentiment, et qui, sous une même enveloppe, semblent moins renfermer un tout unique, un animal parfait, que contenir plusieurs centres d'existence séparés ou différens les uns des autres, seront des êtres beaucoup moins sensibles. Un polype que l'on coupe, et dont les parties divisées vivent séparément ; une guépe dont la tête, quoique séparée du corps, se meut, vit, agit, et même mange comme auparavant ; un lézard auquel, en retranchant une partie de son corps, on n'ôte ni le mouvement, ni le sentiment ; une écrevisse, dont les membres amputés se renouvellent ; une tortue, dont le cœur bat long-temps après avoir été arraché ; tous les insectes dans lesquels les principaux viscères, comme le cœur et les poumons, ne forment pas un tout au centre de l'animal, mais sont divisés en plusieurs parties, s'étendent le long du corps, et font, pour ainsi dire, une suite de viscères, de cœurs et de trachées ; tous les poissons, dont les organes de la circulation et de la respiration n'ont que peu d'action et diffèrent beaucoup de ceux des quadrupèdes, et même de ceux des cétacées ; enfin tous les animaux dont l'organisation s'éloigne de la nôtre, ont peu de sentiment, et d'autant moins qu'elle en diffère plus.

FRAGMENT

De l'Histoire naturelle du Rat.

DESCENDANT par degrés du grand au petit, du fort au faible, nous trouverons que la Nature a su tout compenser : qu'uniquement attentive à la conservation de chaque espèce, elle fait profusion d'individus, et se soutient par le nombre dans toutes celles qu'elle a réduites au petit, ou qu'elle a laissées sans forces, sans armes et sans courage : et non-seulement elle a voulu que ces espèces inférieures fussent en état de résister ou durer par le nombre ; mais il semble qu'elle ait en même temps donné des supplémens à chacune, en multipliant les espèces voisines. Le rat, la souris, le mulot, le rat d'eau, le campagnol, le loir, le lerot, le muscardin, la musaraigne, beaucoup d'autres que je ne cite point parce qu'ils sont étrangers à notre climat, forment autant d'espèces distinctes et séparées, mais assez peu différentes pour pouvoir en quelque sorte se suppléer et faire que, si l'une d'entre elles venait à manquer, le vide en ce genre serait à peine sensible ; c'est ce grand nombre d'espèces voisines qui a donné l'idée des genres aux naturalistes ; idée que l'on ne peut employer qu'en ce sens, lorsqu'on ne voit les objets qu'en gros, mais qui s'évanouit dès qu'on l'applique à la réalité, et qu'on vient à considérer la nature en détail.

Les hommes ont commencé par donner différens noms aux choses qui leur ont paru distinctement différentes, et en même temps ils ont fait des dénominations générales pour tout ce qui leur paraissait à peu près semblable. Chez les peuples grossiers et dans toutes les langues naissantes, il n'y a presque que des noms généraux, c'est-à-dire, des expressions vagues et informes de choses du même ordre et cependant très-différentes entre elles; un chêne, un hêtre, un tilleul, un sapin, un if, un pin, n'auront d'abord eu d'autre nom que celui *d'arbre*; ensuite le chêne, le hêtre, le tilleul se seront tous trois appelés *chênes* lorsqu'on les aura distingués du sapin, du pin, de l'if, qui tous trois se seront appelés *sapins*. Les noms particuliers ne sont venus qu'à la suite de la comparaison et de l'examen détaillé qu'on a fait de chaque espèce de choses : on a augmenté le nombre de ces noms à mesure qu'on a plus étudié et mieux connu la nature; plus on l'examinera, plus on la comparera, plus il y aura de noms propres et de dénominations particulières. Lorsqu'on nous la présente donc aujourd'hui par des dénominations générales, c'est-à-dire, par des genres, c'est nous renvoyer à l'A, B, C de toute connaissance, et rappeler les ténèbres de l'enfance des hommes: l'ignorance a fait les genres, la science a fait et fera les noms propres; et nous ne craindrons pas d'augmenter le nombre des dénominations particulières, toutes les fois que nous voudrons désigner des espèces différentes.

L'on a compris et confondu sous ce nom générique de *Rat*, plusieurs espèces de petits animaux; nous ne donnerons ce nom qu'au rat commun, qui est noirâtre et qui habite dans les maisons; chacune des autres espèces aura sa dénomination particulière, parce que, ne se mêlant point ensemble, chacune est différente de toutes les autres. Le rat est assez connu par l'incommodité qu'il nous cause; il habite ordinairement les greniers où l'on entasse le grain, où l'on serre les fruits, et de là descend et se répand dans la maison. Il est carnassier, et même omnivore; il semble seulement préférer les choses dures aux plus tendres; il ronge la laine, les étoffes, les meubles, perce le bois, fait des trous dans les murs, se loge dans l'épaisseur des planchers, dans les vides de la charpente ou de la boiserie; il en sort pour chercher sa subsistance, et souvent il y transporte tout ce qu'il peut traîner, il y fait même quelquefois magasin, surtout lorsqu'il a des petits. Il produit plusieurs fois par an, presque toujours en été; les portées ordinaires sont de cinq ou six. Il cherche les lieux chauds, et se niche en hiver auprès des cheminées ou dans le foin, dans la paille. Malgré les chats, le poison, les piéges, les appâts, ces animaux pullulent si fort, qu'ils causent souvent de grands dommages; c'est surtout dans les vieilles maisons, à la campagne, où l'on garde du blé dans les greniers, et où le voisinage des granges et des magasins à foin facilite leur retraite et leur multiplication, qu'ils sont en si grand nombre qu'on serait obligé de démeubler, de déserter, s'ils ne se détruisaient eux-mêmes; mais nous avons vu par expérience qu'ils se tuent, qu'ils se mangent entre eux pour peu que la faim les presse, en sorte que, quand il y a disette à cause du trop grand nombre, les plus forts se jettent sur les plus faibles, leur ouvrent la tête et mangent d'abord la cervelle, et ensuite le reste du cadavre; le lendemain la guerre recommence, et dure ainsi jusqu'à la destruction du plus grand nombre: c'est par cette raison, qu'il arrive ordinairement, qu'après avoir été infesté de ces animaux pendant un temps, ils semblent souvent disparaître tout à coup, et quelquefois pour long-temps. Il en est de même des mulots, dont la pullulation prodigieuse n'est arrêtée que par les cruautés qu'ils exercent entre eux, dès que les vivres commencent à leur manquer. Aristote a attribué cette destruction subite à l'effet des pluies, mais les rats n'y sont point exposés, et les mulots savent s'en garantir, car les trous qu'ils habitent sous terre ne sont pas même humides.

FRAGMENT

De l'Histoire naturelle de la Taupe.

La taupe a le toucher plus délicat que celui des autres animaux ; son poil est doux comme la soie ; elle a l'ouïe très-fine, et de petites mains à cinq doigts, bien différentes de l'extrémité des pieds des autres animaux, et presque semblables aux mains de l'homme ; beaucoup de force pour le volume de son corps, le cuir ferme, un embonpoint constant, les douces habitudes du repos et de la solitude, l'art de se mettre en sûreté, de se faire en un instant un asile, un domicile, la facilité de l'étendre et d'y trouver sans en sortir une abondante subsistance. Voilà sa nature, ses mœurs et ses talens, sans doute préférables à des qualités plus brillantes et plus incompatibles avec le bonheur, que l'obscurité la plus profonde.

Elle ferme l'entrée de sa retraite, n'en sort presque jamais qu'elle n'y soit forcée par l'abondance des pluies d'été, lorsque l'eau la remplit, ou lorsque le pied du jardinier en affaisse le dôme ; elle se pratique une voûte en rond dans les prairies, et assez ordinairement un boyau long dans les jardins, parce qu'il y a plus de facilité à diviser et à soulever une terre meuble et cultivée, qu'un gazon ferme et tissu de racines; elle ne demeure ni dans la fange ni dans les terrains durs, trop compactes ou trop pierreux; il lui faut une terre douce, fournie de racines succulentes, et, surtout bien peuplée d'insectes et de vers, dont elle fait sa principale nourriture.

Comme les taupes ne sortent que rarement de leur domicile souterrain, elles ont peu d'ennemis, et échappent aisément aux animaux carnassiers; leur plus grand fléau est le débordement des rivières; on les voit dans les inondations, fuir en nombre à la nage, et faire tous leurs efforts pour gagner les terres plus élevées; mais la plupart périssent aussi bien que leurs petits qui restent dans les trous.

Le domicile où elles font leurs petits mériterait une description particulière; il est fait avec une intelligence singulière : elles commencent par pousser, par élever la terre et former une voûte assez élevée; elles laissent des cloisons, des espèces de piliers de distance en distance; elles pressent et battent la terre, la mêlent avec des racines et des herbes et la rendent si dure et si solide par-dessous, que l'eau ne peut pas pénétrer la voûte à cause de sa convexité et de sa solidité; elles élèvent ensuite un tertre par-dessous, au sommet duquel elles apportent de l'herbe et des feuilles pour faire un lit à leurs petits; dans cette situation ils se trouvent au-dessus du niveau du terrain, et par conséquent à l'abri des inondations ordinaires, et en même temps à couvert de la pluie par la voûte qui recouvre le tertre sur lequel ils reposent. Ce tertre est percé tout autour de plusieurs trous en pente, qui descendent plus bas et s'étendent de tous côtés comme autant de routes souterraines par où la mère taupe peut sortir et aller chercher la subsistance nécessaire à ses petits ; ces sentiers souterrains sont fermés et battus, s'étendent à douze ou quinze pas, et partent tous du domicile comme des rayons d'un centre. On y trouve aussi bien que sous la voûte, des débris d'ognons de Colchique, qui sont apparemment la première nourriture qu'elle donne à ses petits. On voit bien par cette disposition qu'elle ne sort jamais à une distance considérable de son domicile, et que la manière la plus simple et la plus sûre de la prendre avec ses petits, est de faire autour une tranchée qui l'environne en entier, et qui coupe toutes les communications. Mais comme la taupe fuit au moindre bruit, et qu'elle tâche d'emmener ses petits, il faut trois ou quatre hommes qui, travaillant ensemble avec la bêche, enlèvent la motte toute entière ou fassent une tranchée presque dans un moment, et qui ensuite les saisissent ou les attendent aux issues.

Quelques auteurs ont dit mal à propos que la taupe et le blaireau dormaient sans manger pendant l'hiver entier. Le blaireau, comme nous l'avons dit, sort de son trou en hiver comme en été, pour chercher sa subsistance, et il est aisé de s'en assurer par les traces qu'il laisse sur la neige. La taupe dort si peu pendant tout l'hiver, qu'elle pousse la terre comme en été, et que les gens de la campagne disent, comme par proverbe: *Les taupes poussent, le dégel n'est pas loin.* Elles cherchent à la vérité les endroits les plus chauds: les jardiniers en prennent souvent autour de leurs couches au mois de décembre, de janvier et de février.

FRAGMENT

De l'Histoire naturelle de la Chauve-Souris.

QUOIQUE tout soit également parfait en soi, puisque tout est sorti des mains du Créateur, il est cependant, relativement à nous, des êtres accomplis, et d'autres qui semblent être imparfaits ou difformes. Les premiers sont ceux dont la figure nous paraît agréable et complète, parce que toutes les parties sont bien ensemble, que le corps et les membres sont proportionnés, les mouvemens assortis, toutes les fonctions faciles et naturelles. Les autres, qui nous paraissent hideux, sont ceux dont les qualités nous sont nuisibles, ceux dont la nature s'éloigne de la nature commune, et dont la forme est trop différente des formes ordinaires desquelles nous avons reçu les

premières sensations, et tiré les idées qui nous
servent de modèles pour juger. Une tête humaine
sur un cou de cheval, le corps couvert de plumes,
et terminé par une queue de poisson, n'offrent un
tableau d'une énorme difformité, que parce qu'on
y réunit ce que la nature a de plus éloigné. Un animal qui, comme la chauve-souris, est à demi-qua-
drupède, à demi-volatille, et qui n'est en tout ni
l'un ni l'autre, est, pour ainsi dire, un être mons-
tre, en ce que, réunissant les attributs de deux
genres si différens, il ne ressemble à aucun des
modèles que nous offrent les grandes classes de
la nature. Il n'est qu'imparfaitement quadrupède,
et il est encore plus imparfaitement oiseau. Un
quadrupède doit avoir quatre pieds, un oiseau
des plumes et des ailes; dans la chauve-souris,
les pieds de devant ne sont ni des pieds ni des
ailes, quoiqu'elle s'en serve pour voler, et qu'elle
puisse aussi s'en servir pour se traîner : ce sont
en effet des extrémités difformes, dont les os sont
monstrueusement alongés, et réunis par une
membrane qui n'est couverte ni de plumes, ni
même de poil comme le reste du corps : ce sont
des espèces d'ailerons, ou si l'on veut, des pattes
ailées, où l'on ne voit que l'ongle d'un pouce
court, et dont les quatre autres doigts très-longs
ne peuvent agir qu'ensemble, et n'ont point de
mouvemens propres ni de fonctions séparées : ce
sont des espèces de mains dix fois plus grandes
que les pieds, et en tout quatre fois plus longues
que le corps entier de l'animal : ce sont en un

mot, des parties qui ont plutôt l'air d'un caprice que d'une production régulière. Cette membrane couvre les bras, forme les ailes ou les mains de l'animal, se réunit à la peau de son corps, et enveloppe en même temps ses jambes, et même sa queue qui, par cette jonction bizarre, devient, pour ainsi dire l'un de ses doigts. Ajoutez à ces disparates et à ces disproportions du corps et des membres, les difformités de la tête, qui souvent sont encore plus grandes; car, dans quelques espèces, le nez est à peine visible, les yeux sont enfoncés tout près de la conque de l'oreille, et se confondent avec les joues; dans d'autres, les oreilles sont aussi longues que le corps, ou bien la face est tortillée en forme de fer à cheval, et le nez recouvert par une espèce de crête; la plupart ont la tête surmontée par quatre oreillons; toutes ont les yeux petits, obscurs et couverts, le nez, ou plutôt les naseaux informes, la gueule fendue de l'une à l'autre oreille; toutes aussi cherchent à se cacher, fuient la lumière, n'habitent que les lieux ténébreux, n'en sortent que la nuit, y rentrent au point du jour pour demeurer collées contre les murs. Leur mouvement dans l'air est moins un vol qu'une espèce de voltigement incertain, qu'elles semblent n'exécuter que par effort et d'une manière gauche; elles s'élèvent de terre avec peine, elles ne volent jamais à une grande hauteur; elles ne peuvent qu'imparfaitement précipiter, ralentir, ou même diriger leur vol; il n'est ni très-rapide ni bien direct, il se fait

par des vibrations brusques dans une direction
oblique et tortueuse ; elles ne laissent pas de saisir en passant les moucherons, les cousins et surtout les papillons phalènes qui ne volent que la
nuit; elles les avalent, pour ainsi dire, tout entiers, et l'on voit dans leurs excrémens les débris
des ailes et des autres parties sèches qui ne peuvent se digérer. Etant un jour descendu dans les
grottes d'Arci pour en examiner les stalactites ,
je fus surpris de trouver sur un terrain tout couvert d'albâtre, et dans un lieu si ténébreux et si
profond, une espèce de terre qui était d'une toute
autre nature ; c'était un tas épais et large de plusieurs pieds de matière noirâtre, presqu'entièrement composée de portions d'ailes et de pattes
de mouches et de papillons, comme si ces insectes se fussent rassemblés en nombre immense
et réunis dans ce lieu pour y périr et pourrir
ensemble. Ce n'était cependant autre chose que
de la fiente de chauve-souris amoncelée probablement pendant plusieurs années dans l'endroit
de ces voûtes souterraines qu'elles habitaient
de préférence; car, dans toute l'étendue de ces
grottes, qui est de plus d'un demi-quart de lieue,
je ne vis aucun autre amas d'une pareille matière, et je jugeai que les chauve - souris avaient
fixé dans cet endroit leur demeure commune,
parce qu'il y parvenait encore une très-faible
lumière par l'ouverture de la grotte, et qu'elles
n'allaient pas plus avant pour ne pas s'enfoncer
dans une obscurité trop profonde.

Les chauve-souris sont de vrais quadrupèdes, elles n'ont rien de commun que le vol avec les autres oiseaux ; mais comme l'action de voler suppose une très-grande force dans la partie supérieure du corps et dans les membres antérieurs, elles ont les muscles pectoraux beaucoup plus forts et plus charnus qu'aucun des quadrupèdes, et l'on peut dire que par là elles ressemblent encore aux oiseaux ; elles en diffèrent par tout le reste de la conformation, tant extérieure qu'intérieure ; les poumons, le cœur, et presque tous les autres viscères sont semblables à ceux des quadrupèdes ; elles produisent comme les quadrupèdes, leurs petits vivans ; enfin elles ont, comme eux, des dents et des mamelles : l'on assure qu'elles ne portent que deux petits, qu'elles les allaitent et les transportent même en volant. Elles sont engourdies pendant l'hiver : les unes se couvrent de leurs ailes comme d'un manteau, s'accrochent à la voûte de leur souterrain par les pieds de derrière, et demeurent ainsi suspendues ; les autres se collent contre les murs ou se recèlent dans des trous, elles sont toujours en nombre pour se défendre du froid : toutes passent l'hiver sans bouger, sans manger, ne se réveillent qu'au printemps, et se recèlent de nouveau vers la fin de l'automne. Elles supportent plus aisément la diète que le froid, elles peuvent passer plusieurs jours sans manger, et cependant elles sont du nombre des animaux carnassiers ; car lorsqu'elles peuvent entrer dans un office, elles s'attachent aux quartiers de lard qui y sont suspendus, et elles mangent aussi de la viande crue ou cuite, fraîche ou corrompue.

LE LION.

Dans l'espèce humaine, l'influence du climat ne se marque que par des variétés assez légères, parce que cette espèce est une, et qu'elle est très-distinctement séparée de toutes les autres espèces ; l'homme, blanc en Europe, noir en Afrique, jaune en Asie, et rouge en Amérique, n'est que le même homme teint de la couleur du climat : comme il est fait pour régner sur la terre, que le globe entier est son domaine, il semble que sa nature se soit prêtée à toutes les situations ; sous les feux du midi, dans les glaces du nord il vit, il multiplie, il se trouve partout si anciennement répandu, qu'il ne paraît affecter aucun climat particulier. Dans les animaux au contraire, l'influence du climat est plus forte et se marque par des caractères plus sensibles, parce que les espèces sont diverses et que leur nature est infiniment moins perfectionnée, moins étendue que celle de l'homme. Non-seulement les variétés dans chaque espèce sont plus nombreuses et plus marquées que dans l'espèce humaine, mais les différences mêmes des espèces semblent dépendre des différens climats ; les unes ne peuvent se propager que dans les pays chauds, les autres ne peuvent subsister que dans les climats froids ; le lion n'a jamais habité les régions du nord, le renne ne s'est jamais trouvé dans les contrées du midi, et il n'y a peut-être aucun animal dont l'espèce soit, comme celle de l'homme, généralement répandue sur toute la surface de la terre; chacun a son pays, sa patrie naturelle dans laquelle chacun est retenu par nécessité physique; chacun est fils de la terre qu'il habite, et c'est dans ce sens qu'on doit dire que tel ou tel animal est originaire de tel ou tel climat.

Dans les pays chauds, les animaux terrestres sont plus grands et plus forts que dans les pays froids ou tempérés, ils sont aussi plus hardis, plus féroces; toutes leurs qualités naturelles semblent tenir de l'ardeur du climat. Le lion né sous le soleil brûlant de l'Afrique ou des Indes est le plus fort, le plus fier, le plus terrible de tous : nos loups, nos autres animaux carnassiers, loin d'être ses rivaux, seraient à peine dignes d'être ses pourvoyeurs. Les lions d'Amérique, s'ils méritent ce nom, sont, comme le climat, infiniment plus doux que ceux de l'Afrique; et ce qui prouve évidemment que l'excès de leur férocité vient de l'excès de la chaleur, c'est que dans le même pays, ceux qui habitent les hautes montagnes où l'air est plus tempéré, sont d'un naturel différent de ceux qui demeurent dans les plaines où la chaleur est extrême. Les lions du mont Atlas, dont la cime est quelquefois couverte de neige, n'ont ni la hardiesse, ni la force, ni la férocité des lions du Biledulgerid ou du Zaara, dont les plaines sont couvertes de sables brûlans. C'est surtout dans ces déserts ardens que se trouvent ces lions terribles qui sont l'effroi des voyageurs et le fléau des provinces voisines; heureusement l'espèce n'en est pas très-nombreuse; il paraît même qu'elle diminue tous les jours, car de l'aveu de ceux qui ont parcouru cette partie de l'Afrique, il ne s'y trouve pas actuellement autant de lions, à beaucoup près, qu'il y en avait autrefois. Les Romains, dit M. Shaw, tiraient de la Libye, pour l'usage des spectacles, cinquante fois plus de lions qu'on ne pourrait y en trouver aujourd'hui. On a remarqué de même, qu'en Turquie, en Perse, et dans l'Inde, les lions sont maintenant beaucoup moins communs qu'ils ne l'étaient anciennement, et comme ce puissant et courageux animal fait sa proie de tous les autres animaux, et n'est lui-même la proie d'aucun, on ne peut attribuer la diminution de quantité dans son espèce, qu'à l'augmentation du nombre dans celle de l'homme; car il faut avouer que la force de ce roi des animaux ne tient pas contre l'adresse d'un Hottentot ou d'un nègre, qui souvent osent l'attaquer tête à tête avec des armes assez légères. Le lion n'ayant d'autres ennemis que l'homme, et son espèce se trouvant aujourd'hui réduite à la cinquantième, ou, si l'on veut, à la dixième partie de ce qu'elle était autrefois, il en résulte que l'espèce humaine, au lieu d'avoir souffert une diminution considérable depuis le temps des Romains comme bien des gens le prétendent, s'est au contraire augmentée, étendue et plus nombreusement répandue, même dans les contrées comme la Libye, où la puissance de l'homme paraît avoir été plus grande dans ce temps, qui était à peu près le siècle de Carthage, qu'elle ne l'est dans le siècle présent de Tunis et d'Alger.

L'industrie de l'homme augmente avec le nombre; celle des animaux reste toujours la même : toutes les espèces nuisibles, comme celle du lion, paraissent être reléguées et réduites à un petit nombre, non-seulement parce que l'homme est partout devenu plus nombreux, mais aussi parce qu'il est devenu plus habile et qu'il a su fabriquer des armes terribles auxquelles rien ne peut résister : heureux, s'il n'eût jamais combiné le fer et le feu que pour la destruction des lions ou des tigres !

Cette supériorité de nombre et d'industrie dans l'homme, qui brise la force du lion, en énerve aussi le courage : cette qualité, quoique naturelle, s'exalte ou se tempère dans l'animal suivant l'usage heureux ou malheureux qu'il a fait de sa force. Dans les vastes déserts de Zaara, dans ceux qui semblent séparer deux races d'hommes très-différentes, les Nègres et les Maures entre le Sénégal et les extrémités de la Mauritanie, dans les terres inhabitées qui sont au-dessus du pays des Hottentots, en général dans toutes les parties méridionales de l'Afrique et de l'Asie, où l'homme a dédaigné d'habiter, les lions sont encore en assez grand nombre, et sont tels que la nature les produit ; accoutumés à mesurer leurs forces avec tous les animaux qu'ils rencontrent, l'habitude de vaincre les rend intrépides et terribles; ne connaissant pas la puissance de l'homme, ils n'en ont nulle crainte; n'ayant pas éprouvé la force de ses armes, ils semblent les braver; les blessures les irritent, mais sans les effrayer; ils ne sont pas même déconcertés à l'aspect du grand nombre : un seul de ces lions du désert attaque souvent une caravane entière; et lorsqu'après un combat opiniâtre et violent il se sent affaibli, au lieu de fuir, il continue de battre en retraite, en faisant toujours face et sans jamais tourner le dos. Les lions au contraire qui habitent aux environs des villes et des bourgades de l'Inde et de la Barbarie, ayant connu l'homme et la force de ses armes, ont perdu leur courage au point d'obéir à sa voix menaçante, de n'oser l'attaquer, de ne se jeter que sur le menu bétail, et enfin de s'enfuir en se laissant poursuivre par des femmes ou par des enfans qui leur font, à coups de bâton, quitter prise et lâcher indignement leur proie.

Ce changement, cet adoucissement dans le naturel du lion, indique assez qu'il est susceptible des impressions qu'on lui donne, et qu'il doit avoir assez de docilité pour s'apprivoiser jusqu'à un certain point et pour recevoir une espèce d'éducation : aussi l'histoire nous parle de lions attelés à des chars de triomphe, de lions conduits à la guerre ou menés à la chasse, et qui, fidèles à leur maître, ne déployaient leur force et leur

courage que contre ses ennemis. Ce qu'il y a de
très — sûr, c'est que le lion, pris jeune et élevé
parmi les animaux domestiques, s'accoutume
aisément à vivre et même à jouer innocemment
avec eux, qu'il est doux pour ses maîtres et même
caressant, surtout dans le premier âge, et que si
sa férocité naturelle reparaît quelquefois, il la
tourne rarement contre ceux qui lui ont fait du
bien. Comme ses mouvemens sont très-impé-
tueux et ses appétits fort véhémens, on ne doit
pas présumer que les impressions de l'éducation
puissent toujours les balancer; aussi y aurait-il
quelque danger à lui laisser souffrir trop long-
temps la faim, ou à le contrarier en le tourmen-
tant hors de propos; non-seulement il s'irrite des
mauvais traitemens, mais il en garde le souvenir
et paraît en méditer la vengeance, comme il conserve aussi la mémoire et la reconnaissance des
bienfaits. Je pourrais citer ici un grand nombre de faits particuliers, dans lesquels j'avoue
que j'ai trouvé quelque exagération, mais qui cependant sont assez fondés pour prouver au moins,
par leur réunion, que sa colère est noble, son
courage magnanime, son naturel sensible. On l'a
vu souvent dédaigner de petits ennemis, mépriser leurs insultes et leur pardonner des libertés
offensantes; on l'a vu réduit en captivité, s'en-
nuyer sans s'aigrir, prendre au contraire des habitudes douces, obéir à son maître, flatter la main
qui le nourrit, donner quelquefois la vie à ceux
qu'on avait dévoués à la mort en les lui jetant

pour proie, et, comme s'il se fût attaché par cet acte généreux, leur continuer ensuite la même protection, vivre tranquillement avec eux, leur faire part de sa subsistance, se la laisser même quelquefois enlever toute entière, et souffrir plutôt la faim que de perdre le fruit de son premier bienfait.

On pourrait dire aussi que le lion n'est pas cruel, puisqu'il ne l'est que par nécessité, qu'il ne détruit qu'autant qu'il consomme, et que dès qu'il est repu il est en pleine paix, tandis que le tigre, le loup, et tant d'autres animaux d'espèce inférieure, tels que le renard, la fouine, le putois, le furet, etc., donnent la mort pour le seul plaisir de la donner, et que dans leurs massacres nombreux, ils semblent plutôt vouloir assouvir leur rage que leur faim.

L'extérieur du lion ne dément point ses grandes qualités intérieures, il a la figure imposante, le regard assuré, la démarche fière, la voix terrible; sa taille n'est point excessive comme celle de l'éléphant ou du rhinocéros; elle n'est ni lourde comme celle de l'hippopotame ou du bœuf, ni trop ramassée comme celle de l'hiène ou de l'ours, ni trop alongée ni déformée par des inégalités comme celle du chameau, mais elle est au contraire si bien prise et si bien proportionnée, que le corps du lion paraît être le modèle de la force jointe à l'agilité; aussi solide que nerveux, n'étant chargé ni de chair ni de graisse, et ne contenant rien de surabondant, il est tout nerf et muscles. Cette grande force musculaire se marque au dehors par les sauts et les bonds prodigieux que le lion fait aisément, par le mouvement brusque de sa queue, qui est assez fort pour terrasser un homme; par la facilité avec laquelle il fait mouvoir la peau de sa face et surtout celle de son front, ce qui ajoute beaucoup à sa physionomie ou plutôt à l'expression de la fureur, et enfin par la faculté qu'il a de remuer sa crinière, laquelle non-seulement se hérisse, mais se meut et s'agite en tous sens lorsqu'il est en colère.

A toutes ces nobles qualités individuelles, le lion joint aussi la noblesse de l'espèce; j'entends par espèces nobles dans la nature, celles qui sont constantes, invariables, et qu'on ne peut soupçonner de s'être dégradées : ces espèces sont ordinairement isolées et seules de leur genre; elles sont distinguées par des caractères si tranchés, qu'on ne peut ni les méconnaître ni les confondre avec aucune des autres.

LE TIGRE.

Dans la classe des animaux carnassiers, le lion est le premier, le tigre est le second; et comme le premier, même dans un mauvais genre, est toujours le plus grand et souvent le meilleur, le second est ordinairement le plus méchant de tous. A la fierté, au courage, à la force, le lion joint la noblesse, la clémence, la magnanimité, tandis que le tigre est bassement féroce, cruel sans justice, c'est-à-dire, sans nécessité. Il en est de même dans tout ordre de choses où les rangs sont donnés par la force; le premier qui peut tout, est moins tyran que l'autre, qui, ne pouvant jouir de la puissance plénière, s'en venge en abusant du pouvoir qu'il a pu s'arroger. Aussi le tigre est-il plus à craindre que le lion : celui-ci souvent oublie qu'il est le roi, c'est-à-dire, le plus fort de tous les animaux; marchant d'un pas tranquille, il n'attaque jamais l'homme, à moins qu'il ne soit provoqué; il ne précipite ses pas, il ne court, il ne chasse que quand la faim le presse. Le tigre au contraire, quoique rassasié de chair, semble toujours être altéré de sang, sa fureur n'a d'autres intervalles que ceux du temps qu'il faut pour dresser des embûches; il saisit et déchire une nouvelle proie avec la même rage qu'il vient d'exercer, et non pas d'assouvir, en dévorant la première; il désole le pays qu'il habite; il ne craint ni l'aspect ni les armes de l'homme; il égorge, il dévaste les troupeaux d'animaux domestiques, met à mort toutes les bêtes sauvages, attaque les petits éléphans, les jeunes rhinocéros, et quelquefois même ose braver le lion.

La forme du corps est ordinairement d'accord avec le naturel. Le lion a l'air noble, la hauteur de ses jambes est proportionnée à la longueur de son corps, l'épaisse et grande crinière qui couvre ses épaules et ombrage sa face, son regard assuré, sa démarche grave, tout semble annoncer sa fière et majestueuse intrépidité : le tigre, trop

long de corps, trop bas sur ses jambes, la tête
nue, les yeux hagards, la langue couleur de sang,
toujours hors de la gueule, n'a que les caractères
de la basse méchanceté et de l'insatiable cruauté;
il n'a pour tout instinct qu'une rage constante,
une fureur aveugle, qui ne connaît, qui ne distingue rien, et qui lui fait souvent dévorer ses
propres enfans, et déchirer leur mère lorsqu'elle
veut les défendre. Que ne l'eût-il à l'excès cette
soif de son sang! ne pût-il l'éteindre qu'en détruisant, dès leur naissance, la race entière des
monstres qu'il produit!

DE LA NATURE.

Première vue.

La nature est le système des lois établies par
le Créateur, pour l'existence des choses et pour
la succession des êtres. La nature n'est point une
chose, car cette chose serait tout; la nature n'est
point un être, car cet être serait Dieu; mais on
peut la considérer comme une puissance vive,
immense, qui embrasse tout, qui anime tout,
et qui, subordonnée à celle du premier Être, n'a
commencé d'agir que par son ordre, et n'agit
encore que par son concours ou son consentement. Cette puissance est, de la puissance divine,
la partie qui se manifeste, c'est en même temps
la cause et l'effet, le mode et la substance, le

dessein et l'ouvrage : bien différente de l'art humain dont les productions ne sont que des ouvrages morts, la nature est elle-même un ouvrage perpétuellement vivant, un ouvrier sans cesse actif, qui sait tout employer, qui, travaillant d'après soi-même, toujours sur le même fonds, bien loin de l'épuiser le rend inépuisable : le temps, l'espace et la matière sont ses moyens, l'univers son objet, le mouvement et la vie son but.

Les effets de cette puissance sont les phénomènes du monde, les ressorts qu'elle emploie sont des forces vives, que l'espace et le temps ne peuvent que mesurer et limiter sans jamais les détruire; des forces qui se balancent, qui se confondent, qui s'opposent sans pouvoir s'anéantir : les unes pénètrent et transportent les corps, les autres les échauffent et les animent; l'attraction et l'impulsion sont les deux principaux instrumens de l'action de cette puissance sur les corps bruts; la chaleur et les molécules organiques vivantes sont les principes actifs qu'elle met en œuvre pour la formation et le développement des êtres organisés.

Avec de tels moyens, que ne peut la nature ! Elle pourrait tout si elle pouvait anéantir et créer; mais Dieu s'est réservé ces deux extrêmes de pouvoir : anéantir et créer sont les attributs de la toute-puissance; altérer, changer, détruire; développer, renouveler, produire, sont les seuls droits qu'il a voulu céder. Ministre de ses ordres

irrévocables, dépositaire de ses immuables décrets, la nature ne s'écarte jamais des lois qui lui
ont été prescrites; elle n'altère rien aux plans qui
lui ont été tracés, et dans tous ses ouvrages elle
présente le sceau de l'Éternel : cette empreinte
divine, prototype inaltérable des existences, est
le modèle sur lequel elle opère ; modèle dont
tous les traits sont exprimés en caractères ineffa-
çables, et prononcés pour jamais : modèle toujours neuf, que le nombre des moules ou des co-
pies, quelque infini qu'il soit, ne fait que renouveler.

Tout a donc été créé et rien encore ne s'est
anéanti ; la nature balance entre ces deux limites
sans jamais approcher ni de l'une ni de l'autre :
tâchons de la saisir dans quelques points de cet
espace immense qu'elle remplit et parcourt depuis l'origine des siècles.

Quels objets ! un volume immense de matière
qui n'eût formé qu'une inutile, une épouvan-
table masse, s'il n'eût été divisé en parties séparées par des espaces mille fois plus immenses:
mais des milliers de globes lumineux, placés à
des distances inconcevables, sont les bases qui
servent de fondement à l'édifice du monde ; des
millions de globes opaques, circulant autour des
premiers, en composent l'ordre et l'architecture
mouvante : deux forces primitives agitent ces
grandes masses, les roulent, les transportent et
les animent; chacune agit à tout instant, et
toutes deux, combinant leurs efforts, tracent les

zones des sphères célestes, établissent dans le milieu du vide, des lieux fixes et des routes déterminées; et c'est du sein même du mouvement que naît l'équilibre des mondes et le repos de l'univers.

La première de ces forces est également répartie; la seconde a été distribuée en mesure inégale : chaque atome de matière a une même quantité de force, d'attraction; chaque globe a une quantité différente de force d'impulsion; aussi est-il des astres fixes et des astres errans, des globes qui ne semblent être faits que pour attirer, et d'autres pour pousser ou pour être poussés, des sphères qui ont reçu une impulsion commune dans le même sens, et d'autres une impulsion particulière, des astres solitaires et d'autres accompagnés de satellites, des corps de lumière et des masses de ténèbres, des planètes dont les différentes parties ne jouissent que successivement d'une lumière empruntée, des comètes qui se perdent dans l'obscurité des profondeurs de l'espace, et reviennent après des siècles se parer de nouveaux feux; des soleils qui paraissent, disparaissent et semblent alternativement se rallumer et s'éteindre, d'autres qui se montrent une fois et s'évanouissent ensuite pour jamais. Le ciel est le pays des grands événemens; mais à peine l'œil humain peut-il les saisir : un soleil qui périt et qui cause la catastrophe d'un monde ou d'un système de mondes, ne fait d'autre effet à nos yeux que celui d'un feu follet qui brille et qui s'éteint : l'homme borné à l'atome terrestre sur lequel il végète, voit cet atome comme un monde et ne voit les mondes que comme des atomes.

Car cette terre qu'il habite, à peine reconnaissable parmi les autres globes, et tout-à-fait invisible pour les sphères éloignées, est un million de fois plus petite que le soleil qui l'éclaire, et mille fois plus petite que d'autres planètes qui, comme elle, sont subordonnées à la puissance de cet astre, et forcées à circuler autour de lui. Saturne, Jupiter, Mars, la Terre, Vénus, Mercure et le Soleil occupent la petite partie des cieux que nous appelons *notre univers*. Toutes ces planètes avec leurs satellites, entraînées par un mouvement rapide dans le même sens et presque dans le même plan, composent une roue d'un vaste diamètre dont l'essieu porte toute la charge, et qui, tournant lui-même avec rapidité, a dû s'échauffer, s'embraser et répandre la chaleur et la lumière jusqu'aux extrémités de la circonférence. Tant que ces mouvemens dureront, et ils seront éternels, à moins que la main du premier moteur ne s'oppose et n'emploie autant de force pour les détruire qu'il en a fallu pour les créer, le soleil brillera et remplira de sa splendeur toutes les sphères du monde ; et comme dans un système où tout s'attire, rien ne peut ni se perdre ni s'éloigner sans retour, la quantité de matière restant toujours la même, cette source féconde de lumière et de vie ne s'épuisera, ne tarira jamais,

car les autres soleils ,qui lancent aussi continuellement leurs feux, rendent à notre soleil tout
autant de lumière qu'ils en reçoivent de lui.

Les comètes, en beaucoup plus grand nombre
que les planètes, et dépendantes comme elles de
la puissance du soleil, pressent aussi sur ce foyer
commun, en augmentent la charge, et contribuent
de tout leur poids à son embrasement : elles font
partie de notre univers, puisqu'elles sont sujettes,
comme les planètes, à l'attraction du soleil; mais
elles n'ont rien de commun entre elles ni avec les
planètes dans leurs mouvemens d'impulsion; elles
circulent chacune dans un plan différent et dé-
crivent des orbes plus ou moins alongés dans des
périodes différentes de temps, dont les unes sont
de plusieurs années, et les autres de quelques siècles : le soleil tournant sur lui-même, mais au
reste immobile au milieu de tout, sert en même
temps de flambeau, de foyer, de pivot à toutes ces
parties de la machine du monde.

C'est par la grandeur même qu'il demeure immobile, et qu'il régit les autres globes ; comme la
force a été donnée proportionnellement à la masse
qu'il est incomparablement plus grand qu'aucune
des comètes, et qu'il contient mille fois plus de
matière que la plus grosse planète, elles ne peuvent ni le déranger, ni se soustraire à sa puissance, qui, s'étendant à des distances immenses,
les contient toutes, et lui ramène au bout d'un
temps celles qui s'éloignent le plus ; quelques-
unes mêmes à leur retour s'en approchent de si

près, qu'après avoir été refroidies pendant des siècles, elles éprouvent une chaleur inconcevable ; elles sont sujettes à des vicissitudes étranges par ces alternatives de chaleur et de froid extrêmes, aussi bien que par les inégalités de leur mouvement, qui tantôt est prodigieusement accéléré et ensuite infiniment retardé : ce sont, pour ainsi dire, des mondes en désordre, en comparaison des planètes dont les orbites étant plus régulières, les mouvemens plus égaux, la température toujours la même, semblent être des lieux de repos, où tout étant constant, la nature peut établir un plan, agir uniformément, se développer successivement dans toute son étendue. Parmi ces globes choisis entre les astres errans, celui que nous habitons paraît encore être privilégié : moins froid moins éloigné que Saturne, Jupiter, Mars, il est aussi moins brûlant que Vénus et Mercure qui paraissent trop voisins de l'astre de lumière.

Aussi, avec quelle magnificence la nature ne brille-t-elle pas sur la terre ! Une lumière pure s'étendant de l'orient au couchant, dore successivement les hémisphères de ce globe ; un élément transparent et léger l'environne ; une chaleur douce et féconde anime, fait éclore tous les germes de vie : des eaux vives et salutaires servent à leur entretien, à leur accroissement ; des éminences distribuées dans le milieu des terres arrêtent les vapeurs de l'air, rendent ces sources intarissables et toujours nouvelles. Des cavités immenses, faites pour les recevoir, partagent les continens. L'étendue de la mer est aussi grande que celle de la terre; ce n'est point un élément froid et stérile, c'est un nouvel empire aussi riche, aussi peuplé que le premier. Le doigt de Dieu a marqué leurs confins; si la mer anticipe sur les plages de l'occident, elle laisse à découvert celles de l'orient : cette masse immense d'eau inactive par elle-même, suit les impressions des mouvemens célestes, elle balance par des oscillations régulières de flux et de reflux, elle s'élève et s'abaisse avec l'astre de la nuit; elle s'élève encore plus lorsqu'il concourt avec l'astre du jour, et que tous deux, réunissant leurs forces dans le temps des équinoxes, causent les grandes marées. Notre corespondance avec le ciel n'est nulle part mieux marquée. De ces mouvemens constans et généraux résultent des mouvemens variables et particuliers, des transports de terre, des dépôts qui forment au fond des eaux des éminences semblables à celles que nous voyons sur la surface de la terre : des courans qui, suivant la direction de ces chaînes de montagnes, leur donnent une figure dont tous les angles se correspondent, et coulant au milieu des ondes comme les eaux coulent sur la terre, sont en effet les fleuves de la mer.

L'air encore plus léger, plus fluide que l'eau, obéit aussi à un plus grand nombre de puissances; l'action éloignée du soleil et de la lune, l'action immédiate de la mer, celle de la chaleur qui le raréfie, celle du froid qui le condense, y causent

des agitations continuelles : les vents sont ses courans, ils poussent, ils assemblent les nuages ; ils
produisent les météores et transportent au-dessus
de la surface aride des continens terrestres les vapeurs humides des 'ages maritimes ; ils détermi-
nent les orages, répandent et distribuent les pluies
fécondes et les rosées bienfaisantes ; ils troublent
les mouvemens de la mer ; ils agitent la surface
mobile des eaux, arrêtent ou précipitent les courans, les font rebrousser, soulèvent les flots, ex-
citent les tempêtes, la mer irritée s'élève vers le
ciel, et vient en mugissant se briser contre des
digues inébranlables qu'avec tous ses efforts elle
ne peut ni détruire ni surmonter.

La terre, élevée au-dessus du niveau de la mer,
est à l'abri de ses irruptions ; sa surface, émaillée
de fleurs, parée d'une verdure toujours re-
nouvelée, peuplée de mille et mille espèces d'a-
nimaux différens, est un lieu de repos, un séjour
de délices, où l'homme, placé pour seconder la
nature, préside à tous les êtres ; seul entre tous,
capable de connaître et digne d'admirer, Dieu l'a
fait spectateur de l'univers et témoin de ses merveilles ; l'étincelle divine dont il est animé le
rend participant aux mystères divins ; c'est par
cette lumière qu'il pense et réfléchit, c'est par elle
qu'il voit et lit dans le livre du monde, comme
dans un exemplaire de la Divinité.

La nature est le trône extérieur de la magnificence divine ; l'homme qui la contemple, qui l'é-
tudie, s'élève par degrés au trône intérieur de la

toute puissance; fait pour adorer le Créateur, il commande à toutes les créatures; vassal du ciel, roi de la terre, il l'ennoblit, la peuple et l'enrichit; il établit entre les êtres vivans, l'ordre, la subordination, l'harmonie; il embellit la nature même, il la cultive, l'étend et la polit, en élague le chardon et la ronce, y multiplie le raisin et la rose. Voyez ces plages désertes, ces tristes contrées où l'homme n'a jamais résidé; couvertes ou plutôt hérissées de bois épais et noirs dans toutes les parties élevées, des arbres sans écorce et sans cime, courbés, rompus, tombant de vétusté, d'autres en plus grand nombre, gissant au pied des premiers, pour pourrir sur des monceaux déjà pourris, étouffent, ensevelissent les germes prêts à éclore. La nature, qui partout ailleurs brille par sa jeunesse, paraît ici dans la décrépitude, la terre, surchargée par le poids, surmontée par les débris de ses productions, n'offre, au lieu d'une verdure florissante, qu'un espace encombré, traversé de vieux arbres chargés de plantes parasites, de lichens, d'agarics, fruits impurs de la corruption: dans toutes les parties basses, des eaux mortes et croupissantes faute d'être conduites et dirigées, des terrains fangeux, qui n'étant ni solides ni liquides, sont inabordables, et demeurent également inutiles aux habitans de la terre et des eaux; des marécages qui, couverts de plantes aquatiques et fétides, ne nourrissent que des insectes venimeux, et servent de repaire aux animaux immondes. Entre ces marais

infects qui occupent les lieux bas , et les forêts dé-
crépites qui couvrent les terres élevées, s'étendent
des espèces de landes , des savanes qui n'ont rien
de commun avec nos prairies ; les mauvaises
herbes y surmontent , y étouffent les bonnes ; ce
n'est point ce gazon fin qui semble faire le duvet
de la terre , ce n'est point cette pelouse émaillée
qui annonce sa brillante fécondité ; ce sont des
végétaux agrestes , des herbes dures , épineuses,
entrelacées les unes dans les autres, qui semblent
moins tenir à la terre qu'elles ne tiennent entre
elles, et qui, se desséchant et repoussant successivement les unes sur les autres, forment une bourre
grossière , épaise de plusieurs pieds. Nulle route,
nulle communication , nul vestige d'intelligence
dans ces lieux sauvages ; l'homme, obligé de suivre
les sentiers de la bête farouche , s'il veut les parcourir, contraint de veiller sans cesse pour éyi-
ter d'en devenir la proie , effrayé de ses rugis-
semens , saisi du silence même de ces profondes
solitudes , rebrousse chemin et dit : La nature
brute est hideuse et mourante ; c'est moi, moi seul
qui peut la rendre agréable et vivante : dessé-
chons ces marais , animons ces eaux mortes en
les faisant couler ; formons-en des ruisseaux, des
canaux , employons cet élément actif et dévorant qu'on nous avait caché et que nous ne devons qu'à nous mêmes ; mettons le feu à cette
bourre superflue , à ces vieilles forêts déjà à demi
consommées ; achevons de détruire avec le fer,
ce que le feu n'aura pu consumer : bientôt au

lieu du jonc, du nénuphar, dont le crapaud composait son venin, nous verrons paraître la renoncule, le trèfle, les herbes douces et salutaires; des troupeaux d'animaux bondissans fouleront cette terre jadis impraticable; ils y trouveront une subsistance abondante, une pâture toujours renaissante; ils se multiplieront pour se multiplier encore: servons-nous de ces nouveaux aides pour achever notre ouvrage: que le bœuf soumis au joug, emploie ses forces et le poids de sa masse à sillonner la terre, qu'elle rajeunisse par la culture; une nature nouvelle va sortir de nos mains.

Qu'elle est belle cette nature cultivée! que par les soins de l'homme elle est brillante et pompeusement parée! il en fait lui-même le principal ornement, il en est la production la plus noble; en se multipliant, il en multiplie le germe le plus précieux, elle-même aussi semble se multiplier avec lui; il met au jour par son art tout ce qu'elle recelait dans son sein. Que de trésors ignorés, que de richesses nouvelles! Les fleurs, les fruits, les grains perfectionnés, multipliés à l'infini; les espèces utiles d'animaux transportées, propagées, augmentées sans nombre, les espèces nuisibles réduites, confinées, reléguées; l'or, et le fer plus nécessaire que l'or, tirés des entrailles de la terre; les torrens contenus, les fleuves dirigés, resserrés; la mer même soumise, reconnue, traversée d'un hémisphère à l'autre; la terre accessible partout, partout rendue aussi vivante que féconde; dans les vallées de riantes prairies, dans les plaines de riches pâturages ou des moissons encore plus riches; les collines chargées de vignes et de fruits, leurs sommets couronnés d'arbres utiles et de jeunes forêts; les déserts devenus des cités habitées par un peuple immense, qui circulant sans cesse, se répand de ces centres jusqu'aux extrémités; des routes ouvertes et fréquentées, des communications établies partout comme autant de témoins de la force et de l'union de la société; mille autres monumens de puissance et de gloire démontrent assez que l'homme, maître du domaine de la terre, en a changé, renouvelé la surface entière, et que de tout temps il partage l'empire avec la nature.

Cependant il ne règne que par droit de conquête; il jouit plutôt qu'il ne possède, il ne conserve que par des soins toujours renouvelés; s'ils cessent, tout languit, tout s'altère, tout change, tout rentre sous la main de la nature: elle reprend ses droits, efface les ouvrages de l'homme, couvre de poussière et de mousse ses plus fastueux monumens, les détruit avec le temps, et ne lui laisse que le regret d'avoir perdu par sa faute ce que ses ancêtres avaient conquis par leurs travaux. Ces temps où l'homme perd son domaine, ces siècles de barbarie, pendant lesquels tout périt, sont toujours préparés par la guerre, et arrivent avec la disette et la dépopulation. L'homme qui ne peut que par le nombre, qui n'est fort que par sa réunion, qui n'est heureux que par la paix, a la fureur de s'armer pour son malheur et de combattre pour sa ruine : excité par l'insatiable avidité, aveuglé par l'ambition encore plus insatiable, il renonce aux sentimens d'humanité, tourne toutes ses forces contre lui-même, cherche à s'entre-détruire, se détruit en effet ; et après ces jours de sang et de carnage, lorsque la fumée de la gloire s'est dissipée, il voit d'un œil triste la terre dévastée, les arts ensevelis, les nations dispersées, les peuples affaiblis, son propre bonheur ruiné et sa puissance réelle anéantie.

Grand Dieu ! dont la seule présence soutient la nature et maintient l'harmonie des lois de l'univers ; vous, qui, du trône immobile de l'Empirée, voyez rouler sous vos pieds toutes les sphères célestes sans choc et sans confusion ; qui, du sein du repos, reproduisez à chaque instant leurs mouvemens immenses, et seul régissez dans une paix profonde ce nombre infini de cieux et de mondes, rendez, rendez enfin le calme à la terre agitée ! qu'elle soit dans le silence ! qu'à votre voix la discorde et la guerre cessent de faire retentir leurs clameurs orgueilleuses ! Dieu de bonté, auteur de tous les êtres, vos regards paternels embrassent tous les objets de la création ; mais l'homme est votre être de choix ; vous avez éclairé son âme d'un rayon de votre lumière immortelle ; comblez vos bienfaits en pénétrant son cœur d'un trait de votre amour ; ce sentiment divin se répandant par-

tout, réunira les natures ennemies; l'homme ne craindra plus l'aspect de l'homme, le fer homicide n'armera plus sa main; le feu dévorant de la guerre ne fera plus tarir la source des générations; l'espèce humaine maintenant affaiblie, mutilée, moissonnée dans sa fleur, germera de nouveau et se multipliera sans nombre; la nature accablée sous le poids des fléaux, stérile, abandonnée, reprendra bientôt avec une nouvelle vie son ancienne fécondité; et nous, Dieu bienfaiteur, nous la seconderons, nous la cultiverons, nous l'observerons sans cesse pour vous offrir à chaque instant un nouveau tribut de reconnaissance et d'admiration.

FRAGMENS

Des Époques de la nature.

PREMIER FRAGMENT.

Comme dans l'histoire civile, on consulte les titres, on recherche les médailles, on déchiffre les inscriptions antiques, pour déterminer les époques des révolutions humaines, et constater les dates des événemens moraux, de même, dans l'histoire naturelle, il faut fouiller les archives du monde, tirer des entrailles de la terre les

vieux monumens, recueillir leurs débris, et rassembler en un corps de preuves tous les indices
des changemens physiques, qui peuvent nous faire
remonter aux différens âges de la nature. C'est le
seul moyen de fixer quelques points dans l'immensité de l'espace, et de placer un certain nombre de pierres numéraires sur la route éternelle
du temps. Le passé est comme la distance; notre
vue y décroît et s'y perdrait de même, si l'histoire
et la chronologie n'eussent placé des fananx, des
flambeaux aux points les plus obscurs; mais malgré ces lumières de la tradition écrite, si l'on remonte à quelques siècles, que d'incertitudes dans
les faits! que d'erreurs sur les causes des événemens! et quelle obscurité profonde n'environne
pas les temps antérieurs à cette tradition! D'ailleurs elle ne nous a transmis que les gestes de
quelques nations, c'est-à-dire les actes d'une très-
petite partie du genre humain; tout le reste des
hommes est demeuré nul pour nous, nul pour la
postérité; ils ne sont sortis de leur néant que
pour passer comme des ombres qui ne laissent
point de traces; et plût au ciel que le nom de tous
ces prétendus héros, dont on a célébré les crimes
ou la gloire sanguinaire, fût également enseveli
dans la nuit de l'oubli !

Ainsi l'histoire civile, bornée d'un côté par
les ténèbres d'un temps assez voisin du nôtre, ne
s'étend de l'autre qu'aux petites portions de terre
qu'ont occupées successivement les peuples soi-
gneux de leur mémoire. Au lieu que l'histoire na-

turelle embrasse également tous les espaces, tous les temps, et n'a d'autres limites que celles de l'univers.

La nature étant contemporaine de la matière, de l'espace et du temps, son histoire est celle de toutes les substances, de tous les lieux, de tous les âges : et quoiqu'il paraisse à la première vue que ses grands ouvrages ne s'altèrent ni ne changent, et que dans ses productions, même les plus fragiles et les plus passagères, elle se montre toujours et constamment la même, puisqu'à chaque instant ses premiers modèles reparaissent à nos yeux sous de nouvelles représentations ; cependant, en l'observant de près, on s'apercevra que son cours n'est pas absolument uniforme : on reconnaîtra qu'elle admet des variations sensibles, qu'elle reçoit des altérations successives, qu'elle se prête même à des combinaisons nouvelles, à des mutations de matière et de forme ; qu'enfin, autant elle paraît fixe dans son tout, autant elle est variable dans chacune de ses parties ; et si nous l'embrassons dans toute son étendue, nous ne pourrons douter qu'elle ne soit aujourd'hui très-différente de ce qu'elle était au commencement et de ce qu'elle est devenue dans la succession des temps : ce sont ces changemens divers que nous appelons ses *époques*. La nature s'est trouvée dans différens états ; la surface de la terre a pris successivement des formes différentes ; les cieux mêmes ont varié, et toutes les choses de l'univers physique sont comme celles du monde moral, dans un mouvement continuel de variations successives. Par exemple, l'état dans lequel nous voyons aujourd'hui la nature, est autant notre ouvrage que le sien; nous avons su la tempérer, la modifier, la plier à nos besoins, à nos désirs; nous avons fondé, cultivé, fécondé la terre : l'aspect sous lequel elle se présente est donc bien différent de celui des temps antérieurs à l'invention des arts. L'âge d'or de la morale, ou plutôt de la fable, n'était que l'âge de fer de la physique et de la vérité. L'homme de ce temps, encore à demi-sauvage, dispersé, peu nombreux, ne sentait pas sa puissance, ne connaissait pas sa vraie richesse; le trésor de ses lumières était enfoui; il ignorait la force des volontés unies, et ne se doutait pas que, par la société et par des travaux suivis et concertés, il viendrait à bout d'imprimer ses idées sur la face entière de l'univers.

Aussi faut-il aller chercher et voir la nature dans ces régions nouvellement découvertes, dans ces contrées de tout temps inhabitées, pour se former une idée de son état ancien, et cet ancien état est encore bien moderne en comparaison de celui où nos continens terrestres étaient couverts par les eaux, où les poissons habitaient sur nos plaines, où nos montagnes formaient les écueils des mers; combien de changemens et de différens états ont dû se succéder depuis ces temps antiques (qui cependant n'étaient pas les premiers) jusqu'aux âges de l'histoire ! Que de choses enseve-

lies ! combien d'événemens entièrement oubliés !
que de révolutions antérieures à la mémoire des
hommes ! Il a fallu une très-longue suite d'observations ; il a fallu trente siècles de culture à l'esprit humain, seulement pour reconnaître l'état
présent des choses. La terre n'est pas encore entièrement découverte ; ce n'est que depuis peu
qu'on a déterminé sa figure ; ce n'est que de nos
jours qu'on s'est élevé à la théorie de sa forme
intérieure, et qu'on a démontré l'ordre et la disposition des matières dont elle est composée : ce
n'est donc que de cet instant où l'on peut commencer à comparer la nature avec elle-même, et remonter de son état actuel et connu à quelques
époques d'un état plus ancien.

SECOND FRAGMENT.

Ce n'est point en Afrique, ni dans les terres
de l'Asie les plus avancées vers le midi, que les
grandes sociétés ont pu d'abord se former ; ces
contrées étaient encore brûlantes et désertes : ce
n'est point en Amérique, qui n'est évidemment,
à l'exception de ses chaînes de montagnes, qu'une
terre nouvelle ; ce n'est pas même en Europe,
qui n'a reçu que fort tard les lumières de l'O-
rient, que se sont établis les premiers hommes
civilisés ; puisque avant la fondation de Rome,
les contrées les plus heureuses de cette partie du
monde, telles que l'Italie, la France et l'Allemagne, n'étaient encore peuplées que d'hommes
plus qu'à demi-sauvages : lisez *Tacite*, sur les

mœurs des Germains, c'est le tableau de celles des Hurons, ou plutôt des habitudes de l'espèce humaine entière sortant de l'état de nature. C'est donc dans les contrées septentrionales de l'Asie que s'est élevée la tige des connaissances de l'homme; et c'est sur ce tronc de l'arbre de la science que s'est élevé le trône de sa puissance: plus il a su, plus il a pu; mais aussi, moins il a fait, moins il a su. Tout cela suppose les hommes actifs dans un climat heureux, sous un ciel pur pour l'observer, sur une terre féconde pour la cultiver, dans une contrée privilégiée, à l'abri des inondations, éloignée des volcans, plus élevée, et par conséquent plus anciennement tempérée que les autres. Or toutes ces conditions, toutes ces circonstances se sont trouvées réunies dans le centre du continent de l'Asie, depuis le quarantième degré de latitude jusqu'au cinquante-cinquième. Les fleuves qui portent leurs eaux dans la mer du nord, dans l'océan oriental, dans les mers du midi et dans la Caspienne, partent également de cette région élevée qui fait aujourd'hui partie de la Sibérie méridionale et de la Tartarie : c'est donc dans cette terre plus élevée, plus solide que les autres, puisqu'elle leur sert de centre, et qu'elle est éloignée de près de cinq cents lieues de tous les océans; c'est dans cette contrée privilégiée que s'est formé le premier peuple digne de porter ce nom, digne de tous nos respects, comme créateur des sciences, des arts et de toutes les institutions utiles :

cette vérité nous est également démontrée par
es monumens de l'histoire naturelle et par les
progrès presque inconcevables de l'ancienne astronomie. Comment des hommes si nouveaux
ont-ils pu trouver la période *lunisolaire* de six
cents ans ? Je me borne à ce seul fait, quoiqu'on
puisse en citer beaucoup d'autres tout aussi merveilleux et tout aussi constans : ils savaient donc
autant d'astronomie qu'en savaient de nos jours
Dominique Cassini, qui le premier a démontré
la réalité et l'exactitude de cette période de six
cents ans ; connaissance à laquelle ni les Chaldéens, ni les Égyptiens, ni les Grecs ne sont
pas arrivés ; connaissance qui suppose celle des
mouvemens précis de la lune et de la terre, et
qui exige une grande perfection dans les instrumens nécessaires aux observations; connaissance
qui ne peut s'acquérir qu'après avoir tout acquis,
laquelle n'étant fondée que sur une longue suite
de recherches, d'études et de travaux astronomiques, suppose au moins deux ou trois mille
ans de culture à l'esprit humain pour y parvenir.

Ce premier peuple a été très-heureux, puisqu'il est devenu très-savant; il a joui pendant
plusieurs siècles de la paix, du repos, du loisir
nécessaires à cette culture de l'esprit, de laquelle
dépend le fruit de toutes les autres cultures;
pour se douter de la période de six cents ans, il
fallait au moins douze cents ans d'observations;
pour l'assurer comme fait certain, il en a fallu
plus du double; voilà donc déjà trois mille ans

d'études astronomiques, et nous n'en serons pas étonnés, puisqu'il a fallu ce même temps aux astronomes en les comptant depuis les Chaldéens jusqu'à nous pour reconnaître cette période; et ces premiers trois mille ans d'observations astronomiques n'ont-ils pas été nécessairement précédés de quelques siècles où la science n'était pas née? six mille ans, à compter de ce jour, sont-ils suffisans pour remonter à l'époque la plus noble de l'histoire de l'homme, et même pour le suivre dans les premiers progrès qu'il a faits dans les arts et dans les sciences?

Mais malheureusement elles ont été perdues, ces hautes et belles sciences, elles ne nous sont parvenues que par débris trop informes pour nous servir autrement qu'à reconnaître leur existence passée. L'invention de la formule d'après laquelle les *Brames* calculent les éclipses, suppose autant de science que la construction de nos éphémérides; et cependant ces mêmes Brames n'ont pas la moindre idée de la composition de l'univers; ils n'en ont que de fausses sur le mouvement, la grandeur et la position des planètes; ils calculent les éclipses sans en connaître la théorie, guidés comme des machines par une game fondée sur des formules savantes qu'ils ne comprennent pas, et que probablement leurs ancêtres n'ont point inventées, puisqu'ils n'ont rien perfectionné, et qu'ils n'ont pas transmis le moindre rayon de la science à leurs descendans; ces formules ne sont, entre leurs mains, que des méthodes de pratique ; mais elles supposent des connaissances profondes dont ils n'ont pas les élémens, dont ils n'ont pas même conservé les moindres vestiges, et qui par conséquent ne leur ont jamais appartenu. Ces méthodes ne peuvent donc venir que de cet ancien peuple savant qui avait réduit en formules les mouvemens des astres, et qui, par une longue suite d'observations, était parvenu non-seulement à la prédiction des éclipses, mais à la connaissance bien plus difficile de la période de six cents ans, et de tous les faits astronomiques que cette connaissance exige et suppose nécessairement.

Je crois être fondé à dire que les Brames n'ont pas imaginé ces formules savantes, puisque toutes leurs idées physiques sont contraires à la théorie dont ces formules dépendent, et que s'ils eussent compris cette théorie même dans le temps qu'ils en ont reçu les résultats, ils eussent conservé la science, et ne se trouveraient pas réduits à la plus grande ignorance, et livrés aux préjugés les plus ridicules sur le système du monde ; car ils croient que la terre est immobile et appuyée sur la cime d'une montagne d'or, ils pensent que la lune est éclipsée par des dragons aériens, que les planètes sont plus petites que la lune, etc. Il est donc évident qu'ils n'ont jamais eu les premiers élémens de la théorie astronomique, ni même la moindre connaissance des principes que supposent les méthodes dont ils se servent ; mais je dois renvoyer ici à l'excellent ouvrage que M. Bailly vient de publier sur l'ancienne astronomie, dans lequel il discute à fond tout ce qui est relatif à l'origine et aux progrès de cette science ; on verra que ses idées s'accordent avec les miennes, et d'ailleurs il a traité ce sujet important avec une sagacité de génie et une profondeur d'érudition qui méritent des éloges de tous ceux qui s'intéressent au progrès des sciences.

Les Chinois, un peu plus éclairés que les Brames, calculent assez grossièrement les éclipses, et les calculent toujours de même depuis deux ou trois mille ans ; puisqu'ils ne perfectionnent rien, ils n'ont jamais rien inventé, la science n'est donc pas plus née à la Chine qu'aux Indes. Quoiqu'aussi voisins que les Indiens du premier peuple savant, les Chinois ne paraissent pas en avoir rien tiré ; ils n'ont pas même ces formules astronomiques dont les Brames ont conservé l'usage, et qui sont néanmoins les premiers et grands monumens du savoir et du bonheur de l'homme. Il ne paraît pas non plus que les Chaldéens, les Perses, les Egyptiens et les Grecs aient rien reçu de ce premier peuple éclairé ; car, dans ces contrées du levant, la nouvelle astronomie n'est due qu'à l'opiniâtre assiduité des observateurs chaldéens, et ensuite aux travaux des Grecs qu'on ne doit dater que du temps de la fondation de l'école d'Alexandrie. Néanmoins cette science était encore bien imparfaite après deux mille ans de nouvelle culture, et même jusqu'à nos derniers siècles.

11*

Il me paraît donc certain que ce premier peuple, qui avait inventé et cultivé si heureusement et si long-temps l'astronomie, n'en a laissé que des débris et quelques résultats qu'on pouvait retenir de mémoire, comme celui de la période de six cents ans que l'historien Josephe nous a transmise sans la comprendre.

La perte des sciences, cette première plaie faite à l'humanité par la hache de la barbarie, fut sans doute l'effet d'une malheureuse révolution, qui aura détruit peut-être en peu d'années l'ouvrage et les travaux de plusieurs siècles ; car nous ne pouvons douter que ce premier peuple, aussi puissant d'abord que savant, ne se soit long-temps maintenu dans sa splendeur, puisqu'il a fait de si grands progrès dans les sciences, et par conséquent dans tous les arts qu'exige leur étude. Mais il y a toute apparence que quand les terres situées au nord de cette heureuse contrée ont été trop refroidies, les hommes qui les habitaient encore ignorans, farouches et barbares, auront reflué vers cette même contrée, riche, abondante et cultivée par les arts ; il est même assez étonnant qu'ils s'en soient emparé, et qu'ils y aient détruit non-seulement les germes, mais même la mémoire de toutes sciences ; en sorte que trente siècles d'ignorance ont peut-être suivi les trente siècles de lumières qui les avaient précédés. De tous ces beaux et premiers fruits de l'esprit humain, il n'en est resté que le marc ; la métaphysique religieuse ne pouvant être comprise, n'a vait pas besoin d'étude, et ne devait ni s'altérer ni se perdre que faute de mémoire, laquelle ne manque jamais dès qu'elle est frappée du merveilleux. Aussi cette métaphysique s'est-elle répandue de ce premier centre des sciences à toutes les parties du monde ; les idoles de Calicut se sont trouvées les mêmes que celles de Sélèginskoi. Les pélerinages, vers le grand Lama, établis à plus de deux mille lieues de distance ; l'idée de la métempsycose portée encore plus loin, adoptée comme article de foi par les Indiens, les Ethiopiens, les Atlantes; ces mêmes idées défigurées, reçues par les Chinois, les Perses, les Grecs, et parvenues jusqu'à nous ; tout semble nous démontrer que la première souche et la tige commune des connaissances humaines appartient à cette terre de la haute Asie, et que les rameaux stériles ou dégénérés des nobles branches de cette ancienne souche, se sont étendus dans toutes les parties de la terre chez les peuples civilisés.

Et que pouvons-nous dire de ces siècles de barbarie, qui se sont écoulés en pure perte pour nous ? Ils sont ensevelis pour jamais dans une nuit profonde ; l'homme d'alors, replongé dans les ténèbres de l'ignorance, a, pour ainsi dire, cessé d'être homme. Car la grossièreté, suivie de l'oubli des devoirs, commence par relâcher les liens de la société, la barbarie achève de les rompre ; les lois méprisées ou proscrites, les mœurs dégénérées en habitudes farouches, l'amour de l'humanité, quoique gravé en caractères

sacrés, effacé dans les cœurs; l'homme enfin sans
éducation, sans morale, réduit à mener une vie
solitaire et sauvage n'offre, au lieu de sa haute
nature, que celle d'un être dégradé au-dessous
de l'animal.

Néanmoins, après la perte des sciences, les
arts utiles auxquels elles avaient donné naissance
se sont conservés; la culture de la terre, deve-
nue plus nécessaire à mesure que les hommes se
trouvaient plus nombreux, plus serrés; toutes les
pratiques qu'exige cette même culture, tous les
arts que supposent la construction des édifices,
la fabrication des idoles et des armes, la texture
des étoffes, etc., ont survécu à la science; ils se sont
répandus de proche en proche, perfectionnés de
loin en loin; ils ont suivi le cours des grandes
populations; l'ancien empire de la Chine s'est
élevé le premier, et presque en même temps
celui des Atlantes en Afrique; ceux du continent
de l'Asie, celui de l'Egypte, d'Ethiopie se sont
successivement établis, et enfin celui de Rome,
auquel notre Europe doit son existence civile. Ce
n'est donc que depuis environ trente siècles que
la puissance de l'homme s'est réunie à celle de la
nature, et s'est étendue sur la plus grande partie
de la terre; les trésors de sa fécondité jusqu'a-
lors étaient enfouis, l'homme les a mis au grand
jour: ses autres richesses, encore plus profondément enterrées, n'ont pu se dérober à ses recherches, et sont devenues le prix de ses travaux: partout, lorsqu'il s'est conduit avec sagesse,

il a suivi les leçons de la nature, profité de ses exemples, employé ses moyens, et choisi dans son immensité tous les objets qui pouvaient lui servir ou lui plaire. Par son intelligence, les animaux ont été apprivoisés, subjugués, domptés, réduits à lui obéir à jamais ; par ses travaux, les marais ont été desséchés, les fleuves contenus, leurs cataractes effacées, les forêts éclaircies, les landes cultivées ; par sa réflexion, les temps ont été comptés, les espaces mesurés, les mouvemens célestes reconnus, combinés, représentés ; le ciel et la terre comparés à l'univers agrandi, et le Créateur dignement adoré ; par son art émané de la science, les mers ont été traversées, les montagnes franchies, les peuples rapprochés, un nouveau monde découvert, mille autres terres isolées sont devenues son domaine ; enfin la face entière de la terre porte aujourd'hui l'empreinte de la puissance de l'homme, laquelle, quoique subordonnée à celle de la nature, souvent a fait plus qu'elle, ou du moins l'a si merveilleusement secondée, que c'est à l'aide de nos mains qu'elle s'est développée dans toute son étendue, et qu'elle est arrivée par degrés au point de perfection et de magnificence où nous la voyons aujourd'hui.

Comparez en effet la nature brute à la nature cultivée ; comparez les petites nations sauvages de l'Amérique avec nos grands peuples civilisés ; comparez même celles de l'Afrique, qui ne le sont qu'à demi ; voyez en même temps l'état des terres que ces nations habitent, vous jugerez aisément du peu de valeur de ces hommes par le peu d'impression que leurs mains ont faites sur leur sol : soit stupidité, soit paresse, ces hommes à demi-brutes, ces nations non policées, grandes ou petites, ne font que peser sur le globe sans soulager la terre, l'affamer sans la féconder, détruire sans édifier, tout user sans rien renouveler. Néanmoins la condition la plus méprisable de l'espèce humaine n'est pas celle du sauvage, mais celle de ces nations au quart policées, qui de tout temps ont été les vrais fléaux de la nature humaine, et que les peuples civilisés ont encore peine à contenir aujourd'hui : ils ont, comme nous l'avons dit, ravagé la première terre heureuse, ils en ont arraché les germes du bonheur et détruit les fruits de la science. Et de combien d'autres invasions cette première irruption des barbares n'a-t-elle pas été suivie ! C'est de ces mêmes contrées du nord, où se trouvaient autrefois tous les biens de l'espèce humaine, qu'ensuite sont venus tous ses maux. Combien n'a-t-on pas vu de ces débordemens d'animaux à face humaine, toujours venant du nord, ravager les terres du midi ? Jetez les yeux sur les annales de tous les peuples, vous y compterez vingt siècles de désolation, pour quelques années de paix et de repos.

Il a fallu six cents siècles à la nature pour construire ses grands ouvrages, pour attiédir la terre, pour en façonner la culture et arriver à un état tranquille ; combien n'en faudra-t-il pas pour que les hommes arrivent au même point et cessent de s'inquiéter, de s'agiter et de s'entre-détruire? Quand reconnaîtront-ils que la jouissance paisible des terres de leur patrie suffit à leur bonheur? Quand seront-ils assez sages pour rabattre de leurs prétentions, pour renoncer à des dominations imaginaires, à des possessions éloignées, souvent ruineuses, ou du moins plus à charge qu'utiles? L'empire de l'Espagne, aussi étendu que celui de la France en Europe, et dix fois plus grand en Amérique, est-il dix fois plus puissant? l'est-il même autant que si cette fière et grande nation se fût bornée à tirer de son heureuse terre tous les biens qu'elle pouvait lui fournir? Les Anglais, ce peuple si sensé, si profondément pensant, n'ont-il pas fait une grande faute en étendant trop loin les limites de leurs colonies? Les anciens me paraissent avoir eu des idées plus saines de ces établissemens; ils ne projetaient des émigrations que quand leur population les surchargeait, et que leurs terres et leur commerce ne suffisaient plus à leurs besoins. Les invasions des barbares, qu'on regarde avec horreur, n'ont-elles pas eu des causes encore plus pressantes lorsqu'ils se sont trouvés trop serrés dans des terres ingrates, froides et dénuées, et en même temps voisines d'autres terres cultivées, fécondes et couvertes de tous les biens qui leur manquaient? Mais aussi que de sang ont coûté ces funestes conquêtes, que de malheurs, que de pertes les ont accompagnées et suivies!

11**

TROISIÈME FRAGMENT.

Le premier trait de l'homme qui commence à se civiliser, est l'empire qu'il sait prendre sur les animaux, et ce premier trait de son intelligence devient ensuite le plus grand caractère de sa puissance sur la nature; car ce n'est qu'après se les être soumis qu'il a, par leurs secours, changé la face de la terre, converti les déserts en guérets et les bruyères en épis. En multipliant les espèces utiles d'animaux, l'homme augmente sur la terre la quantité de mouvement et de vie; il ennoblit en même temps la suite entière des êtres et s'ennoblit lui-même en transformant le végétal en animal et tous deux en sa propre substance qui se répand ensuite par une nombreuse multiplication; partout il produit l'abondance, toujours suivie de la grande population; des millions d'hommes existent dans le même espace qu'occupaient autrefois deux ou trois cents sauvages; des milliers d'animaux où il y avait à peine quelques individus; par lui et pour lui les germes précieux sont les seuls développés, les productions de la classe la plus noble les seules cultivées, sur l'arbre immense de la fécondité les branches à fruits seules subsistantes et toutes perfectionnées.

Le grain dont l'homme fait son pain n'est point un don de la nature, mais le grand, l'utile fruit de ses recherches et de son intelligence dans le premier des arts; nulle part sur la terre, on

n'a trouvé du blé sauvage, et c'est évidemment
une herbe perfectionnée par ses soins ; il a donc
fallu reconnaître et choisir entre mille et mille
autres, cette herbe précieuse; il a fallu la semer,
la recueillir nombre de fois pour s'apercevoir de
sa multiplication, toujours proportionnée à la
culture et à l'engrais des terres. Et cette propriété, pour ainsi dire unique, qu'a le froment
de résister dans son premier âge au froid de nos
hivers, quoique soumis, comme toutes les plantes
annuelles, à périr après avoir donné sa graine,
et la qualité merveilleuse de cette graine qui
convient à tous les hommes, à tous les animaux,
à presque tous les climats, qui d'ailleurs se conserve long-temps sans altération, sans perdre la
puissance de se reproduire, tout nous démontre
que c'est la plus heureuse découverte que
l'homme ait jamais faite, et que quelque ancienne qu'on veuille la supposer, elle a néanmoins été précédée de l'art de l'agriculture fondé
sur la science, et perfectionné par l'observation.

Si l'on veut des exemples plus modernes et
même récens de la puissance de l'homme sur la
nature des végétaux, il n'y a qu'à comparer nos
légumes, nos fleurs et nos fruits avec les mêmes
espèces telles qu'elles étaient il y a cent cinquante ans ; cette comparaison peut se faire
immédiatement et très-précisément, en parcourant des yeux la grande collection de dessins
coloriés, commencée dès le temps de Gaston
d'Orléans, et qui se continue encore aujourd'hui

au Jardin du Roi; on y verra peut-être avec surprise, que les plus belles fleurs de ce temps,
renoncules, œillets, tulipes, oreilles-d'ours, etc.,
seraient rejetées aujourd'hui, je ne dis pas par
nos fleuristes, mais par les jardiniers de villages.
Ces fleurs, quoique déjà cultivées alors, n'é-
taient pas encore bien loin de leur état de nature.
Un simple rang de pétales, de longs pistiles et
des couleurs dures ou fausses, sans velouté, sans
variété, sans nuances, tous caractères agrestes
de la nature sauvage. Dans les plantes potagères,
une seule espèce de chicorée et deux sortes de
laitues, toutes deux assez mauvaises, tandis
qu'aujourd'hui nous pouvons compter plus de
cinquante laitues et chicorées, toutes très-bonnes
au goût. Nous pouvons de même donner la date
très-moderne de nos meilleurs fruits à pepins et
à noyaux; tous différens de ceux des anciens auxquels ils ne ressemblent que de nom. D'ordinaire les choses restent et les noms changent
avec le temps; ici c'est le contraire, les noms
sont demeurés et les choses ont changé; nos
pêches, nos abricots, nos poires, sont des productions nouvelles auxquelles on a conservé les
vieux noms des productions antérieures. Pour
n'en pas douter, il ne faut que comparer nos
fleurs et nos fruits avec les descriptions ou plutôt les notices que les auteurs grecs et latins nous
en ont laissées : toutes leurs fleurs étaient simples
et tous leurs arbres fruitiers n'étaient que des
sauvageons assez mal choisis dans chaque genre,

dont les petits fruits âpres ou secs n'avaient
ni la saveur ni la beauté des nôtres.

Ce n'est pas qu'il y ait aucune de ces bonnes
et nouvelles espèces qui ne soit originairement
issue d'un sauvageon ; mais combien de fois n'a-
t-il pas fallu que l'homme ait tenté la nature pour
en obtenir ces espèces excellentes ? combien de
milliers de germes n'a-t-il pas été obligé de
confier à la terre pour qu'elle les ait enfin produits ? ce n'est qu'en semant, élevant, cultivant
et mettant à fruit un nombre presque infini de
végétaux de la même espèce, qu'il a pu reconnaître quelques individus portant des fruits plus
doux et meilleurs que les autres ; et cette première découverte, qui suppose déjà tant de soins,
serait encore demeurée stérile à jamais, s'il
n'en eût fait une seconde qui suppose autant de
génie que la première exigeait de patience ; c'est
d'avoir trouvé le moyen de multiplier par la
greffe ces individus précieux, qui malheureusement ne peuvent faire une lignée aussi noble
qu'eux, ni propager par eux-mêmes leurs excellentes qualités ; et cela seul prouve que ce ne
sont en effet que des qualités purement individuelles et non des propriétés spécifiques ; car les
pepins ou noyaux de ces excellens fruits ne produisent, comme les autres, que de simples sauvageons, et par conséquent ils ne forment pas
des espèces qui en soient essentiellement différentes ; mais au moyen de la greffe, l'homme a,
pour ainsi dire, créé des espèces secondaires

qu'il peut propager et multiplier à son gré : le bouton ou la petite branche qu'il joint au sauvageon renferme cette qualité individuelle qui ne peut se transmettre par la graine, et qui n'a besoin que de se développer pour produire les mêmes fruits que l'individu dont on les a séparés pour les unir au sauvageon, lequel ne leur communique aucune de ses mauvaises qualités, parce qu'il n'a pas contribué à leur formation, qu'il n'est pas une mère, mais une simple nourrice, qui ne sert qu'à leur développement par la nutrition.

Dans les animaux, la plupart des qualités qui paraissent individuelles ne laissent pas de se transmettre et de se propager par la même voie que les propriétés spécifiques ; il était donc plus facile à l'homme d'influer sur la nature des animaux que sur celle des végétaux. Les races dans chaque espèce d'animal ne sont que des variétés constantes, qui se perpétuent par la génération, au lieu que, dans les espèces végétales, il n'y a point de races, point de variétés assez constantes pour être perpétuées par la reproduction. Dans les seules espèces de la poule et du pigeon, l'on a fait naître, très-récemment, de nouvelles races en grand nombre, qui toutes peuvent se propager d'elles-mêmes. De temps en temps on acclimate, on civilise quelques espèces étrangères ou sauvages. Tous ces exemples modernes et récens prouvent que l'homme n'a connu que tard l'étendue de sa puissance, et que même il ne la connaît pas encore assez; elle dépend en entier de l'exercice de son intelligence ; ainsi, plus il observera, plus il cultivera la nature, plus il aura de moyens pour se la soumettre, et de facilités pour tirer de son sein des richesses nouvelles, sans diminuer les trésors de son inépuisable fécondité.

Et que ne pourrait-il pas sur lui-même, je veux dire sur sa propre espèce, si la volonté était toujours dirigée par l'intelligence ? Qui sait jusqu'à quel point l'homme pourrait perfectionner sa nature, soit au moral, soit au physique ! Y a-t-il une seule nation qui puisse se vanter d'être arrivée au meilleur gouvernement possible, qui serait de rendre tous les hommes non pas également heureux, mais moins inégalement malheureux, en veillant à leur conservation, à l'épargne de leurs sueurs et de leur sang par la paix, par l'abondance des subsistances, et par les aisances de la vie : voilà le but moral de toute société qui chercherait à s'améliorer. Et pour le physique, la médecine et les autres arts dont l'objet est de nous conserver, sont-ils aussi avancés, aussi connus que les arts destructeurs, enfantés par la guerre ? Il semble que de tout temps l'homme ait fait moins de réflexions sur le bien que de recherches pour le mal ; toute société est mêlée de l'un et de l'autre, et comme de tous les sentimens qui affectent la multitude, la crainte est le plus puissant, les grands talens dans l'art de faire du mal ont été les premiers qui aient frappé l'esprit [de l'homme, ensuite ceux qui l'ont amusé, ont occupé son cœur, et ce n'est qu'après un trop long usage de ces deux moyens, de faux honneur et de plaisir stérile, qu'enfin il a reconnu que sa vraie gloire est la science, et la paix son vrai bonheur.

DÉGÉNÉRATION

Des Animaux.

Dès que l'homme a commencé à changer de ciel, et qu'il s'est répandu de climats en climats, sa nature a subi des altérations : elles ont été légères dans les contrées tempérées, que nous supposons voisines du lieu de son origine, mais elles ont augmenté à mesure qu'il s'en est éloigné; et lorsqu'après des siècles écoulés, des continens traversés, et des générations déjà dégénérées par l'influence des différentes terres, il a voulu s'habituer dans les climats extrêmes, et peupler les sables du midi et les glaces du nord, les changemens sont devenus si grands et si sensibles, qu'il y aurait lieu de croire que le Nègre, le Lapon et le Blanc forment des espèces différentes, si d'un côté l'on n'était assuré qu'il n'y a eu qu'un seul homme de créé, et de l'autre que ce Blanc, ce Lapon et ce Nègre, si dissemblans entre eux,

peuvent cependant s'unir ensemble et propager
en commun la grande et unique famille de notre
genre humain : ainsi leurs taches ne sont point
originelles; leurs dissemblances n'étant qu'extérieures, ces altérations de la nature ne sont que
superficielles ; et il est certain que tous ne font
que le même homme qui s'est verni de noir sous
la zone torride, et qui s'est tanné, rapetissé par
le froid glacial du pôle de la sphère. Cela seul
suffirait pour nous démontrer qu'il y a plus de
force, plus d'étendue, plus de flexibilité dans la
nature de l'homme que dans celle de tous les autres êtres ; car les végétaux, et presque tous les
animaux sont confinés chacun à leur terrain, à
leur climat : et cette étendue dans notre nature
vient moins des propriétés du corps que de celles
de l'âme ; c'est par elle que l'homme a cherché
les secours qui étaient nécessaires à la délicatesse
de son corps ; c'est par elle qu'il a trouvé les
moyens de braver l'inclémence de l'air et de
vaincre la dureté de la terre ; il s'est, pour ainsi
dire, soumis les élémens, par un seul rayon de
son intelligence ; il a produit celui du feu, qui
n'existait pas sur la surface de la terre ; il a su se
vêtir, s'abriter, se loger ; il a compensé par l'esprit toutes les facultés qui manquent à la matière,
et sans être ni si fort, ni si grand, ni si robuste
que la plupart des animaux, il a su les vaincre,
les dompter, les subjuguer, les confiner, les chasser et s'emparer des espaces que la nature semblait leur avoir exclusivement départis.

La grande division de la terre est celle des deux continens, elle est plus ancienne que tous nos monumens, cependant l'homme est encore plus ancien, car il s'est trouvé le même dans ces deux mondes : l'Asiatique, l'Européen, le Nègre produisent également avec l'Américain ; rien ne prouve mieux qu'ils sont issus d'une seule et même souche que la facilité qu'ils ont de se réunir à la tige commune : le sang est différent, mais le germe est le même; la peau, les cheveux, les traits, la taille ont varié sans que la forme intérieure ait changé; le type en est général et commun, et s'il arrivait jamais, par des révolutions qu'on ne doit pas prévoir, mais seulement entrevoir dans l'ordre général des possibilités, que le temps peut toutes amener, s'il arrivait, dis-je, que l'homme fût contraint d'abandonner les climats qu'il a autrefois envahis pour se réduire à son pays natal, il reprendrait avec le temps ses traits originaux, sa taille primitive et sa couleur naturelle : le rappel de l'homme à son climat amènerait cet effet, le mélange des races l'amènerait aussi et bien plus promptement; le blanc avec la noire, ou le noir avec la blanche produisent également un mulâtre dont la couleur est brune, c'est-à-dire, mêlée de blanc et de noir; ce mulâtre avec un blanc produit un second mulâtre moins brun que le premier, et si ce second mulâtre s'unit de même à un individu de race blanche, le troisième mulâtre n'aura plus qu'une nuance légère de brun qui disparaîtra tout-à-fait dans les générations suivantes; il ne faut donc que cent cinquante ou deux cents ans pour laver la peau d'un nègre par cette voie du mélange avec le sang du blanc, mais il faudrait peut-être un assez grand nombre de siècles pour produire ce même effet par la seule influence du climat. Depuis qu'on transporte des Nègres en Amérique; c'est-à-dire depuis environ deux cents cinquante ans, l'on ne s'est pas aperçu que les familles noires qui se sont soutenues sans mélange, aient perdu quelques nuances de leur teinte originelle; il est vrai que ce climat de l'Amérique méridionale étant par lui-même assez chaud pour brunir ses habitans, on ne doit pas s'étonner que les Nègres demeurent noirs : pour faire l'expérience du changement de couleur dans l'espèce humaine, il faudrait transporter quelques individus de cette race noire du Sénégal en Danemark, où l'homme ayant communément la peau blanche, les cheveux blonds, les yeux bleus, la différence du sang et l'opposition de couleur est la plus grande; il faudrait cloîtrer ces Nègres et conserver scrupuleusement leur race. Ce moyen est le seul qu'on puisse employer pour savoir combien il faudrait de temps pour réintégrer à cet égard la nature de l'homme, et par la même raison combien il en a fallu pour changer du blanc au noir.

C'est là la plus grande altération que le ciel ait fait subir à l'homme, et l'on voit qu'elle n'est pas profonde; la couleur de la peau, des cheveux

et des yeux, varie par la seule influence du climat,
les autres changemens, tels que ceux de la taille,
de la forme des traits et de la qualité des cheveux, ne me paraissent pas dépendre de cette
seule cause; car, dans la race des Nègres, lesquels,
comme l'on sait, ont pour la plupart la tête couverte d'une laine crépue, le nez épaté, les lèvres
épaisses, on trouve des nations entières avec de
longs et vrais cheveux, avec des traits réguliers;
et si l'on comparait dans la race des blancs le
Danois au Calmouck, ou seulement le Finlan-
dois au Lapon dont il est si voisin, on trouverait entre eux autant de différence pour les traits
et la taille, qu'il y en a dans la race des noirs:
par conséquent, il faut admettre pour ces altérations qui sont plus profondes que les premières,
quelques autres causes réunies avec célle du climat: la plus générale et la plus directe est la qualité de la nourriture; c'est principalement par les
alimens que l'homme reçoit l'influence de la terre
qu'il habite, celle de l'air et du ciel agit plus su-
perficiellement; et tandis qu'elle altère la surface la plus extérieure en changeant la forme de
la peau; la nourriture agit sur la forme intérieure
par ses propriétés qui sont constamment relatives
à celles de la terre qui la produit. On voit dans
le même pays des différences marquées entre les
hommes qui en occupent les hauteurs, et ceux
qui demeurent dans les lieux bas; les habitans
de la montagne sont toujours mieux faits, plus
vifs et plus beaux que ceux de la vallée; à plus

forte raison dans des climats éloignés du climat primitif, dans des climats où les herbes , les fruits , les grains et la chair des animaux sont de qualités et même de substance différentes ; les hommes qui s'en nourrissent doivent devenir différens. Ces impressions ne se font pas subitement ni même dans l'espace de quelques années ; il faut du temps pour que l'homme reçoive la teinture du ciel , il en faut encore plus pour que la terre lui transmette ses qualités ; et il a fallu des siècles joints à un usage toujours constant des mêmes nourritures , pour influer sur la forme des traits, sur la grandeur du corps , sur la substance des cheveux, et produire ces altérations intérieures, qui, s'étant ensuite perpétuées, sont devenues les caractères généraux et constans, auxquels on re-connaît les races et même les nations différentes qui composent le genre humain.

Dans les animaux, ces effets sont plus prompts et plus grands, parce qu'ils tiennent à la terre de bien plus près que l'homme ; parce que leur nourriture étant plus uniforme, plus constamment la même , et n'étant nullement préparée , la qualité en est plus décidée et l'influence plus forte ; parce que d'ailleurs les animaux ne pouvant ni se vêtir, ni s'abriter, ni faire usage de l'élément du feu pour se réchauffer, ils demeurent nuement exposés et pleinement livrés à l'action de l'air et à toutes les intempéries du climat, et c'est par cette raison que chacun d'eux a, suivant sa nature, choisi sa zone et sa contrée ; c'est par la même raison qu'ils y sont retenus, et qu'au lieu de s'étendre ou de se disperser comme l'homme, ils demeurent pour la plupart concentrés dans les lieux qui leur conviennent le mieux ; et lorsque par des révolutions sur le globe ou par la force de l'homme, ils ont été contraints d'abandonner leur terre natale ; qu'ils ont été chassés ou relégués dans des climats éloignés, leur nature a subi des altérations si grandes et si profondes, qu'elle n'est pas reconnaissable à la première vue, et que pour la juger, il faut avoir recours à l'inspection la plus attentive, et même aux expériences et à l'analogie. Si l'on ajoute à ces causes naturelles d'altération dans les animaux libres, celle de l'empire de l'homme sur ceux qu'il a réduits en servitude, on sera surpris de voir jusqu'à quel point la tyrannie peut dégrader, défigurer la nature ; on trouvera sur tous les animaux esclaves les stigmates de leur captivité et l'empreinte de leurs fers ; on verra que ces plaies sont d'autant plus grandes, d'autant plus incurables, qu'elles sont plus anciennes, et que, dans l'état où nous les avons réduits, il ne serait peut-être plus possible de les réhabiliter, ni de leur rendre leur forme primitive, et les autres attributs de nature que nous leur avons enlevés.

La température du climat, la qualité et la nourriture et les maux d'esclavage, voilà les trois causes de changement, d'altération et de dégénération dans les animaux.

DES OISEAUX.

La Linotte.

Il est peu d'oiseaux aussi communs que la linotte; mais il en est peut-être encore moins qui
réunissent autant de qualités : ramage agréable,
couleurs distinguées, naturel docile, et susceptible d'attachement; tout lui a été donné, tout ce
qui peut attirer l'attention de l'homme, et contribuer à ses plaisirs : il était difficile, avec cela,
que cet oiseau conservât sa liberté; mais il était
encore plus difficile qu'au sein de la servitude
où nous l'avons réduit, il conservât ses avantages naturels dans toute leur pureté. En effet,
la belle couleur rouge dont la nature a décoré sa
tête et sa poitrine, et qui, dans l'état de liberté,
brille d'un éclat durable, s'efface par degrés,
et s'éteint bientôt dans nos cages et nos volières :
il en reste à peine quelques vestiges obscurs, après
la première mue.

A l'égard de son chant, nous le dénaturons;
nous substituons aux modulations libres et va-
riées, que lui inspire le printemps, les phrases contraintes d'un chant apprêté qu'il ne répète qu'imparfaitement, et où l'on ne retrouve
ni les agrémens de l'art, ni le charme de la
nature. On est parvenu aussi à lui apprendre
à parler différentes langues, c'est-à-dire, à sif-

fler quelques mots italiens, français, anglais, etc.,
quelquefois même à les prononcer assez franche-
ment. Plusieurs curieux ont fait exprès le voyage
de Londres à Kensington, pour avoir la satisfaction d'entendre la linotte d'un apothicaire, qui
articulait ces mots : *Pretty Boy ;* c'était tout son
ramage, et même tout son cri, parce qu'ayant
été enlevée du nid deux ou trois jours après
qu'elle était éclose, elle n'avait pas eu le temps
d'écouter, de retenir le chant de ses père et mère,
et que, dans le moment où elle commençait à
donner de l'attention aux sons, les sons articulés
de *Pretty Boy* furent apparemment les seuls qui
frappèrent son oreille, les seuls qu'elle apprit à
imiter : ce fait, joint à plusieurs autres, prouve
assez bien, ce me semble, l'opinion de M. Daines
Barrington, que les oiseaux n'ont point de chant
inné, et que le ramage propre aux diverses espèces d'oiseaux, et ses variétés, ont eu à peu
près la même origine que les langues des différens peuples, et leurs dialectes divers.

LE BOUVREUIL.

La nature a bien traité cet oiseau ; car elle
lui a donné un beau plumage et une belle voix.
Le plumage a toute sa beauté, d'abord après
la première mue, mais la voix a besoin des secours de l'art pour acquérir sa perfection. Un
bouvreuil, qui n'a point reçu de leçons, n'a que
trois cris, tous fort peu agréables : le premier,
je veux dire celui par lequel il débute ordinaire-

ment, est une espèce de coup de sifflet : il n'en
fait d'abord entendre qu'un seul, puis deux de
suite, puis trois et quatre, etc. Le son de ce sifflet est pur ; et, quand l'oiseau s'anime, il semble articuler cette syllabe répétée, *tui*, *tui*, *tui*,
et ses sons ont plus de force. Ensuite il fait entendre un ramage plus suivi, mais plus grave,
presque enroué et dégénérant en fausset. Enfin
dans les intervalles, il a un petit cri intérieur,
sec et coupé, fort aigu, mais en même temps
fort doux, et si doux qu'à peine on l'entend. Il
exécute ce son, fort ressemblant à celui d'un
ventriloque, sans aucun mouvement apparent
du bec ni du gosier ; mais seulement avec un
mouvement sensible dans les muscles de l'ab-
domen. Tel est le chant du bouvreuil de la nature ; c'est-à-dire, du bouvreuil sauvage abandonné à lui-même, et n'ayant eu d'autre modèle
que ses père et mère, aussi sauvages que lui ;
mais lorsque l'homme daigne se charger de son
éducation, lorsqu'il veut bien lui donner des
leçons de goût, lui faire entendre avec méthode
des sons plus beaux, plus moelleux, mieux filés,
l'oiseau docile, soit mâle, soit femelle, non-seulement les imite avec justesse, mais quelquefois
les perfectionne et surpasse son maître, sans
oublier pour cela son ramage naturel : il apprend
aussi à parler sans beaucoup de peine, et à donner à ses petites phrases un accent pénétrant,
une expression intéressante, qui ferait presque
soupçonner en lui une âme sensible, et qui peut

bien nous tromper dans le disciple, puisqu'elle nous trompe si souvent dans l'instituteur. Au reste, le bouvreuil est très-capable d'attachement personnel, et même d'un attachement très-fort et très-durable. On en a vu d'apprivoisés s'échapper de la volière, vivre en liberté dans les bois pendant l'espace d'une année, et au bout de ce temps, reconnaître la voix de la personne qui les avait élevés, et revenir à elle, pour ne la plus abandonner; on en a vu d'autres qui, ayant été forcés de quitter leur premier maître, se sont laissés mourir de regret. Ces oiseaux se souviennent fort bien, et quelquefois trop bien de ce qui leur a nui : un d'eux ayant été jeté par terre, avec sa cage, par des gens de la plus vile populace, n'en parut pas fort incommodé d'abord; mais dans la suite on s'aperçut qu'il tombait en convulsion toutes les fois qu'il voyait des gens mal vêtus, et il mourut dans un de ces accès, huit mois après le premier événement.

LE SERIN DES CANARIES.

Si le rossignol est le chantre des bois, le serin est le musicien de la chambre; le premier tient tout de la nature, le second participe à nos arts; avec moins de force d'organe, moins d'étendue dans la voix, moins de variété dans les sons, le serin a plus d'oreille, plus de facilité d'imitation, plus de mémoire, et comme la différence du caractère (surtout dans les animaux) tient de très-près à celle qui se trouve entre leurs sens, le serin, dont l'ouïe est plus attentive, plus susceptible de recevoir et de conserver les impressions étrangères, devient aussi plus sociable, plus doux, plus familier; il est capable de connaissance et même d'attachement; ses caresses sont aimables, ses petits dépits innocens, et sa colère ne blesse ni n'offense : ses habitudes naturelles le rapprochent encore de nous; il se nourrit de graines comme nos autres oiseaux domestiques; on l'élève plus aisément que le rossignol, qui ne vit que de chair ou d'insectes, et qu'on ne peut nourrir que de mets préparés. Son éducation plus facile est aussi plus heureuse; on l'élève avec plaisir, par ce qu'on l'instruit avec succès; il quitte la mélodie de son chant naturel pour se prêter à l'harmonie de nos voix et de nos instrumens; il applaudit, il accompagne et nous rend au delà de ce qu'on peut lui donner. Le rossignol, plus fier de son talent, semble vouloir le conserver dans toute sa pureté, au moins paraît-il faire assez peu de cas des nôtres : ce n'est qu'avec peine qu'on lui apprend à répéter quelques-unes de nos chansons. Le serin peut parler et siffler, le rossignol méprise la parole autant que le sifflet, et revient sans cesse à son brillant ramage. Son gosier, toujours nouveau, est un chef-d'œuvre de la nature auquel l'art humain ne peut rien changer, rien ajouter; celui du serin est un modèle de grâces, d'une trempe moins ferme, que nous pouvons modifier. L'un a donc bien plus de part que l'autre aux agrémens de la société : le serin chante en tout temps, il nous récrée dans les jours les plus sombres, il contribue même à notre bonheur, car il fait l'amusement de toutes les jeunes personnes, les délices des recluses; il charme au moins les ennuis du cloître, et porte de la gaieté dans les âmes innocentes et captives.

C'est dans le climat heureux des Hespérides que cet oiseau charmant semble avoir pris naissance ou du moins avoir acquis toutes ses perfections.

LE FAUCON.

Le faucon est peut-être l'oiseau dont le courage est le plus franc, le plus grand, relativement à ses forces : il fond sans détour et perpendiculairement sur sa proie, au lieu que l'autour et la plupart des autres arrivent de côté : aussi prend-on l'autour avec des filets dans lesquels le faucon ne s'empêtre jamais; il tombe à plomb sur l'oiseau victime exposé au milieu de l'enceinte des filets, le tue, le mange sur le lieu s'il est gros, ou l'emporte s'il n'est pas trop lourd, en se relevant à plomb : s'il y a quelque faisanderie dans son voisinage, il choisit cette proie de préférence; on le voit tout à coup fondre sur un troupeau de faisans comme s'il tombait des nues, parce qu'il arrive de si haut, et en si peu de temps, que son apparition est toujours imprévue et souvent inopinée : on le voit fréquemment attaquer le milan, soit pour exercer son courage, soit pour lui enlever une proie, mais il lui fait plutôt la honte que la guerre, il le traite comme un lâche, le chasse, le frappe avec dédain, et ne le met point à mort, parce que le milan se défend mal, et que probablement sa chair répugne au faucon encore plus que sa lâcheté ne lui déplaît.

LA CRESSERELLE.

La cresserelle est l'oiseau de proie le plus commun dans la plupart de nos provinces de France, et surtout en Bourgogne : il n'y a point d'ancien château ou de tour abandonnée qu'elle ne fréquente et qu'elle n'habite ; c'est surtout le matin et le soir qu'on la voit voler autour de ces vieux bâtimens, et on l'entend encore plus souvent qu'on ne la voit ; elle a un cri précipité, *pli*, *pli*, *pli*, ou *pri*, *pri*, *pri*, qu'elle ne cesse de répéter en volant, et qui effraie tous les petits oiseaux sur lesquels elle fond comme une flèche, et qu'elle saisit avec ses serres ; si par hasard elle les manque du premier coup, elle les poursuit sans crainte du danger jusque dans les maisons ; j'ai vu plus d'une fois mes gens prendre une cresserelle et le petit oiseau qu'elle poursuivait, en fermant la fenêtre d'une chambre ou la porte d'une galerie, qui était éloignée de plus de cent toises des vieilles tours d'où elle était partie ; lorsqu'elle a saisi et

emporté l'oiseau, elle le tue et le plume très-proprement avant de le manger; elle ne prend pas
tant de peine pour les souris et les mulots; elle
avale les plus petits tout entiers, et dépèce les
autres. Toutes les parties molles du corps de la
souris se digèrent dans l'estomac de cet oiseau;
mais la peau se roule et forme une petite pelote
qu'il rend par le bec, et non par le bas; car ses
excrémens sont presque liquides et blanchâtres:
en mettant ces pelotes qu'il vomit dans l'eau
chaude, pour les ramollir et les étendre, on retrouve la peau entière de la souris comme si on
l'eût écorchée. Les ducs, les chouettes, les buses,
et peut-être beaucoup d'oiseaux de proie, rendent
de pareilles pelotes dans lesquelles, outre la peau
roulée, il se trouve quelquefois des portions les
plus dures des os, il en est de même des oiseaux
pêcheurs; les arêtes et les écailles des poissons
se roulent dans leur estomac, et ils les rejettent
par le bec.

La cresserelle est un assez bel oiseau; elle a
l'œil vif et la vue très-perçante; le vol aisé et
soutenu: elle est diligente et courageuse; elle approche par le naturel des oiseaux nobles et généreux: on peut même la dresser comme les
émérillons pour la fauconnerie. La femelle est
plus grande que le mâle, et elle en diffère en ce
qu'elle a la tête rousse, le dessus du dos, des
ailes et de la queue rayés de bandes transversales
brunes; et qu'en même temps toutes les plumes
de la queue sont d'un brun roux plus ou moins

foncé; au lieu que dans le mâle, la tête et la queue sont grises, et que les parties supérieures du dos et des ailes sont d'un roux vineux, semé de quelques petites taches noires.

Nous ne pouvons nous dispenser d'observer que quelques-uns de nos nomenclateurs modernes ont appelé *épervier des alouettes*, la cresserelle femelle, et qu'ils en ont fait une espèce particulière, et différente de celle de la cresserelle.

Quoique cet oiseau fréquente habituellement les vieux bâtimens, il y niche plus rarement que dans les bois : et lorsqu'il ne dépose pas ses œufs dans des trous de murailles ou d'arbres creux, il fait une espèce de nid très-négligé, composé de bûchettes et de racines, et assez semblable à celui des geais, sur les arbres les plus élevés des forêts; quelquefois il occupe aussi les nids que les corneilles ont abandonnés; il pond plus souvent cinq œufs que quatre, et quelquefois six et même sept, dont les deux bouts sont teints d'une couleur rougeâtre ou jaunâtre, assez semblable à celle de son plumage. Ses petits, dans le premier âge, ne sont couverts que d'un duvet blanc; d'abord il les nourrit avec des insectes, et ensuite il leur apporte des mulots en quantité qu'il aperçoit sur terre, du plus haut des airs, où il tourne lentement, et demeure souvent stationnaire pour épier son gibier, sur lequel il fond en un instant : il enlève quelquefois une perdrix rouge beaucoup plus pesante que lui; souvent aussi il prend des pigeons qui s'écartent de leur compagnie; mais sa proie la plus ordinaire, après les mulots et les reptiles, sont les moineaux, les pinçons et les autres petits oiseaux. Comme il produit en plus grand nombre que la plupart des autres oiseaux de proie, l'espèce est plus nombreuse et plus répandue ; on la trouve dans toute l'Europe, depuis la Suède jusqu'en Italie et en Espagne ; on la retrouve même dans les pays tempérés de l'Amérique septentrionale : plusieurs de ces oiseaux restent pendant toute l'année dans nos provinces de France ; cependant j'ai remarqué qu'il y en avait beaucoup moins en hiver qu'en été, ce qui me fait croire que plusieurs quittent le pays, pour aller passer ailleurs la mauvaise saison.

J'ai fait élever plusieurs de ces oiseaux dans de grandes volières ; ils sont, comme je l'ai dit, d'un très-beau blanc pendant le premier mois de leur vie, après quoi les plumes du dos deviennent roussâtres et brunes en peu de jours : ils sont robustes et aisés à nourrir ; ils mangent la viande crue qu'on leur présente, à quinze jours ou trois semaines d'âge ; ils connaissent bientôt la personne qui les soigne, et s'apprivoisent assez pour ne jamais l'offenser : ils font entendre leur voix de très-bonne heure, et quoiqu'enfermés, ils répètent le même cri qu'ils font en liberté : j'en ai vu s'échapper et revenir d'eux-mêmes à la volière après un jour ou deux d'absence, et peut-être d'abstinence forcée.

LES PIES-GRIÈCHES.

Ces oiseaux quoique petits, quoique délicats de corps et de membres, doivent néanmoins par leur courage, par leur large bec, fort et crochu, et par leur appétit pour la chair être mis au rang des oiseaux de proie, même des plus fiers et des plus sanguinaires; on est toujours étonné de voir l'intrépidité avec laquelle une petite pie-grièche combat contre les pies, les corneilles, les cresse-relles, tous oiseaux beaucoup plus grands et plus forts qu'elle; non-seulement elle combat pour se défendre, mais souvent elle attaque, et toujours avec avantage, surtout lorsque le couple se réu-nit pour éloigner de leurs petits les oiseaux de rapine : elles n'attendent pas qu'ils approchent, il suffit qu'ils passent à leur portée, pour qu'elles aillent au devant, elles les attaquent à grands cris, leur font des blessures cruelles, et les chas-sent avec tant de fureur, qu'ils fuient souvent sans oser revenir, et dans ce combat inégal contre d'aussi grands ennemis, il est rare de les voir succomber sous la force, ou se laisser emporter; il arrive seulement qu'elles tombent quelquefois avec l'oiseau contre lequel elles se sont accrochées avec tant d'acharnement, que le combat ne finit que par la chute et la mort de tous deux : aussi les oiseaux de proie les plus braves les respec-tent; les milans, les buses, les corbeaux paraissent les craindre et les fuir plutôt que les cher-cher; rien dans la nature ne peint mieux la puissance et les droits du courage que de voir ce petit oiseau, qui n'est guère plus gros qu'une alouette, voler de pair avec les éperviers, les faucons et tous les autres tyrans de l'air, sans les redouter, et chasser dans leur domaine, sans craindre d'en être punis, car quoique les pies-grièches se nourrissent communément d'insectes, elles aiment la chair de préférence : elles poursuivent au vol tous les petits oiseaux ; on en a vu prendre des perdreaux et de jeunes levrauts ; les grives, les merles et les autres oiseaux pris au lacet ou au piége deviennent leur proie la plus ordinaire ; elles les saisissent avec les ongles, leur crèvent la tête avec le bec, leur serrent et déchiquètent le cou, et après les avoir étranglés ou tués, elles les plument pour les manger, les dépecer à leur aise, et en emporter dans leur nid les débris en lambeaux.

L'AUTRUCHE.

L'autruche est un oiseau très-anciennement connu, puisqu'il en est fait mention dans le plus ancien des livres : il fallait même qu'il fût très-connu, car il fournit aux écrivains sacrés plusieurs comparaisons tirées de ses mœurs et de ses habitudes ; et plus anciennement encore, sa chair était, selon toute apparence, une viande commune, au moins parmi le peuple, puisque le législateur des juifs la leur interdit comme une nourriture immonde. Enfin, il en est question dans Hérodote, le plus ancien des historiens profanes, et dans les écrits des premiers philosophes qui ont traité des choses naturelles ; en effet, comment un animal si considérable par sa grandeur, si remarquable par sa forme, si étonnant par sa fécondité, attaché d'ailleurs par sa nature à un certain climat, qui est l'Afrique et une partie de l'Asie, aurait-il pu demeurer inconnu dans des pays si anciennement peuplés, où il se trouve à la vérité des déserts, mais où il ne s'en trouve point que l'homme n'ait pénétrés et parcourus !

La race de l'autruche est donc une race très-ancienne, puisqu'elle prouve jusqu'aux premiers temps, mais elle n'est pas moins pure qu'elle est ancienne ; elle a su se conserver pendant cette longue suite de siècles, et toujours dans la même terre, sans altération comme sans mésalliance ; en sorte qu'elle est dans les oiseaux, comme l'éléphant dans les quadrupèdes, une espèce entièrement isolée et distinguée de toutes les autres espèces par des caractères aussi frappans qu'invariables.

L'autruche passe pour être le plus grand des oiseaux, mais elle est privée, par sa grandeur même, de la principale prérogative des oiseaux ; je veux dire la puissance de voler : l'une de celles sur qui Vallisnieri a fait ses observations, pesait, quoique très-maigre, cinquante cinq livres toute écorchée et vidée de ses parties intérieures ; en sorte que, passant vingt à vingt-cinq livres pour ces parties et pour la graisse qui lui manquait, on peut, sans rien outrer, fixer le poids moyen d'une autruche vivante et médiocrement grasse, à soixante-quinze ou quatre-vingts livres : or quelle force ne faudrait-il pas dans les ailes, et dans les muscles moteurs de ces ailes, pour soulever et soutenir au milieu des airs une masse aussi pesante ! Les forces de la nature paraissent infinies lorsqu'on la contemple en gros et d'une vue générale : mais lorsqu'on la considère de près et en détail, on trouve que tout est limité; et c'est à bien saisir les limites que s'est prescrites la nature par sagesse, et non par impuissance, que consiste la bonne méthode d'étudier et ses ouvrages et ses opérations. Ici un poids de soixante-quinze livres est supérieur, par sa seule résistance, à tous les moyens que la nature sait employer pour élever et faire voguer dans le fluide de l'atmosphère des corps, dont la gravité spécifique est un millier de fois plus grande que celle de ce fluide; et c'est par cette raison qu'aucun des oiseaux dont la masse approche de celle de l'autruche, tels que le thouiou, le casoar, le droute, n'ont ni ne peuvent avoir la faculté de voler; il est vrai que la pesanteur n'est pas le seul obstacle qui s'y oppose; la force des muscles pectoraux, la grandeur des ailes, leur situation avantageuse, la fermeté de leurs pennes, etc., seraient ici des conditions d'autant plus nécessaires, que la résistance à vaincre est plus grande : or toutes ces conditions leur manquent absolument; car pour

me renfermer dans ce qui regarde l'autruche,
cet oiseau, à vrai dire, n'a point d'ailes; puisque les plumes qui sortent de ses ailerons sont
toutes effilées, décomposées, et que leurs barbes
sont de longues soies détachées les unes des
autres, et ne peuvent faire corps ensemble pour
frapper l'air avec avantage, ce qui est la principale fonction des pennes de l'aile; celles de la
queue sont aussi de la même structure, et ne
peuvent par conséquent opposer à l'air une résistance convenable; elles ne sont pas même disposées pour pouvoir gouverner le vol en s'étalant ou se resserrant à propos, et en prenant
différentes inclinaisons; et ce qu'il y a de remarquable, c'est que toutes les plumes qui recouvrent le corps sont encore faites de même; l'autruche n'a pas, comme la plupart des autres oiseaux, des plumes de plusieurs sortes, les unes
lanugineuses et duvetées, qui sont immédiatement sur la peau, les autres d'une consistance
plus ferme et plus serrée qui recouvrent les premières, et d'autres encore plus fortes et plus
longues qui servent au mouvement, et répondent
à ce qu'on apelle les *œuvres vives*, dans un vaisseau : toutes les plumes de l'autruche sont de la
même espèce, toutes ont pour barbes des filets
détachés, sans consistance, sans adhérence réciproque; en un mot, toutes sont inutiles pour
voler ou pour diriger le vol; aussi l'autruche
est attachée à la terre comme par une double
chaîne, son excessive pesanteur et la conforma-

tion de ses ailes ; et elle est condamnée à en parcourir laborieusement la surface, comme les quadrupèdes, sans pouvoir jamais s'élever dans l'air ; aussi a-t-elle, soit au dedans, soit au dehors, beaucoup de traits de ressemblance avec ces animaux : comme eux, elle a sur la plus grande partie du corps, du poil plutôt que des plumes ; sa tête et ses flancs n'ont même que peu ou point de poil, non plus que ses cuisses qui sont très-grosses, très-musculeuses, et où réside sa principale force ; ses grands pieds nerveux et charnus qui n'ont que deux doigts, ont beaucoup de rapport avec les pieds du chameau qui, lui-même est un animal singulier entre les quadrupèdes par la forme de ses pieds ; ses ailes, armées de deux piquans semblables à ceux du porc-épic, sont moins des ailes que des espèces de bras, qui lui ont été donnés pour se défendre, l'orifice des oreilles est à découvert, et seulement garni de poil dans la partie intérieure où est le canal auditif ; sa paupière supérieure est mobile comme dans presque tous les quadrupèdes, et bordée de longs cils comme dans l'homme et l'éléphant ; la forme totale de ses yeux a plus de rapport avec les yeux humains qu'avec ceux des oiseaux, et ils sont disposés de manière qu'ils peuvent voir tous deux à la fois le même objet.

LE CORBEAU.

Quoique le nom de corbeau ait été donné par les nomenclateurs à plusieurs oiseaux, tels que les corneilles, les choucas, les craves ou corasias, etc., nous en restreindrons ici l'acception, et nous l'attribuerons exclusivement à la seule espèce du grand corbeau, du *corvus* des anciens, qui est assez différent de ces autres oiseaux par sa grosseur, ses mœurs, ses habitudes naturelles, pour qu'on doive lui appliquer une dénomination distinctive, et surtout lui conserver son ancien nom.

Cet oiseau a été fameux dans tous les temps, mais sa réputation est encore plus mauvaise qu'elle n'est étendue, peut-être par cela même qu'il a été confondu avec d'autres oiseaux, et qu'on lui a imputé tout ce qu'il y avait de mauvais dans plusieurs espèces. On l'a toujours regardé comme le dernier des oiseaux de proie, et comme l'un des plus lâches et des plus dégoûtans. Les voiries infectes, les charognes pourries, sont, dit-on, le fonds de sa nourriture; s'il s'assouvit d'une chair vivante, c'est de celle des animaux faibles ou utiles, comme agneaux, levreaux, etc. On prétend même qu'il attaque quelquefois les grands animaux avec avantage, et que, suppléant à la force qui lui manque par la ruse et l'agilité, il se cramponne sur le dos des buffles, les ronge tout vifs et en détail après leur avoir crevé les yeux; et ce qui rendrait cette férocité plus odieuse, c'est qu'elle serait en lui l'effet, non de la nécessité, mais d'un appétit de préférence pour la chair et le sang, d'autant qu'il peut vivre de tous les fruits, de toutes les graines, de tous les insectes et même des poissons morts, et qu'aucun autre animal ne mérite mieux la dénomination d'omnivore.

Cette violence et cette universalité d'appétit ou plutôt de voracité, tantôt l'a fait proscrire comme un animal nuisible et destructeur, et tantôt lui a valu la protection des lois, comme à un animal utile et bienfaisant; en effet, un hôte de si grosse dépense ne peut qu'être à charge à un peuple pauvre ou trop peu nombreux; au lieu qu'il doit être précieux dans un pays riche et bien peuplé, comme consommant les immondices de toute espèce dont regorge ordinairement un tel pays. C'est par cette raison qu'il était autrefois défendu en Angleterre, suivant Belon, de lui faire aucune violence, et que dans l'île Feroé, dans celle de Malte, etc., on a mis sa tête à prix.

Si aux traits sous lesquels nous venons de représenter le corbeau, on ajoute son plumage lugubre, son cri plus lugubre encore, quoique très-faible, à proportion de sa grosseur, son port ignoble, son regard farouche, tout son corps exhalant l'infection, on ne sera pas surpris que, dans presque tous les temps, il ait été regardé comme un objet de dégoût et d'horreur; sa chair était interdite aux Juifs; les sauvages n'en mangent jamais, et parmi nous, les plus misérables n'en mangent qu'avec répugnance et après avoir enlevé la peau qui est très-coriace. Partout on le met au nombre des oiseaux sinistres, qui n'ont le pressentiment de l'avenir que pour annoncer des malheurs. De graves historiens ont été jusqu'à publier la relation de batailles rangées entre des armées de corbeaux et d'autres oiseaux de proie, et à donner ces combats comme un présage des guerres cruelles qui se sont allumées dans la suite entre les nations. Combien de gens encore aujourd'hui frémissent, et s'inquiètent au bruit de son croassement. Toute sa science de l'avenir se borne cependant, ainsi que celle des autres habitans de l'air, à connaître mieux que nous l'élément qu'il habite, à être plus susceptible de ses moindres impressions, à pressentir ses moindres changemens, et à nous les annoncer par certains cris et certaines actions qui sont en lui l'effet naturel de ces changemens. Dans les provinces méridionales de la Suède, dit M. Linnæus, lorsque le ciel est serein, les corbeaux volent très-haut en faisant un certain cri qui s'entend de fort loin. Les auteurs de la *Zoologie britannique* ajoutent que dans cette circonstance ils volent le plus souvent par paires. D'autres écrivains moins éclairés ont fait d'autres remarques mêlées plus ou moins d'incertitudes et de superstitions.

Dans le temps que les aruspices faisaient partie de la religion, les corbeaux, quoique mauvais prophètes, ne pouvaient qu'être des oiseaux fort intéressans, car la passion de prévoir les événemens futurs, même les plus tristes, est une ancienne maladie du genre humain; aussi s'attachait-on beaucoup à étudier toutes leurs actions, toutes les circonstances de leur vol, toutes les différences de leur voix, dont on avait compté jusqu'à soixante-quatre inflexions distinctes, sans parler d'autres différences plus fines et trop difficiles à apprécier; chacune avait sa signification déterminée; il ne manqua pas de charlatans pour en procurer l'intelligence, ni de gens simples pour y croire. Pline lui-même, qui n'était ni charlatan ni superstitieux, mais qui travailla quelquefois sur de mauvais mémoires, a eu soin d'indiquer celle de toutes ces voix qui était la plus sinistre. Quelques-uns ont poussé la folie jusqu'à manger le cœur et les entrailles de ces oiseaux, dans l'espérance de s'approprier leur don de prophétie.

Non-seulement le corbeau a un grand nombre d'inflexions de voix répondant à ses différentes affections intérieures, il a encore le talent d'imiter le cri des autres animaux, et même la parole de l'homme, et l'on a imaginé de lui couper le filet afin de perfectionner cette disposition naturelle. *Colas* est le mot qu'il prononce le plus aisément, et Scaliger en a entendu un qui, lorsqu'il avait faim, appelait distinctement le cuisinier de la maison, nommé *Courad*. Ces mots ont en effet quelques rapports avec le cri ordinaire du corbeau.

On faisait grand cas à Rome de ces oiseaux parleurs, et un philosophe n'a pas dédaigné de nous raconter assez au long l'histoire de l'un deux. Ils n'apprennent pas seulement à parler, ou plutôt à répéter la parole humaine, mais ils deviennent familiers dans la maison; ils se privent, quoique vieux, et paraissent même capables d'un attachement personnel et durable.

Par une suite de cette souplesse de naturel, ils apprennent aussi, non pas à dépouiller leur voracité, mais à la régler et à l'employer au service de l'homme. Pline parle d'un certain Craterus d'Asie, qui s'était rendu fameux par son habileté à les dresser pour la chasse, et qui savait se faire suivre, même par les corbeaux sauvages. Scaliger rapporte que le roi Louis (apparemment Louis XII), en avait un ainsi dressé, dont il se servait pour la chasse des perdrix. Albert en avait vu un autre à Naples qui prenait et des perdrix et des faisans, et même d'autres corbeaux; mais, pour chasser ainsi les oiseaux de son espèce, il fallait qu'il y fût excité, et comme forcé par la présence du fauconnier. Enfin il semble qu'on lui ait appris quelquefois à défendre son maître, et à l'aider contre ses ennemis avec une sorte d'intelligence et par une manœuvre combinée, du moins si l'on peut croire ce que rapporte Aulugelle du corbeau de Valerius.

Ajoutons à tout cela que le corbeau paraît avoir une grande sagacité d'odorat pour éventer de loin les cadavres; Thucydide lui accorde même un instinct assez sûr pour s'abstenir de ceux des animaux qui sont morts de la peste; mais il faut avouer que ce prétendu discernement se dément quelquefois, et ne l'empêche pas toujours de manger des choses qui lui sont contrairescomme nous le verrons plus bas. Enfin c'est encore à l'un de ces oiseaux qu'on a attribué la singulière industrie pour amener à sa portée l'eau qu'il avait aperçue au fond d'un vase trop étroit, d'y laisser tomber une à une des petites pierres, lesquelles en s'amoncelant firent monter l'eau insensiblement, et le mirent à même d'étancher sa soif. Cette soif, si le fait est vrai, est un trait de dissemblance qui distingue le corbeau de la plupart des oiseaux de proie, surtout de ceux qui se nourrissent de proie vivante, lesquels n'aiment à se désaltérer que dans le sang, et dont l'industrie est beaucoup plus excitée par le besoin de manger que par celui de boire; une autre différence, c'est que les corbeaux ont les mœurs plus sociales; mais il est facile d'en rendre raison : comme ils mangent de toutes sortes de nourritures, ils ont plus de ressources que les autres oiseaux carnassiers, ils peuvent donc subsister en plus grand nombre dans un même espace de terrain, et ils ont moins de raison de se fuir les uns les autres. C'est ici le lieu de remarquer que, quoique les corbeaux privés mangent de la viande crue et cuite, et qu'ils pas-

sent communément pour faire, dans l'état de liberté, une grande destruction de mulots, de
campagnols, etc., M. Hébert, qui les a observés
long-temps et de fort près, ne les a jamais vus s'a-
charner sur les cadavres, en déchiqueter la chair,
ni même se poser dessus; et il est fort porté à
croire qu'ils préfèrent les insectes, et surtout les
vers de terre à toute autre nourriture : il ajoute
qu'on trouve de la terre dans leurs excrémens.

Les corbeaux, les vrais corbeaux de montagne
ne sont point oiseaux de passage, et diffèrent en
cela plus ou moins des corneilles auxquelles on a
voulu les associer; ils semblent particulièrement
attachés au rocher qui les a vus naître: on les y
voit toute l'année en nombre à peu près égal, et
ils ne l'abandonnent jamais entièrement; s'ils descendent dans la plaine, c'est pour chercher leur
subsistance; mais ils y descendent plus rarement
l'été que l'hiver, parce qu'ils évitent les grandes
chaleurs, et c'est la seule influence que la différente température des saisons paraisse avoir sur
leurs habitudes. Ils ne passent pas la nuit dans les
bois, comme font les corneilles; ils savent se
choisir, dans leurs montagnes, une retraite à l'a-
bri du nord, sous des voûtes naturelles, formées
par des avances ou des enfoncemens de rocher;
c'est là qu'ils se retirent pendant la nuit, au nombre de quinze ou vingt. Ils dorment perchés sur
les arbrisseaux qui croissent entre les rochers;
ils font leur nid dans les crevasses de ces mê-

mes rochers, dans les trous des murailles, au haut des vieilles tours abandonnées, et quelquefois sur les hautes branches des grands arbres isolés.

L'HIRONDELLE DE CHEMINÉE OU L'HIRONDELLE DOMESTIQUE.

Elle est en effet domestique par instinct, elle recherche la société de l'homme par choix, elle la préfère malgré ses inconvéniens à toute autre société; elle niche dans nos cheminées et jusque dans l'intérieur de nos maisons, surtout de celles où il y a peu de mouvement et de bruit; la foule n'est point la société : lorsque les maisons sont trop bien closes, et que les cheminées sont fermées par le haut, comme elles le sont à Nantua et dans les pays de montagnes, à cause de l'abondance des neiges et des pluies, elle change de logement sans changer d'inclination, elle se réfugie sous les avant-toits et y construit son nid, mais jamais elle ne l'établit volontairement loin de l'homme, et toutes les fois qu'un voyageur égaré aperçoit dans l'air quelqu'un de ces oiseaux, il peut les regarder comme des oiseaux de bon augure et qui lui annoncent infailliblement quelqu'habitation prochaine : nous verrons qu'il n'en est pas tout-à-fait de même de l'hirondelle de fenêtre.

Celle de cheminée est la première qui paraisse dans nos climats; c'est ordinairement peu après l'équinoxe du printemps; elle arrive plus tôt dans les contrées plus méridionales, et plus tard dans les pays du nord; mais quelque douce que soit la température du mois de février et du commencement de mars, quelque froide que soit celle de la fin de mars et du commencement d'avril, elle ne paraît guère dans chaque pays qu'à l'époque ordinaire; on en voit quelquefois voler à travers les flocons d'une neige très-épaisse. Elles souffrirent beaucoup en 1740 : elles se réunissaient en assez grand nombre sur une rivière qui bordait une terrasse appartenante alors à M. Hébert, et où elles tombaient mortes à chaque instant; l'eau était couverte de leurs petits cadavres : ce n'était point par l'excès du froid qu'elles périssaient, tout annonçait que c'était faute de nourriture; celles qu'on ramassait étaient de la plus grande maigreur, et l'on voyait celles qui vivaient encore se fixer aux murs de la terrasse dont j'ai parlé, et pour dernière ressource, saisir avidement les moucherons desséchés qui pendaient à de vieilles toiles d'araignées.

Il semble que l'homme devrait accueillir, bien traiter un oiseau qui lui annonce la belle saison, et qui d'ailleurs lui rend des services réels : il semble au moins que ses services devraient faire sa sûreté personnelle, et cela a lieu à l'égard du plus grand nombre des hommes qui le protègent quelquefois jusqu'à la superstition; mais il s'en trouve trop souvent qui se font un amusement inhumain de le tuer à coups de fusil, sans autre motif que celui d'exercer ou de perfectionner leur adresse sur un but très-inconstant, très-mobile, par conséquent très-difficile à atteindre : et ce qu'il y a de singulier, c'est que ces oiseaux innocens paraissent plutôt attirés qu'effrayés par les coups de fusil, et qu'ils ne peuvent se résoudre à fuir l'homme, lors même qu'il leur fait une guerre si cruelle et si ridicule. Elle est plus que ridicule, cette guerre, car elle est contraire aux intérêts de celui qui la fait, pour cela seul que les hirondelles nous délivrent du fléau des cousins, des charançons et de plusieurs autres insectes destructeurs de nos potagers, de nos moissons, de nos forêts, et que ces insectes se multiplient dans un pays, et nos pertes avec eux, en même proportion que le nombre des hirondelles et autres insectivores y diminuent.

L'expérience de Frisch et quelques autres semblables, prouvent que les mêmes hirondelles reviennent aux mêmes endroits; elles n'arrivent que pour faire leur ponte et se mettent tout de suite à l'ouvrage, elles construisent chaque année un nouveau nid, et l'établissent au‑dessus de celui de l'année précédente si le local le permet : j'en ai trouvé dans un tuyau de cheminée qui étaient ainsi construits par étages; j'en comptai jusqu'à quatre les uns sur les autres, tous quatre égaux entre eux, maçonnés de terre gâchée avec de la paille et du crin; il y en avait de deux gran-

deurs et de deux formes différentes; les plus
grands représentaient un demi-cylindre creux,
ouvert par le dessus, d'environ un pied de hauteur; ils occupaient le milieu des parois de la
cheminée; les plus petits occupaient les angles
et ne formaient que le quart d'un cylindre ou
même d'un cône renversé : le premier nid, qui
était le plus bas, avait son fond maçonné, comme
le reste, mais ceux des étages supérieurs n'é-
taient séparés des inférieurs que par leur ma-
telas composé de paille, d'herbe sèche et de
plumes : au reste, parmi les petits nids des angles
je n'en ai pas trouvé qui fussent par étages; je crois
que c'étaient les nids des jeunes; ils n'étaient pas
si bien faits que les grands.

Dans cette espèce, comme dans la plupart des
autres , c'est le mâle qui chante, mais la femelle
n'est pas absolument muette. Ils font deux pontes
par an, la première d'environ cinq œufs, qui sont
blancs , selon Willughby, et tachetés selon Klein
et Aldrovande; ceux que j'ai vus étaient blancs.
Tandis que la femelle couve, le mâle passe la
nuit sur les bords du nid ; il dort peu, car on
l'entend babiller dès l'aube du jour, et il voltige
presque jusqu'à la nuit close; lorsque les petits
sont éclos, les père et mère leur portent sans
cesse à manger , et ont grand soin d'entretenir
la propreté dans le nid, jusqu'à ce que les petits
devenus plus forts sachent s'arranger de manière
à leur épagner cette peine : mais ce qui est plus
intéressant , c'est de voir les vieux donner aux

jeunes les premières leçons de voler en les animant de la voix, leur présentant d'un peu loin la nourriture, et s'éloignant encore à mesure qu'ils s'avancent pour la recevoir, les poussant doucement, et non sans quelque inquiétude, hors du nid, jouant devant eux et avec eux dans l'air, comme pour leur offrir un secours toujours présent, et accompagnant leur action d'un gazouillement si expressif qu'on croirait en entendre le sens. Si l'on joint à cela ce que dit Boërhaave d'un de ces oiseaux, qui étant allé à la provision, et trouvant à son retour la maison où était son nid, embrasée, se jeta au travers des flammes pour porter nourriture et secours à ses petits, on jugera avec quelle passion les hirondelles aiment leur géniture.

On a prétendu que lorsque leurs petits avaient les yeux crevés, même arrachés, elles les guérissaient et leur rendaient la vue avec une certaine herbe, qui a été appelée *chélidoine*, c'est-à-dire, herbe aux hirondelles; mais les expériences de Rédi et de M. de la Hire nous apprennent qu'il n'est besoin d'aucune herbe pour cela, et que lorsque les yeux d'un jeune oiseau sont, je ne dis pas arrachés tout-à-fait, mais seulement crevés ou même flétris, il se rétablissent très-promptement et sans aucun remède. Aristote le savait bien, et l'a écrit; Celse l'a répété; les expériences de Rédi, de M. la Hire et de quelques autres, sont sans réplique, et néanmoins l'erreur dure encore.

Les hirondelles de cheminée ont le cri d'assemblée, le cri du plaisir, le cri d'effroi, le cri
de colère, celui par lequel la mère avertit sa cou-
vée des dangers qui menacent, et beaucoup d'autres expressions composées de toutes celles-là ;
ce qui suppose une grande mobilité dans leur
sens intérieur.

J'ai dit ailleurs que ces oiseaux vivaient d'insectes ailés, qu'ils happent en volant : mais
comme ces insectes ont le vol plus ou moins élevé,
selon qu'il fait plus ou moins chaud, il arrive que
lorsque le froid ou la pluie les rabat près de terre,
et les empêche même de faire usage de leurs ailes,
nos oiseaux rasent la terre et cherchent ces insectes sur les tiges des plantes, sur l'herbe des
prairies, et jusque sur le pavé de nos rues : ils
rasent aussi les eaux et s'y plongent quelquefois
à demi en poursuivant les insectes aquatiques; et
dans les grandes disettes, ils vont disputer aux
araignées leur proie jusqu'au milieu de leurs
toiles, et finissent par les dévorer elles-mêmes :
dans tous les cas, c'est la marche du gibier qui
détermine celle du chasseur. On trouve dans leur
estomac des débris de mouches, de cigales, de
scarabées, de papillons et même de petites pierres,
ce qui prouve qu'elles ne prennent pas toujours
les insectes en volant, et qu'elles les saisissent
quelquefois étant posés. En effet, quoique les
hirondelles de cheminée passent la plus grande
partie de leur vie dans l'air, elles se posent assez
souvent sur les toits, les cheminées, les barres de

fer, et même à terre et sur les arbres. Dans notre climat elles passent souvent les nuits, vers la fin de l'été, perchées sur des aunes aux bords des rivières, et c'est alors qu'on les prend en grand nombre, et qu'on les mange en certains pays; elles choisissent les branches les plus basses qui se trouvent au-dessus des berges et bien à l'abri du vent: on a remarqué que les branches qu'elles adoptent pour y passer ainsi la nuit meurent et se dessèchent.

C'est encore sur un arbre, mais sur un très-grand arbre qu'elles ont coutume de s'assembler pour le départ : ces assemblées ne sont que de trois ou quatre cents, car l'espèce n'est pas si nombreuse, à beaucoup près, que celle des hirondelles de fenêtre. Elles s'en vont de ce pays-ci vers le commencement d'octobre; elles partent ordinairement la nuit comme pour dérober leur marche aux oiseaux de proie qui ne manquent guère de les harceler dans leur route. M. Frisch en a vu quelquefois partir en plein jour, et M. Hébert en a vu plus d'une fois, au temps du départ, des pelotons de quarante ou cinquante qui faisaient route au haut des airs, et il a observé que dans cette circonstance leur vol était non-seulement plus élevé qu'à l'ordinaire, mais encore beaucoup plus uniforme et plus soutenu. Elles dirigent leur route du côté du midi, en s'aidant d'un vent favorable autant qu'il est possible, et lorsqu'elles n'éprouvent point de contre-temps, elles arrivent en Afrique dans la première huitaine d'octobre. Si, durant la traversée, il s'élève un vent de sud-est qui les repousse, elles relâchent, de même que les autres oiseaux de passage, dans les îles qui se trouvent sur leur chemin. M. Adanson en a vu arriver, dès le 16 octobre, à six heures et demie du soir, sur les côtes du Sénégal, et les a bien reconnues pour être nos vraies hirondelles; il s'est assuré depuis qu'on ne les voyait dans ces contrées que pendant l'automne et l'hiver : il nous apprend qu'elles y couchent toutes les nuits seules ou deux à deux dans le sable sur le bord de la mer, et quelquefois en grand nombre dans les cases, perchées sur les chevrons de la couverture ; enfin, il ajoute une observation importante, c'est que ces oiseaux ne nichent point au Sénégal : aussi M. Frisch observe-t-il qu'au printemps elles ne ramènent jamais avec elles des jeunes de l'année, d'où l'on peut inférer que les contrées plus septentrionales sont leur véritable patrie.

LES PICS.

Les animaux qui vivent des fruits de la terre sont les seuls qui entrent en société : l'abondance est la base de l'instinct social, de cette douceur de mœurs et de cette vie paisible qui n'appartient qu'à ceux qui n'ont aucun motif de se rien disputer ; ils jouissent sans trouble du riche fonds de substance qui les environne, et dans ce grand banquet de la nature, l'abondance du lendemain est égale à la profusion de la veille. Les autres animaux, sans cesse occupés à pourchasser une proie qui les fuit toujours, pressés par le besoin, retenus par le danger, sans provision, sans moyens que dans leur industrie, sans aucune ressource que leur activité, ont à peine le temps de se pourvoir, et n'ont guère celui d'aimer. Telle est la condition de tous les oiseaux chasseurs, et à l'exception de quelques lâches qui s'acharnent sur une proie morte, et s'attroupent plutôt en brigands qu'ils ne se rassemblent en amis, tous les autres se tiennent isolés et vivent solitaires. Chacun est tout entier à soi, nul n'a de biens ni de sentimens à partager.

Et de tous les oiseaux que la nature force à vivre de la grande ou de la petite chasse, il n'en est aucun dont elle ait rendu la vie plus laborieuse, plus dure que celle du pic : elle l'a condamné au travail, et, pour ainsi dire, à la galère perpétuelle, tandis que les autres ont pour moyens la course, le vol, l'embuscade, l'attaque, exercices libres où le courage et l'adresse prévalent. Le pic, assujetti à une tâche pénible, ne peut trouver sa nourriture qu'en perçant les écorces et la fibre dure des arbres qui la recèlent ; occupé sans relâche à ce travail de nécessité, il ne connaît ni délassement ni repos, souvent même il dort et passe la nuit dans l'attitude contrainte de la besogne du jour ; il ne partage pas les doux ébats des autres habitans de l'air ; il n'entre point dans leurs concerts, et n'a que des cris sauvages dont l'accent plaintif, en troublant le silence des bois, semble exprimer ses efforts et sa peine : ses mouvemens sont brusques ; il a l'air inquiet, les traits et la physionomie rudes, le naturel sauvage et farouche ; il fuit toute société, même celle de son semblable.

Tel est l'instinct étroit et grossier d'un oiseau borné à une vie triste et chétive.

LE TORCOL.

Cet oiseau se reconnaît au premier coup d'œil, par un signe ou plutôt par une habitude qui n'appartient qu'à lui ; c'est de tordre et de tourner le cou de côté et en arrière, la tête renversée vers le dos et les yeux à demi-fermés, pendant tout le temps que dure ce mouvement, qui n'a rien de précipité, et qui est au contraire long, sinueux et tout semblable aux replis ondoyans d'un reptile : il paraît être produit par une convulsion de surprise et d'effroi, ou par une crise d'étonnement à l'aspect de tout objet nouveau : c'est aussi un effort que l'oiseau semble faire pour se dégager lorsqu'il est retenu ; cependant cet étrange mouvement lui est naturel et dépend, en grande partie, d'une conformation particulière, puisque les petits dans le nid se donnent les mêmes tours de cou, en sorte que plus d'un dénicheur effrayé les a pris pour de petits serpens.

Le torcol a encore une autre habitude assez singulière ; un de ces oiseaux, qui était en cage

depuis vingt-quatre heures, lorsqu'on s'appro-
chait de lui, se tournait vis-à-vis le spectateur, puis le regardant fixement, s'élevait sur ses
ergots, se portait en avant avec lenteur, en relevant les plumes du sommet de sa tête, la queue épa-
nouic, puis se retirait brusquement en frappant
du bec le fond de sa cage et rabattant sa huppe;
il recommençait ce manége, que Schwenckfeld a
observé comme nous, jusqu'à cent fois de suite
et tant qu'on restait en présence.

Ce sont apparemment ces bizarres attitudes et
ces tortures naturelles qui ont anciennement
frappé les yeux de la superstition quand elle
adopta cet oiseau dans les enchantemens, et
qu'elle en prescrivit l'usage comme du plus puissant des philtres.

L'espèce du torcol n'est nombreuse nulle part,
et chaque individu vit solitairement et voyage de
même : on les voit arriver seuls au mois de mai;
nulle société que celle de leur femelle, encore
cette union est-elle de très-courte durée, car ils
se séparent bientôt, et repartent seuls en septembre. Un arbre isolé au milieu d'une large haie
est celui que le torcol préfère, il semble le choisir pour se percher solitairement; sur la fin de
l'été, on le trouve également seul dans les blés,
surtout dans les avoines, et dans les petits sentiers qui traversent les pièces de blé noir; il prend
sa nourriture à terre, et ne grimpe pas contre
les arbres comme les pics, quoiqu'il ait le bec et
les pieds conformés comme eux.

LES TOUCANS.

Ce qu'on peut appeler physionomie, dans tous les êtres vivans, dépend de l'aspect que leur tête présente lorsqu'on les regarde de face. Ce qu'on désigne par les noms de forme, de figure, de taille, etc., se rapporte à l'aspect du corps et des membres. Dans les oiseaux, si l'on recherche cette physionomie, on s'apercevra aisément que tous ceux qui, relativement à la grosseur de leur corps, ont une tête légère avec un bec court et fin, ont en même temps la physionomie fine, agréable et presque spirituelle, tandis que ceux au contraire qui, comme les barbus, ont une trop grosse tête, ou qui, comme les toucans, ont un bec aussi gros que la tête, se présentent avec un air stupide, rarement démenti par leurs habitudes naturelles. Mais il y a plus; ces grosses têtes et ces becs énormes, dont la longueur excède quelquefois celle du corps entier de l'oiseau, sont des parties si disproportionnées, et des exubérances de nature si marquées, qu'on peut les regarder comme des monstruosités d'espèces, qui ne diffèrent des individuelles qu'en ce qu'elles se perpétuent sans altération; en sorte qu'on est obligé de les admettre aussi nécessairement que toutes les autres formes des corps, et de les compter parmi les caractères spécifiques des êtres auxquels ces mêmes parties difformes appartiennent. Si quelqu'un voyait un toucan pour la première

13**

fois, il prendrait sa tête et son bec, vus de face, pour un de ces masques à longs nez dont on épouvante les enfans; mais, considérant ensuite sérieusement la structure et l'usage de cette production démesurée, il ne pourra s'empêcher d'être étonné que la nature ait fait la dépense d'un bec aussi prodigieux pour un oiseau de médiocre grandeur, et l'étonnement augmentera en reconnaissant que ce bec mince et faible, loin de servir, ne fait que nuire à l'oiseau qui ne peut en effet rien saisir, rien entamer, rien diviser, et qui, pour se nourrir, est obligé de gober et d'avaler sa nourriture en bloc, sans la broyer, ni même la concasser. De plus, ce bec, loin de faire un instrument utile, une arme ou même un contre-poids, n'est au contraire qu'une masse en levier, qui gêne le vol de l'oiseau, et lui donnant un air à demi-culbutant, semble le ramener vers la terre lors même qu'il veut se diriger en haut.

Les vrais caractères des erreurs de la nature sont la disproportion jointe à l'inutilité; toutes les parties qui, dans les animaux, sont excessives, surabondantes, placées à contre-sens, et qui sont en même temps plus nuisibles qu'utiles, ne doivent pas être mises dans le grand plan des vues directes de la nature, mais dans la petite carte de ses caprices, ou si l'on veut de ses méprises, qui néanmoins ont un but aussi direct que les premières, puisque ces mêmes productions extraordinaires nous indiquent que tout ce qui peut être est, et que quoique les proportions, la régularité, la symétrie règnent ordinairement dans tous les ouvrages de la nature, les disproportions, les excès et les défauts nous démontrent que l'étude de sa puissance ne se borne point à ces idées de proportion et de régularité auxquelles nous voudrions tout rapporter.

LE MARTIN-PÊCHEUR OU L'ALCYON.

Le nom de *martin-pêcheur* vient de *martinet-pêcheur*, qui était l'ancienne dénomination française de cet oiseau, dont le vol ressemble à celui de l'hirondelle-martinet, lorsqu'elle file près de terre ou sur les eaux. Son nom ancien, *alcyon*, était bien plus noble, et on aurait dû le lui conserver, car il n'y eut pas de nom plus célèbre chez les Grecs; ils appelaient *alcyoniens*, les jours de calme vers le solstice, où l'air et la mer sont tranquilles, jours précieux aux navigateurs, durant lesquels les routes de la mer sont aussi sûres que celles de la terre; ces mêmes jours étaient aussi le temps donné à l'alcyon pour élever ses petits. L'imagination, toujours prête à enluminer de merveilleux les beautés simples de la nature, acheva d'altérer cette image, en plaçant le nid de l'alcyon sur la mer aplanie; c'était Éole qui enchaînait les vents en faveur de ses petits enfans; *Alcyone*, sa fille, plaintive et solitaire, semblait encore redemander aux flots son infortuné Céix, que Neptune avait fait périr, etc.

Cette histoire mythologique de l'oiseau alcyon, n'est, comme toute autre fable, que l'emblême de son histoire naturelle, et l'on peut s'étonner qu'Aldrovande termine sa longue discussion sur l'alcyon, par conclure que cet oiseau n'est plus connu. La seule description d'Aristote pouvait le lui faire reconnaître et lui démontrer que c'est le même oiseau que notre martin-pêcheur. *L'alcyon*, dit ce philosophe, *n'est pas beaucoup plus grand qu'un moineau ; son plumage est peint de bleu, de vert et relevé de pourpre ; ces brillantes couleurs sont unies et fondues dans leurs reflets sur tout le corps et sur les ailes et le cou ; son bec jaunâtre est long et pointu.*

Il est également caractérisé par la comparaison des habitudes naturelles : l'alcyon était solitaire et triste; ce qui convient au martin-pêcheur, que l'on voit toujours seul. Aristote, en faisant l'alcyon habitant des rivages de la mer, dit aussi qu'il remonte les rivières fort haut, et qu'il se tient sur leurs bords; or on ne peut douter que le martin-pêcheur des rivières n'aime également à se tenir sur les rivages de la mer, où il trouve toutes les commodités nécessaires à son genre de vie, et nous en sommes assurés par des témoins oculaires; cependant Klein le nie, mais il n'a parlé que de la mer Baltique, et il a très-mal connu le martin-pêcheur, comme nous aurons occasion de le remarquer. Au reste, l'alcyon était peu commun en Grèce et en Italie; Chéréphon, dans Lucien, admire son chant comme tout nouveau pour lui; Aristote et Pline disent que les apparitions de l'alcyon étaient rares, fugitives, et qu'on le voyait voler d'un trait rapide à l'entour des navires, puis rentrer dans son petit antre du rivage : tout cela convient parfaitement au martin-pêcheur, qui n'est nulle part bien commun, et qui se montre rarement.

On reconnaît également notre martin-pêcheur dans la manière de plonger de l'alcyon, que Lycophron appelle le *plongeur*, et qui, dit Oppien, *se jette et se plonge dans la mer en tombant.* C'est de cette habitude de tomber à plomb dans l'eau, que les Italiens ont nommé cet oiseau *piombino* (petit plomb). Ainsi tous les caractères extérieurs et toutes les habitudes naturelles de notre martin-pêcheur, conviennent à l'alcyon décrit par Aristote. Les poëtes faisaient flotter le nid de l'alcyon sur la mer ; les naturalistes ont reconnu qu'il ne fait point de nid, et qu'il dépose ses œufs dans des trous horizontaux de la rive des fleuves ou du rivage de la mer.

Aristote ne parle distinctement que d'une seule espèce d'alcyon, et ce n'est que sur un passage équivoque et vraisemblablement corrompu, et où, suivant la correction de Gesner, il s'agit de deux espèces d'hirondelles, que les naturalistes en ont fait deux d'alcyons, une petite qui a de la voix, et une grande qui est muette, sur quoi Bélon, pour trouver ces deux espèces, a fait de la rousserole son *alcyon vocal*, en même temps qu'il nomme *alcyon muet* le martin-pêcheur, quoiqu'il ne soit rien moins que muet.

Ces discussions critiques nous ont paru nécessaires, dans un sujet que la plupart des naturalistes ont laissé dans la plus grande obscurité.
Klein, qui le remarque, en augmente encore la
confusion, en attribuant au martin-pêcheur deux
doigts en avant et deux en arrière; il s'appuie
de l'autorité de Schwenckfeld, qui est tombé dans
la même erreur, et d'une figure fautive de Bélon,
que néanmoins ce naturaliste a corrigée lui-même,
en décrivant très-bien la forme du pied de cet
oiseau qui est singulier; des trois doigts antérieurs, l'extérieur est étroitement uni à celui du
milieu, jusqu'à la troisième articulation, de manière à paraître ne faire qu'un seul doigt, ce qui
forme en-dessous une plante de pied large et
aplatie; le doigt intérieur est très-court et plus
que celui de derrière, les pieds sont aussi très-
courts, la tête est grosse, le bec long, épais à sa
base, et filé droit en pointe, laquelle est généralement courte dans les espèces de ce genre.

C'est le plus bel oiseau de nos climats, et il
n'y en a aucun en Europe qu'on puisse comparer
au martin-pêcheur pour la netteté, la richesse
et l'éclat des couleurs : elles ont les nuances de
l'arc-en-ciel, le brillant de l'émail, le lustre de
la soie; tout le milieu du dos, avec le dessus de
la queue est d'un bleu clair et brillant, qui, aux
rayons du soleil, a le jeu du saphir et l'œil de la
turquoise, le vert se mêle sur les ailes au bleu, et
la plupart des plumes y sont terminées et ponc-
tuées par une teinte d'aiguemarine, la tête et le

dessus du cou sont pointillés de même de taches plus claires sur un fond d'azur. Gesner compare le jaune rouge-ardent, qui colore la poitrine, au rouge enflammé d'un charbon.

Il semble que le martin-pêcheur se soit échappé de ces climats où le soleil verse avec les flots d'une lumière plus pure, tous les trésors des plus riches couleurs. Et en effet, si l'espèce de notre martin-pêcheur n'appartient pas précisément aux climats de l'orient et du midi, le genre entier de ces beaux oiseaux en est originaire, car, pour une seule espèce que nous avons en Europe, l'Afrique et l'Asie nous en offrent plus de vingt, et nous en connaissons encore huit autres espèces dans les climats chauds de l'Amérique. Celle de l'Europe est même répandue en Asie et en Afrique; plusieurs martins-pêcheurs, envoyés de la Chine et d'Egypte, se sont trouvés les mêmes que le nôtre, et Bélon dit l'avoir reconnu dans la Grèce et la Thrace.

Cet oiseau, quoiqu'originaire de climats plus chauds, s'est habitué à la température et même au froid du nôtre; on le voit en hiver, le long des ruisseaux, plonger sous la glace, et en sortir en rapportant sa proie; c'est par cette raison que les Allemands l'ont appelé *Eiszvogel*, oiseau de la glace, et Bélon se trompe, en disant qu'il ne fait que passer dans nos contrées, puisqu'il y reste dans le temps de la gelée.

Son vol est rapide et filé; il suit ordinairement les contours des ruisseaux, en rasant la surface de l'eau ; il crie, en volant : *ki, ki, ki, ki,* d'une voix perçante et qui fait retentir les rivages ; il a dans le printemps un autre chant qu'on ne laisse pas d'entendre malgré le murmure des flots et le bruit des cascades ; il est très-sauvage et part de loin ; il se tient sur une branche avancée au-dessus de l'eau pour pêcher, il y reste immobile, et épie souvent deux heures entières le moment du passage d'un petit poisson ; il fond sur cette proie en se laissant tomber dans l'eau où il reste plusieurs secondes ; il en sort avec le poisson au bec, qu'il porte ensuite sur la terre, contre laquelle il le bat pour le tuer, avant de l'avaler.

Au défaut de branches avancées sur l'eau, le martin-pêcheur se pose sur quelque pierre voisine du rivage, ou même sur le gravier ; mais, au moment qu'il aperçoit un petit poisson, il fait un bond de douze à quinze pieds, et se laisse tomber à plomb de cette hauteur ; souvent aussi on le voit s'arrêter dans son vol rapide, demeurer immobile et se soutenir au même lieu pendant plusieurs secondes ; c'est son manége d'hiver, lorsque les eaux troubles ou les glaces épaisses le forcent de quitter les rivières, et le réduisent aux petits ruisseaux d'eau vive ; à chaque pause, il reste comme suspendu à la hauteur de quinze ou vingt pieds, et lorsqu'il veut changer de place, il se rabaisse et ne vole pas à plus d'un pied de hauteur sur l'eau, il se relève ensuite et s'arrête de nouveau. Cet exercice réitéré et presque continuel, démontre que cet oiseau plonge pour de

bien petits objets, poissons ou insectes, et souvent en vain; car il parcourt de cette manière des
demi-lieues de chemin.

Il niche au bord des rivières et des ruisseaux,
dans des trous creusés par des rats d'eau ou par
les écrevisses, qu'il approfondit lui-même, et dont
il maçonne et rétrécit l'ouverture : on y trouve
de petites arêtes de poisson, des écailles sur de
la poussière, sans forme de nid; et c'est sur cette
poussière que nous avons vu ses œufs déposés.

On donne à cet oiseau desséché la propriété
de conserver les draps et autres étoffes de laine,
et d'éloigner les teignes; les marchands le sus-
pendent à cet effet dans leurs magasins; son
odeur de faux musc pourrait peut-être écarter ces
insectes, mais pas plus que toute autre odeur pé-
nétrante. Comme son corps se dessèche aisément,
on a dit que sa chair n'était jamais attaquée de corruption, et ces vertus, quoiqu'imaginaires, le
cèdent encore aux merveilles qu'en ont racontées
quelques auteurs, en recueillant les idées superstitieuses des anciens sur l'Alcyon : il a, disent-ils,
la propriété de repousser la foudre; celle de
faire augmenter un trésor enfoui, et quoique mort,
de renouveler son plumage à chaque saison de
mue; il communique, dit Kirannides, à qui le
porte avec soi, la grâce et la beauté; il donne
la paix à la maison, le calme en mer, attire les
poissons et rend la pêche abondante sur toutes
les eaux » : ces fables flattent la crédulité, mais
malheureusement ce ne sont que des fables.

FRAGMENT

De l'Histoire naturelle des Oiseaux aquatiques.

Les oiseaux d'eau sont les seuls qui réunissent à la jouissance de l'air et de la terre , la possession de la mer. De nombreuses espèces , toutes très-multipliées , en peuplent les rivages et les plaines ; ils voguent sur les flots avec autant d'aisance et plus de sécurité qu'ils ne volent dans leur élément naturel : partout ils y trouvent une subsistance abondante , une proie qui ne peut les fuir ; et pour la saisir , les uns fendent les ondes et s'y plongent ; d'autres ne font que les effleurer en rasant leur surface par un vol rapide ou mesuré sur la distance et la quantité des victimes ; tous s'établissent sur cet élément mobile, comme dans un domicile fixe ; ils s'y rassemblent en grande société , et vivent tranquillement au milieu des orages ; ils semblent même se jouer avec les vagues, lutter contre les vents , et s'exposer aux tempêtes, sans les redouter ni subir de naufrage.

Ils ne quittent qu'avec peine ce domicile de choix , et seulement dans le temps que le soin de leur progéniture , en les attachant au rivage , ne leur permet plus de fréquenter la mer que par instans ; car, dès que leurs petits sont éclos, ils les conduisent à ce séjour chéri, que ceux-ci

chériront bientôt eux-mêmes, comme plus convenable à leur nature que celui de la terre : en
effet, ils peuvent y rester autant qu'il leur plaît,
sans être pénétrés de l'humidité et sans rien perdre de leur agilité, puisque leur corps mollement porté se repose, même en nageant, et reprend bientôt les forces épuisées par le vol. La
longue obscurité des nuits, ou la continuité des
tourmentes, sont les seules contrariétés qu'ils
éprouvent, et qui les obligent à quitter la mer
par intervalles. Ils servent alors d'avant-coureurs,
ou plutôt de signaux aux voyageurs, en leur an-
nonçant que les terres sont prochaines; néanmoins cet indice est souvent incertain. Plusieurs
de ces oiseaux se portent en mer quelquefois si
loin, que M. Kook conseille de ne point regarder
leur apparition comme une indication certaine
du voisinage de la terre, et tout ce que l'on peut
conclure de l'observation des navigateurs, c'est
que la plupart de ces oiseaux ne retournent pas
chaque nuit au rivage, ou que quand il leur faut
pour le trajet et le retour, quelques points de repos, ils les trouvent sur les écueils ou même les
prennent sur les eaux de la mer.

La forme du corps et des membres de ces oiseaux indique assez qu'ils sont navigateurs-nés,
et habitans naturels de l'élément liquide; leur
corps est arqué et bombé comme la carène d'un
vaisseau, et c'est peut-être sur cette figure
que l'homme a tracé celle de ses premiers navires; leur cou, relevé sur une poitrine saillante,

en représente assez bien la proue; leur queue courte et toute rassemblée en un seul faisceau, sert de gouvernail; leurs pieds larges et palmés font l'office de véritables rames; le duvet épais et lustré d'huile, qui revêt tout le corps, est un goudron naturel, qui le rend impénétrable à l'humidité, en même temps qu'il le fait flotter plus légèrement à la surface des eaux, et ceci n'est encore qu'un aperçu des facultés que la nature a données à ces oiseaux pour la navigation : leurs habitudes naturelles sont conformes à ces facultés, leurs mœurs y sont assorties; ils ne se plaisent nulle part autant que sur l'eau; ils semblent craindre de se poser à terre; la moindre aspérité du sol blesse leurs pieds, ramollis par l'habitude de ne presser qu'une surface humide : enfin l'eau est pour eux un lieu de repos et de plaisirs, où tous leurs mouvemens s'exécutent avec facilité, où toutes leurs fonctions se font avec aisance, où leurs différentes évolutions se tracent avec grâce. Voyez les cygnes nager avec mollesse ou cingler sur l'onde avec majesté; ils s'y jouent, s'ébattent, y plongent et reparaissent avec les mouvemens agréables et les plus douces ondulations; aussi le cygne est-il l'emblême de la grâce, premier trait qui nous frappe, même avant ceux de la beauté.

La vie de l'oiseau aquatique est donc plus paisible et moins pénible que celle de la plupart des autres oiseaux; il emploie beaucoup moins de forces pour nager que les autres n'en dépensent pour voler; l'élément qu'il habite lui offre à chaque instant sa subsistance; il la rencontre plus qu'il ne la cherche, et souvent le mouvement de l'onde l'amène à sa portée; il la prend sans fatigue, comme il l'a trouvée sans peine ni travail, et cette vie plus douce, lui donne en même temps des mœurs plus innocentes et des habitudes pacifiques. Chaque espèce se rassemble par le sentiment d'un amour mutuel: nul des oiseaux n'attaque son semblable, nul ne fait sa victime d'aucun autre oiseau, et dans cette grande et tranquille nation, on ne voit point le plus fort inquiéter le plus faible : bien différent de ces tyrans de l'air et de la terre qui ne parcourent leur empire que pour le dévaster, et qui, toujours en guerre avec leurs semblables, ne cherchent qu'à les détruire; le peuple ailé des eaux, partout en paix avec lui-même, ne s'est jamais souillé du sang de son espèce; respectant même le genre entier des oiseaux, il se contente d'une chair moins noble, et n'emploie sa force et ses armes que contre le genre abject des reptiles et le genre muet des poissons. Néanmoins la plupart de ces oiseaux ont avec une grande véhémence d'appétit les moyens d'y satisfaire; plusieurs espèces comme celles du harle, du cravan, du tardonne, etc., ont les bords intérieurs du bec armés de dentelures assez tranchantes pour que la proie saisie ne puisse s'échapper; presque tous sont plus voraces que les oiseaux terrestres, et il faut avouer qu'il y en a quelques-uns, tels que les canards, les mouettes, etc., dont le goût est si peu délicat qu'ils dévorent avec avidité la chair morte et les entrailles de tous les animaux.

Nous devons diviser en deux grandes familles la nombreuse tribu des oiseaux aquatiques; car à côté de ceux qui sont navigateurs et à pieds palmés, la nature a placé les oiseaux de rivage et à pieds divisés, qui, quoique différens pour les formes, ont néanmoins plusieurs rapports et quelques habitudes communes avec les premiers; ils sont taillés sur un autre modèle; leur corps grêle et de figure élancée, leurs pieds dénués de membranes, ne leur permettent ni de plonger ni de se soutenir sur l'eau; ils ne peuvent qu'en suivre les rives; montés sur de très-longues jambes, avec un cou tout aussi long, ils n'entrent que dans les eaux basses, où ils peuvent marcher; ils cherchent dans la vase la pâture qui leur convient; ils sont, pour ainsi dire, amphibies, attachés aux limites de la terre et de l'eau, comme pour en faire le commerce vivant, ou plutôt pour former en ce genre les degrés et les nuances des différentes habitudes qui résultent de la diversité des formes dans toute nature organisée.

Ainsi dans l'immense population des habitans de l'air, il y a trois états ou plutôt trois patries, trois séjours différens : aux uns la nature a donné la terre pour domicile; elle a envoyé les autres cingler sur les eaux : en même temps qu'elle a placé des espèces intermédiaires, aux confins de ces deux élémens, afin que la vie produite en tous lieux, et variée sous toutes les formes possibles, ne laissât rien à ajouter à la richesse de la création, ni rien à désirer à notre admiration sur les merveilles de l'existence.

L'Amérique méridionale, séparée par de vastes mers, des terres de l'Afrique et de l'Asie, inaccessible par cette raison à tous les animaux quadrupèdes de ce continent, l'était aussi pour le plus grand nombre des espèces d'oiseaux qui n'ont jamais pu fournir ce trajet immense d'un seul vol, et sans point de repos. Les espèces des oiseaux terrestres et celles des quadrupèdes de cette partie de l'Amérique se sont trouvées également inconnues; mais ces grandes mers, qui font une barrière insurmontable de séparation pour les animaux et les oiseaux de terre, ont été franchies et traversées au vol et à la nage par les oiseaux d'eau; ils se sont transportés dans les terres les plus lointaines; ils ont eu le même avantage que les peuples navigateurs, qui se sont établis partout; car on a trouvé dans l'Amérique méridionale, non-seulement les oiseaux indigènes et propres à cette terre; mais encore la plus grande partie des espèces d'oiseaux aquatiques des régions correspondantes dans l'ancien continent.

Et ce privilége d'avoir passé d'un monde à l'autre, dans les contrées du midi, semble même s'être étendu jusqu'aux oiseaux de rivages, non

que les eaux aient pu leur fournir une route,
puisqu'ils ne s'y engagent pas et n'en habitent
que les bords; mais parce qu'en suivant les rivages et allant de proche en proche, ils sont par-
venus jusqu'aux extrémités de tous les continens;
et ce qui a dû faciliter ces longs voyages, c'est
que le voisinage de l'eau rend les climats plus
égaux; l'air de la mer toujours frais, même dans
les chaleurs, et tempéré pendant les froids, établit pour les habitans des rivages, une égalité
de température qui les empêche de sentir la
trop forte impression des vicissitudes du ciel, et
leur compose, pour ainsi dire, un climat prati-
quable sous toutes les latitudes, en choisissant
les saisons. Aussi plusieurs espèces qui voyagent en été dans les terres du nord de notre
continent, et qui communiquent par-là aux terres
septentrionales de l'Amérique, paraissent être
parvenues de proche en proche, en suivant les rivages, jusqu'à l'extrémité de ce nouveau continent; car l'on reconnaît, dans les régions aus-
trales de l'Amérique, plusieurs espèces d'oiseaux
de rivage, qui se trouvent également dans les
contrées boréales des deux continens.

La plupart de ces oiseaux aquatiques paraissent être demi-nocturnes; les hérons rôdent la
nuit; la bécasse ne commence à voler que le
soir, le butor crie encore après la chute du jour;
on entend les grues se réclamer du haut des
airs, dans le silence et l'obscurité des nuits, et
les mouettes se promener dans le même temps:

les volées d'oies et de canards sauvages qui tombent sur nos rivières, y séjournent plus la nuit que le jour ; ces habitudes tiennent à plusieurs circonstances relatives à leur subsistance et à leur sécurité ; les vers sortent de terre à la fraîcheur ; les poissons sont en mouvement pendant la nuit, dont l'obscurité dérobe ces oiseaux à l'œil de l'homme et de leurs ennemis ; néanmoins l'oiseau pêcheur ne parait pas se défier assez de ceux même qu'il attaque ; ce n'est pas toujours impunément qu'il fait sa proie des poissons, quelquefois le poisson le saisit et l'avale. Nous avons trouvé un martin-pêcheur dans le ventre d'une anguille ; le brochet gobe assez souvent les oiseaux qui plongent ou frisent en volant sur la surface de l'eau, et même ceux qui viennent seulement au bord pour boire et se baigner ; et dans les mers froides, les baleines et les cachalots ouvrent le gouffre de leur énorme bouche, non-seulement pour engloutir les colonnes de harengs et d'autres poissons, mais aussi les oiseaux qui sont à leur poursuite, tels que les albatroses, les pingouins, les macreuses, etc., dont on trouve les squelettes ou les cadavres encore récens, dans le large estomac de ces grands cétacées.

Ainsi la nature, en accordant de grandes prérogatives aux oiseaux aquatiques, les a soumis à quelques inconvéniens ; elle leur a même refusé l'un de ses plus nobles attributs ; aucun d'eux n'a de ramage, et ce qu'on a dit du chant du cygne, n'est qu'une chanson de la fable, car rien n'est plus réel que la différence frappante qui se trouve entre la voix des oiseaux de terre et celle des oiseaux d'eau : ceux-ci l'ont forte et grande, rude et bruyante, propre à se faire entendre de très-loin, et à retentir sur la vaste étendue des plages de la mer ; cette voix toute composée de tons rauques, de cris et de clameurs, n'a rien de ces accens flexibles et moelleux ni de cette douce mélodie dont nos oiseaux champêtres animent nos bocages, en célébrant le printemps. Comme si l'élément redoutable où règnent les tempêtes, eût à jamais écarté ces charmans oiseaux, dont le chant paisible ne se fait entendre qu'aux beaux jours et dans les nuits tranquilles, et que la mer n'eût laissé à ses habitans ailés que les sons grossiers et sauvages qui percent à travers le bruit des orages, et par lesquels ils se réclament dans le tumulte des vents et le fracas des vagues.

Du reste, la quantité des oiseaux d'eau, en y comprenant ceux de rivages et les comptant par le nombre des individus, peut être aussi grande que celle des oiseaux de terre ; si ceux-ci ont pour s'étendre les monts et les plaines, les champs et les forêts, les autres bordant les rives des eaux, ou se portant au loin sur leurs flots, ont, pour habitation, un second élément aussi vaste, aussi libre que l'air même : et si nous considérons la multiplication par le fonds des subsistances, ce fonds nous paraîtra aussi abondant et plus assuré peut-être que celui des oiseaux terrestres, dont une partie de la nourriture dépend de l'influence des saisons, et une autre très-grande partie du produit des travaux de l'homme. Comme l'abondance est la base de toute société, les oiseaux aquatiques paraissent plus habituellement en troupes que les oiseaux de terre, et dans plusieurs familles, ces troupes sont très-nombreuses ou plutôt innombrables; par exemple, il est peu d'espèces terrestres au moins d'égale grandeur, plus multipliées dans l'état de nature que le paraissent être celles des oies et des canards, et en général, il y a d'autant plus de réunion parmi les animaux qu'ils sont plus éloignés de nous.

Mais les oiseaux terrestres sont aussi d'autant plus nombreux en espèces et en individus, que les climats sont plus chauds; les oiseaux d'eau semblent, au contraire, chercher les climats froids, car les voyageurs nous apprennent que sur les côtes glaciales du septentrion, les goëlans, les pingouins, les macreuses, se trouvent à milliers et en aussi grande quantité que les albatroses, les manchots, les pétrels, sur les îles glacées des régions antarctiques.

Cependant la fécondité des oiseaux de terre paraît surpasser celle des oiseaux d'eau; aucune espèce en effet parmi ces dernières ne produit autant que celle de nos oiseaux gallinacées, en les comparant à grosseur égale; à la vérité, cette fécondité des oiseaux granivores pourrait s'être accrue par l'augmentation des subsistances que

14*

l'homme leur procure en cultivant la terre ; néanmoins dans les espèces aquatiques qu'il a su réduire en domesticité, la fécondité n'a pas fait les mêmes progrès que dans les espèces terrestres ; le canard et l'oie domestiques ne pondent pas autant d'œufs que la poule ; éloignés de leur élément et privés de leur liberté, ces oiseaux perdent sans doute plus que nos soins ne peuvent leur donner ou leur rendre.

Aussi ces espèces aquatiques sont plutôt captives que domestiques ; elles conservent les germes de leur première liberté, qui se manifestent par une indépendance que les espèces terrestres paraissent avoir totalement perdue ; ils dépérissent dès qu'on les tient renfermés, il leur faut l'espace libre des champs et la fraîcheur des eaux où ils puissent jouir d'une partie de leur franchise naturelle, et ce qui prouve qu'ils n'y renoncent pas, c'est qu'ils se rejoignent volontiers à leurs frères sauvages, et s'enfuiraient avec eux, si l'on n'avait pas soin de leur rogner les ailes. Le cygne, ornement des eaux de nos superbes jardins, a plus l'air d'y voyager en pilote, et de s'y promener en maître, que d'y être attaché comme esclave.

Le peu de gêne que les oiseaux aquatiques éprouvent en captivité, fait qu'ils n'en portent que de légères empreintes ; leurs espèces ne s'y modifient pas autant que celles des oiseaux terrestres ; elles y subissent moins de variétés pour les couleurs et les formes ; elles perdent moins de leurs traits naturels et de leur type originaire: on peut le reconnaître par la comparaison de l'espèce du canard, qui n'admet dans nos basses-cours que peu de variétés, tandis que celle de la poule nous offre une multitude de races nouvelles et factices, qui semblent effacer et confondre la race primitive; d'ailleurs les oiseaux aquatiques, étant placés loin de la terre, ne nous connaissent que peu. Il semble qu'en les établissant sur les mers la nature les ait soustraits à l'empire de l'homme qui, plus faible qu'eux sur cet élément, n'en est souvent que le jouet ou la victime.

LA CIGOGNE.

La cigogne est d'un naturel assez doux, elle n'est ni défiante, ni sauvage, et peut se priver aisément et s'accoutumer à rester dans nos jardins, qu'elle purge d'insectes et de reptiles; il semble qu'elle ait l'idée de la propreté, car elle cherche les endroits écartés pour rendre ses excrémens; elle a presque toujours l'air triste et la contenance morne; cependant elle ne laisse pas de se livrer à une certaine gaieté, quand elle y est excitée par l'exemple, car elle se prête au badinage des enfans, en sautant et jouant avec eux; en domesticité, elle vit long-temps et supporte la rigueur de nos hivers.

L'on attribue à cet oiseau des vertus morales, dont l'image est toujours respectable : la tempérance, la fidélité conjugale, la piété filiale et paternelle. Il est vrai que la cigogne nourrit très-

long-temps ses petits et ne les quitte pas qu'elle
ne leur voie assez de force pour se défendre et
se pourvoir d'eux-mêmes; que, quand ils commencent à voler hors du nid, et à s'essayer dans
les airs, elle les porte sur ses ailes; qu'elle les
défend dans les dangers, et qu'on l'a vue, ne pouvant les sauver, préférer de périr avec eux plutôt que de les abandonner; on l'a de même vue
donner des marques d'attachement, et même de
reconnaissance pour les lieux et pour les hôtes
qui l'ont reçue. On assure l'avoir entendue cla-
queter en passant devant les portes, comme pour
avertir de son retour, et faire, en partant, un
semblable signe d'adieu; mais ces qualités morales ne sont rien en comparaison de l'affection
que marquent et des tendres soins que donnent
ces oiseaux à leurs parens trop faibles ou trop
vieux. On a souvent vu des cigognes jeunes et vi-
goureuses, apporter de la nourriture à d'autres,
qui se tenant sur le bord du nid, paraissaient lan-
guissantes et affaiblies, soit par quelque accident
passager, soit que réellement la cigogne, comme
l'ont dit les anciens, ait le touchant instinct de
soulager la vieillesse, et que la nature, en plaçant
jusque dans des cœurs bruts ces pieux sentimens auxquels les cœurs humains ne sont que
trop souvent infidèles, ait voulu nous en donner
l'exemple. La loi de nourrir ses parens fut faite
en leur honneur, et nommée de leur nom chez
les Grecs. Aristophane en fait une ironie amère
contre l'homme.

Ælien assure que les qualités morales de la cigogne étaient la première cause du respect et du
culte des Egyptiens pour elle, et c'est peut-être
un reste de cette ancienne opinion qui fait aujourd'hui le préjugé du peuple, qui est persuadé
qu'elle apporte le bonheur à la maison où elle
vient s'établir.

Chez les anciens ce fut un crime de donner la
mort à la cigogne, ennemie des espèces nuisibles.
En Thessalie il y eut peine de mort pour le meur-
tre d'un de ces oiseaux, tant ils étaient précieux
à ce pays qu'ils purgeaient des serpens. Dans le
Levant, on conserve encore une partie de ce respect pour la cigogne ; on ne la mangeait pas chez
les Romains; un homme qui, par un luxe bizarre,
s'en fit servir une, en fut puni par les railleries
du peuple. Au reste, la chair n'en est pas assez
bonne pour être recherchée, et cet oiseau né notre ami, et presque notre domestique, n'est pas
fait pour être notre victime.

LA GRUE.

De tous les oiseaux voyageurs, c'est la grue
qui entreprend et exécute les courses les plus
lointaines et les plus hardies. Originaire du nord,
elle visite les régions tempérées, et s'avance dans
celles du midi. On la voit en Suède, en Ecosse
aux îles Orcades, dans la Podolie, la Volhynie,
la Lithuanie et dans toute l'Europe septentrionale:
en automne, elle vient s'abattre sur nos plaines
marécageuses et nos terres ensemencées, puis

elle se hâte de passer dans des climats plus méridionaux, d'où, revenant avec le printemps, on la revoit s'enfoncer de nouveau dans le nord, et parcourir ainsi un cercle de voyages avec le cercle des saisons.

Frappés de ces continuelles migrations, les anciens l'appelaient également l'oiseau de Lybie et l'oiseau de Scythie, la voyant tour à tour arriver de l'une et de l'autre de ces extrémités du monde alors connu ; Hérodote, aussi bien qu'Aristote, place en Scythie l'été des grues. C'est en effet de ces régions que partaient celles qui s'arrêtaient dans la Grèce. La Thessalie est appelée, dans Platon, *le pâturage des grues*; elles s'y abattaient en troupes, et couvraient aussi les îles Cyclades. Pour marquer la saison de leur passage, leur voix, dit Hésiode, *annonce du haut des airs au laboureur le temps d'ouvrir la terre.* L'Inde et l'Ethiopie étaient des régions désignées pour leur route au midi.

Strabon dit que les Indiens mangent les œufs des grues ; Hérodote, que les Egyptiens couvrent de leurs peaux des boucliers, et c'est aux sources du Nil que les anciens les envoyaient combattre des Pygmées, *sorte de petits hommes*, dit Aristote, *montés sur de petits chevaux, et qui habitent des cavernes.* Pline arme ces petits hommes de flèches, il les fait porter par des béliers, et descendre au printemps des montagnes de l'Inde, où ils habitent sous un ciel pur, pour venir vers la mer orientale, soutenir, trois mois durant, la guerre contre les grues, briser leurs œufs, enlever leurs petits, *sans quoi, dit-il, ils ne pourroient résister aux troupes toujours plus nombreuses de ces oiseaux*, qui même finirent par les accabler, à ce que pense Pline lui-même, puisque, parcourant des villes maintenant desertes ou ruinées, et que d'anciens peuples habitèrent, il compte celle de *Gérania*, où vivait autrefois la race des *Pygmées*, qu'on croit en avoir été chassés par les grues.

Ces fables anciennes sont absurdes, dira-t-on, et j'en conviens; mais, accoutumés à trouver dans ces fables des vérités cachées, et des faits qu'on n'a pu mieux connaître, nous devons être sobres à porter ce jugement trop facile à la vanité, et trop naturel à l'ignorance; nous aimons mieux croire que quelques particularités singulières, dans l'histoire de ces oiseaux, donnèrent lieu à une opinion si répandue dans une antiquité, qu'après avoir si souvent taxée de mensonges nos nouvelles découvertes nous ont forcés de reconnaître instruite avant nous. On sait que les singes, qui vont en grandes troupes dans la plupart des régions de l'Afrique et de l'Inde, font une guerre continuelle aux oiseaux, ils cherchent à surprendre leur nichée, et ne cessent de leur dresser des embûches; les grues, à leur arrivée, trouvent ces ennemis, peut-être rassemblés en grand nombre pour attaquer cette nouvelle et riche proie avec plus d'avantage; les grues, assez sûres de leurs propres forces, exercées même entre elles aux combats, et naturellement assez disposées à la lutte, comme il paraît par les attitudes où elles se jouent, les mouvemens qu'elles affectent, et à l'ordre des batailles, par celui même de leur vol et de leurs départs, se défendent vivement; mais les singes, acharnés à enlever les œufs et leurs petits, reviennent sans cesse et en troupes au combat; et comme, par leurs stratagèmes, leurs mines et leurs postures, ils semblent imiter les actions humaines, ils parurent être une troupe de petits hommes à des gens peu instruits, ou qui n'aperçurent que de loin, où qui, emportés par l'amour de l'extraordinaire, préférèrent de mettre ce merveilleux dans leurs relations. Voilà l'origine et l'histoire de ces fables.

Les grues portent leur vol très-haut, et se mettent en ordre pour voyager; elles forment un triangle à peu près isocèle, comme pour fendre l'air plus aisément. Quand le vent se renforce et menace de les rompre, elles se resserrent en cercle, ce qu'elles font aussi quand l'aigle les attaque; leur passage se fait le plus souvent dans la nuit, mais leur voix éclatante avertit de leur marche. Dans ce vol de nuit, le chef fait entendre fréquemment une voix de réclame, pour avertir de la route qu'il tient; elle est répétée par la troupe, où chacun répond, comme pour faire connaître qu'elle suit et garde la ligne.

Le vol de la grue est toujours soutenu quoique marqué par diverses inflexions; ses vols différens ont été observés comme des présages des changemens du ciel et de la température; sagacité que l'on peut bien accorder à un oiseau, qui, par la hauteur où il s'élève dans la région de l'air, est en état d'en découvrir ou sentir de plus loin que nous les mouvemens et les altérations. Les cris des grues, dans le jour, indiquent la pluie; des clameurs plus bruyantes et comme tumultueuses, annoncent la tem pête; si, le matin ou le soir, on les voit s'élever et voler paisible— ment en troupe, c'est un indice de sérénité ; au contraire, si elles pressentent l'orage, elles baissent leur vol et s'abattent en terre. La grue a, comme tous les grands oiseaux, excepté ceux de proie, quelque peine à prendre son essor. Elle court quelques pas, ouvre les ailes, s'élève peu d'abord, jusqu'à ce qu'étendant son vol, elle déploie une aile puissante et rapide.

A terre, les grues rassemblées établissent une garde pendant la nuit, et la circouspection de ces oiseaux a été consacrée dans les hiéroglyphes, comme le symbole de la vigilance : la troupe dort la tête cachée sous l'aile, mais le chef veille la tête haute, et si quelque objet le frappe, il en avertit par un cri; c'est pour le départ, dit Pline, qu'elles choisissent ce chef mais sans imaginer un pou— voir reçu ou donné, comme dans les sociétés humaines, on ne peut refuser à ces animaux l'in— telligence sociale de se rassembler, de suivre celui qui appelle, qui précède, qui dirige pour faire le départ, le voyage, le retour dans tout cet ordre, qu'un admirable instinct leur fait sui—

vre : aussi Aristote place-t-il la grue à la tête des oiseaux qui s'attroupent et se plaisent rassemblés.

Les premiers froids de l'automne avertissent les grues de la révolution de la saison, elles partent alors pour changer de ciel. Celles du Danube et de l'Allemagne passent sur l'Italie. Dans nos provinces de France, elles paraissent au mois de septembre et d'octobre, et jusqu'en novembre, lorsque le temps de l'arrière-automne est doux ; mais la plupart ne font que passer rapidement et ne s'arrêtent point, elles reviennent au premier printemps en mars et avril. Quelques-unes s'égarent ou hâtent leur retour ; car Rédit en a vu, le 20 février, aux environs de Pise. Il paraît qu'elles passaient jadis tout l'été en Angleterre, puisque du temps de Ray, c'est-à-dire, au commencement de ce siècle, on les trouvait par grandes troupes dans les terrains marécageux des provinces de Lincoln et de Cambridge ; mais aujourd'hui les auteurs de la Zoologie Britannique disent que ces oiseaux ne fréquentent que fort peu l'île de la Grande-Bretagne, où cependant l'on se souvient de les avoir vues nicher : tellement qu'il y avait une amende prononcée contre qui briserait leurs œufs ; et qu'on voyait communément, suivant Turner, des petits gruaux dans les marchés ; leur chair est en effet une viande délicate dont les Romains faisaient grand cas. Mais je ne sais si ce fait, avancé par les auteurs de la Zoologie Britannique, n'est pas suspect ; car on ne voit pas quelle est la cause qui a pu éloigner les grues de l'Angleterre; ils auraient au moins dû l'indiquer et nous apprendre si l'on a desséché les marais des contrées de Cambridge et de Lincoln, car ce n'est point une diminution dans l'espèce, puisque les grues paraissent **tou**jours aussi nombreuse en Suède, où Linnæus dit qu'on les voit partout dans les campagnes humides. C'est en effet dans les terres du nord, autour des marais, que la plupart vont poser leurs nids ; d'autre côté, Strabon assure que les grues ne nichent que dans les régions de l'Inde, ce qui prouverait, comme nous l'avons vu de la cigogne, qu'elles font deux nichées, et dans les deux climats opposés. Les grues ne pondent que deux œufs, les petits sont à peine élevés qu'arrive le temps du départ, et leurs premières forces sont employées à suivre et accompagner leurs pères et mères dans leurs voyages.

On prend la grue au lacet, à la passée, l'on en fait aussi le vol à l'aigle et au faucon. Dans certains cantons de la Pologne, les grues sont si nombreuses, que les paysans sont obligés de se bâtir des huttes au milieu de leurs champs de blé-sarrazin pour les en écarter. En Perse, où elles sont aussi très-communes, la chasse en est réservée aux plaisirs du prince; il en est de même au Japon, où ce privilége, joint à des raisons superstitieuses, fait que le peuple a pour les grues le plus grand respect; on en a vu de privées, et qui, nourries dans l'état domestique, ont reçu quelque éducation; et comme leur instinct les porte naturellement à se jouer par divers sauts, puis à marcher avec une affectation de gravité, on peut les dresser à des postures et à des danses.

Nous avons dit que les oiseaux, ayant le tissu des os moins serré que les animaux quadrupèdes, vivaient à proportion plus long-temps : la grue nous en fournit un exemple ; plusieurs auteurs ont fait mention de sa longue vie. La grue du philosophe *Leonicus-Thomæus*, dans Paul Jove, est fameuse, il l'a nourri pendant quarante ans et l'on dit qu'ils moururent ensemble.

LE HÉRON COMMUN.

PREMIÈRE ESPÈCE.

Le bonheur n'est pas également départi à tous les êtres sensibles ; celui de l'homme vient de la douceur de son âme, et du bon emploi de ses qualités morales. Le bien-être des animaux ne dépend au contraire que des facultés physiques, et de l'exercice de leur forces corporelles : mais si la nature s'indigne du partage injuste que la société fait du bonheur parmi les hommes, elle-même dans sa marche rapide paraît avoir négligé certains animaux, qui, par imperfection d'organes, sont condamnés à endurer la souffrance, et destinés à éprouver la pénurie : enfans disgraciés, nés dans le dénuement pour vivre dans la privation, leurs jours pénibles se consument dans les inquiétudes d'un besoin tou-

jours renaissant; souffrir et patienter sont souvent leurs seules ressources, et cette peine intérieure trace sa triste empreinte jusque sur leur
figure, et ne leur laisse aucune des grâces dont
la nature anime tous les êtres heureux. Le héron nous présente l'image de cette vie de souffrance, d'anxiété, d'indigence; n'ayant que l'embuscade pour tout moyen d'industrie, il passe
des heures, des jours entiers à la même place,
immobile au point de laisser douter si c'est un
être animé; lorsqu'on l'observe avec une lunette,
car il se laisse rarement approcher, il paraît
comme endormi, posé sur une pierre, le corps
presque droit et sur un seul pied; le cou replié le
long de la poitrine et du ventre; la tête et le
bec couchés entre les épaules, qui se haussent
et excèdent de beaucoup la poitrine, et s'il change
d'attitude, c'est pour en prendre une encore plus
contrainte en se mettant en mouvement; il entre
dans l'eau jusqu'au-dessus du genou, la tête
entre les jambes, pour guetter au passage une
grenouille, un poisson; mais réduit à attendre
que sa proie vienne s'offrir à lui, et n'ayant qu'un
instant pour la saisir, il doit subir de longs jeûnes,
et quelquefois périr d'inanition; car il n'a pas
l'instinct, lorsque l'eau est couverte de glace,
d'aller chercher à vivre dans des climats plus
tempérés; et c'est mal à propos que quelques
naturalistes l'ont rangé parmi les oiseaux de passage, qui reviennent au printemps dans les lieux
qu'ils ont quittés l'hiver, puisque nous voyons

ici des hérons dans toutes les saisons, et même pendant les froids les plus rigoureux et les plus longs : forcés alors de quitter les marais et les rivières gelées, ils se tiennent sur les ruisseaux et près des sources chaudes; et c'est dans ce temps qu'ils sont le plus en mouvement, et où ils font d'assez grandes traversées pour changer de station, mais toujours dans la même contrée; ils semblent donc se multiplier à mesure que le froid augmente, et ils paraissent supporter également et la faim et le froid; ils ne résistent et ne durent qu'à force de patience et de sobriété; mais ces froides vertus sont ordinairement accompagnées du dégoût de la vie. Lorsqu'on prend un héron, on peut le garder quinze jours sans lui voir chercher ni prendre aucune nourriture; il rejette même celle qu'on tente de lui faire avaler; sa mélancolie naturelle, augmentée sans doute par la captivité, l'emporte sur l'instinct de sa conservation, sentiment que la nature imprime le premier dans le cœur de tous les êtres animés : l'apathique héron semble se consumer sans languir; il périt sans se plaindre et sans apparence de regret; l'insensibilité, l'abandon de soi-même et quelques autres qualités toutes aussi négatives, le caractérisent mieux que ses facultés positives; triste et solitaire, hors le temps des nichées, il ne paraît connaître aucun plaisir, ni même les moyens d'éviter la peine. Dans les plus mauvais temps, il se tient isolé, découvert, posé sur un pieu ou sur une pierre, au bord d'un ruisseau, sur une butte, au milieu d'une prairie inondée, tandis que les autres oiseaux cherchent l'abri des feuillages; que, dans les mêmes lieux, le rasle se met à couvert dans l'épaisseur des herbes et le butor au milieu des roseaux, notre héron misérable, reste exposé à toutes les injures de l'air et à la plus grande rigueur des frimas.

Le héron ajoute encore au malheur de sa chétive vie, le mal de la crainte et de la défiance; il paraît s'inquiéter et s'alarmer de tout; il fuit l'homme de très-loin; souvent assailli par l'aigle et le faucon, il n'élude leur attaque qu'en s'élevant au haut des airs et s'efforçant de gagner le dessus; on le voit se perdre avec eux dans la région des nuages. C'était assez que la nature eût rendu ces ennemis trop redoutables au malheureux héron, sans y ajouter l'art d'aigrir leur instinct et d'aiguiser leur antipathie; mais la chasse du héron était autrefois parmi nous le vol le plus brillant de la fauconnerie; il faisait le divertissement des princes qui se réservaient, comme gibier d'honneur, la mauvaise chair de cet oiseau, qualifiée *viande* royale, et servie comme un mets de parade dans les banquets.

C'est sans doute cette distinction attachée au héron, qui fit imaginer de rassembler ces oiseaux, et de tâcher de les fixer dans des massifs de grands bois près des eaux, ou même dans des tours, en leur offrant des aires commodes où ils venaient nicher. On tirait quelque produit de ces héronnières, par la vente des petits héron-

neaux que l'on savait engraisser. Bélon parle
avec une sorte d'enthousiasme des héronnières
que François Ier. avait fait élever à Fontaine-
bleau et du grand effet de l'art qui avait soumis à
l'empire de l'homme des oiseaux aussi sauvages;
mais cet art était fondé sur leur naturel même;
les hérons se plaisent à nicher rassemblés; ils se
réunissent pour cela plusieurs dans un même
canton de forêt, souvent sur un même arbre; on
peut croire que c'est la crainte qui les rassemble,
et qu'ils ne se réunissent que pour repousser de
concert, ou du moins étonner par leur nombre,
le milan et le vautour; c'est au plus haut des
grands arbres que les hérons posent leurs nids,
souvent auprès de ceux des corneilles; ce qui a
pu donner lieu à l'idée des anciens, sur l'amitié
établie entre ces deux espèces, si peu faites pour
aller ensemble.

L'IBIS.

De toutes les superstitions qui aient jamais in-
fecté la raison et dégradé, avili l'espèce humaine,
le culte des animaux serait sans doute la plus
honteuse, si l'on n'en considérait pas l'origine et
les premiers motifs : comment l'homme en effet
a-t-il pu s'abaisser jusqu'à l'adoration des bêtes ?
y a-t-il une preuve plus évidente de notre état de
misère dans ces premiers âges où les espèces nuisibles, trop puissantes et trop nombreuses, en-
touraient l'homme solitaire, isolé, dénué d'armes et des arts nécessaires à l'exercice de ses

forces? ces mêmes animaux, devenus depuis ses esclaves, étaient alors ses maîtres, ou du moins des rivaux redoutables; la crainte et l'intérêt firent donc naître des sentimens abjects et des pensées absurdes, et bientôt la superstition, recueillant les unes et les autres, fit également des dieux de tout être utile ou nuisible.

L'Egypte est l'une des contrées où ce culte des animaux s'est établi le plus anciennement et s'est conservé, observé le plus scrupuleusement pendant un grand nombre de siècles, et ce respect religieux qui nous est attesté par tous les monumens, semble nous indiquer que, dans cette contrée, les hommes ont lutté très-long-temps contre les espèces malfaisantes.

En effet, les crocodiles, les serpens, les sauterelles et tous les autres animaux immondes renaissaient à chaque instant, et pullulaient sans nombre sur le vaste limon d'une terre basse, profondément humide et périodiquement abreuvée par les épanchemens du fleuve; et ce limon fangeux, fermentant sous les ardeurs du tropique, dut soutenir long-temps et multiplier à l'infini toutes ces générations impures, informes, qui n'ont cédé la terre à des habitans plus nobles que quand elle s'est épurée.

LES PLUVIERS.

L'instinct social n'est pas donné à toutes les espèces d'oiseaux, mais dans celles où il se manifeste, il est plus grand, plus décidé que dans les

autres animaux ; non-seulement leurs attroupe-
mens sont plus nombreux et leur réunion plus
constante que celle des quadrupèdes, mais il
semble que ce n'est qu'aux oiseaux seuls qu'appartient cette communauté de goûts, de projets, de plaisirs, et cette union des volontés qui
fait le lien de l'attachement mutuel, et le motif
de la liaison générale. Cette supériorité d'instinct
social dans les oiseaux, suppose d'abord une
nombreuse multiplication, et vient ensuite de ce
qu'ils ont plus de moyens et de facilités de se
rapprocher, de se rejoindre, de demeurer et
voyager ensemble, ce qui les met à portée de s'entendre et de se communiquer assez d'intelligence pour connaître les premières lois de la
société, qui, dans toute espèce d'êtres, ne peut
s'établir que sur un plan dirigé par des vues
concertées. C'est cette intelligence qui produit
entre les individus l'affection, la confiance et les
douces habitudes de l'union, de la paix et de tous
les biens qu'elle procure. En effet, si nous considérons les sociétés libres ou forcées des animaux quadrupèdes, soit qu'ils se réunissent fur-
tivement et à l'écart dans l'état sauvage, soit
qu'ils se trouvent rassemblés avec indifférence
ou regret sous l'empire de l'homme, et attroupés en domestiques ou en esclaves, nous ne pourrons les comparer aux grandes sociétés des oiseaux, formées par pur instinct, entretenues par
goût, par affection, sous les auspices de la pleine
liberté. Nous savons que les oiseaux gallinacées

ont même dans l'état sauvage des habitudes sociales que la domesticité n'a fait que seconder
sans contraindre leur nature; nous voyons tous
les oiseaux qui sont écartés dans les bois, ou dispersés dans les champs, s'attrouper à l'arrière
saison, et, après avoir égayé de leurs jeux les
derniers beaux jours de l'automne, partir de concert pour aller chercher ensemble des climats
plus heureux et des hivers tempérés; et tout
cela s'exécute indépendamment de l'homme,
quoiqu'à l'entour de lui, et sans qu'il puisse y
mettre obstacle; au lieu qu'il anéantit ou contraint toute société, toute volonté commune dans
les animaux quadrupèdes; en les désunissant il
les a dispersés; la marmotte, sociale par instinct,
se trouve reléguée, solitaire à la cime des montagnes; le castor encore plus aimant, plus uni et
presque policé, a été repoussé dans le fond des
déserts; l'homme a détruit ou prévenu toute société entre les animaux, il a éteint celle du cheval, en soumettant l'espèce entière au frein; il a
gêné celle même de l'éléphant, malgré la puissance et la force de ce géant des animaux. Les
oiseaux seuls ont échappé à la domination du
tyran, il n'a rien pu sur leur société qui est aussi
libre que l'empire de l'air; toutes ses atteintes ne
peuvent porter que sur la vie des individus, il
en diminue le nombre; mais l'espèce ne souffre
que cet échec et ne perd ni la liberté, ni son instinct, ni ses mœurs. Il y a même des oiseaux que
nous ne connaissons que par les effets de cet ins-

tinct social, et que nous ne voyons que dans les momens de l'attroupement général et de leur réunion en grande compagnie : telle est en général la société de la plupart des espèces d'oiseaux d'eau, et en particulier celle des pluviers.

L'HUÎTRIER,

Vulgairement LA PIE DE MER.

Les oiseaux qui sont dispersés dans nos champs ou retirés sous l'ombrage de nos forêts, habitent les lieux les plus rians, et les retraites les plus paisibles de la nature ; mais elle n'a pas fait à tous cette douce destinée ; elle en a confiné quelques-uns sur les rivages solitaires, sur la plage nue que les flots de la mer disputent à la terre, sur ces rochers contre lesquels ils viennent mugir et se briser, et sur les écueils isolés et battus de la vague bruyante. Dans ces lieux déserts et formidables pour tous les autres êtres, quelques oiseaux, tels que l'huîtrier, savent trouver la subsistance, la sécurité et les plaisirs ; celui-ci vit de vers marins, d'huîtres, de patelles et autres coquillages qu'il ramasse dans les sables du rivage ; il se tient constamment sur les bancs, les récifs découverts à basse-mer, sur les grèves où il suit le reflux, et ne se retire que sur les falaises, sans s'éloigner jamais des terres ou des rochers. On a aussi donné à cet huîtrier ou mangeur d'huîtres, le nom de *pie de mer*, non-seulement à cause de son plumage noir et blanc, mais

encore parce qu'il fait, comme la pie, un bruit
ou cri continuel, surtout lorsqu'il est en troupe;
ce cri aigre et court est répété sans cesse en
repos et en volant.

LA POULE SULTANE OU LE PORPHYRION.

Les Modernes ont appelé *poule sultane*, un
oiseau fameux chez les anciens sous le nom de
porphyrion; nous avons déjà plusieurs fois remarqué combien les dénominations données par les
Grecs, et la plupart fondées sur des caractères
distinctifs, étaient supérieures aux noms formés
comme au hasard dans nos langues récentes;
sur des rapports ou fictifs ou bizarres, et souvent
démentis par l'inspection de la nature. Le nom
de *poule sultane* nous en fournit un nouvel exemple; c'est apparemment en trouvant quelque ressemblance avec la poule et cet oiseau de rivage,
bien éloigné pourtant du genre gallinacée, et en
imaginant un degré de supériorité sur la poule
vulgaire, par sa beauté ou par son port, qu'on l'a
nommée *poule sultane :* mais le nom de *porphyrion*, en rappelant à l'esprit le rouge ou le pourpre du bec et des pieds, était plus caractéristique
et bien plus juste! Que ne pouvons-nous rétablir
toutes les belles ruines de l'antiquité savante, et
rendre à la nature ces images brillantes et ces
portraits fidèles dont les Grecs l'avaient peinte
et toujours animée, hommes spirituels et sensibles

qu'avaient touchés les beautés qu'elle présente, et la vie que partout elle respire.

Les Grecs, les Romains, malgré leur luxe déprédateur, s'abstinrent également de manger du porphyrion ; ils le faisaient venir de Lybie, de Comagène et des îles Baléares, pour le nourrir et le placer dans les palais et dans les temples où on le laissait en liberté comme un hôte digne de ces lieux par la noblesse de son port, par la douceur de son naturel et par la beauté de son plumage.

L'ANHINCA.

Si la régularité des formes, l'accord des proportions et les rapports de l'ensemble de toutes les parties donnent aux animaux ce qui fait à nos yeux la grâce et la beauté; si leur rang près de nous n'est marqué que par ces caractères; si nous ne les distinguons qu'autant qu'ils nous plaisent, la nature ignore ces distinctions, et il suffit pour qu'ils lui soient chers qu'elle leur ait donné l'existence et la faculté de se multiplier; elle nourrit également au désert l'élégante gazelle et le difforme chameau, le joli chevrotain et la gigantesque girafe; elle lance à la fois dans les airs l'aigle superbe et le hideux vautour; elle cache sous terre et dans l'eau mille générations d'insectes de formes bizarres et disproportionnées ; enfin elle admet les composés les plus disparates, pourvu que par les rapports résultans de

leur organisation, ils puissent subsister et se reproduire; c'est ainsi que, sous la forme d'une feuille,
elle fait vivre les *mantes;* que sous une coque
sphérique, pareille à celle d'un fruit, elle em-
prisonne les oursins; qu'elle filtre la vie et la
ramifie, pour ainsi dire, dans les branches de
l'étoile de mer; quelle aplatit en marteau la
tête de la zigène, et arrondit en globe épineux le
corps entier du poisson lune. Mille autres productions de figures non moins étranges ne nous
prouvent-elles pas que cette mère universelle a
tout tenté pour enfanter, pour répandre la vie
et l'étendre à toutes les formes possibles? Non
contente de varier le trait primitif de son dessin
dans chaque genre, en le fléchissant sous les contours auxquels il pouvait se prêter, ne semble-
t-elle pas avoir voulu tracer d'un genre à un
autre, et même de chacun à tous les autres, des
lignes de communication, des fils de rappro-
chement et de jonction, au moyen desquels rien
n'est coupé et tout s'enchaîne, depuis le plus
riche et le plus hardi de ses chefs-d'œuvre,
jusqu'aux plus simples de ses essais?

LE BEC-EN-CISEAUX.

Le genre de vie, les habitudes et les mœurs
dans les animaux, ne sont pas aussi libres qu'on
pourrait l'imaginer; leur conduite n'est pas le
produit d'une pure liberté de volonté, ni même
un résultat de choix, mais un effet nécessaire
qui dérive de la conformation, de l'organisation

et de l'exercice de leurs facultés physiques; déterminés et fixés chacun à la manière de vivre que
cette nécessité leur impose et prescrit, nul ne
cherche à l'enfreindre, ne peut s'en écarter; c'est
par cette nécessité, tout aussi variée que leurs
formes, que se sont trouvés peuplés tous les districts de la nature; l'aigle ne quitte point ses
rochers, ni le héron ses rivages; l'un fond du
haut des airs sur l'agneau qu'il enlève ou déchire
par le seul droit que lui donne la force de ses
armes, et par l'usage qu'il fait de ses serres cruelles; l'autre, le pied dans la fange, attend, à l'ordre
du besoin, le passage de la proie fugitive : le pic
n'abandonne jamais la tige des arbres, à l'entour
de laquelle il lui est ordonné de ramper; la barge
doit rester dans ses marais; l'alouette dans ses
sillons; la fauvette dans ses bocages; et ne voyons-
nous pas tous les oiseaux granivores chercher
les pays habités et suivre nos cultures, tandis que
ceux qui préfèrent à nos grains les fruits sauvages
et les baies, constans à nous fuir, ne quittent pas
les bois et les lieux escarpés des montagnes, où
ils vivent loin de nous et seuls avec la nature qui
d'avance leur a dicté ses loix et donné les moyens
de les exécuter? Elle retient la gelinotte sous
l'ombre épaisse des sapins; le merle solitaire sur
son rocher; le loriot dans les forêts dont il fait
retentir les échos, tandis que l'outarde va chercher les friches arides, et le râle les humides
prairies : ces loix de la nature sont des décrets
éternels, immuables, aussi constans que la forme

des êtres; ce sont ses grandes et vraies propriétés qu'elle n'abandonne ni ne cède jamais, même dans les choses que nous croyons nous être appropriées; car, de quelque manière que nous les ayons acquises, elles n'en restent pas moins sous son empire : et n'est-ce pas pour le démontrer qu'elle nous a chargés de loger des hôtes importuns et nuisibles, les rats dans nos maisons, l'hirondelle sous nos fenêtres, le moineau sur nos toits; et lorsqu'elle amène la cigogne au haut de nos vieilles tours en ruine, où s'est déjà cachée la triste famille des oiseaux de nuit, ne semble-t-elle pas se hâter de reprendre sur nous des possessions usurpées pour un temps, mais qu'elle a chargé la main sûre des siècles de lui rendre.

Ainsi, les espèces nombreuses et diverses des oiseaux, portées par leur instinct et fixées par leurs besoins dans les différens districts de la nature, se partagent, pour ainsi dire, les airs, la terre et les eaux; chacun y tient sa place et y jouit de son petit domaine et des moyens de subsistance que l'étendue ou le défaut de ses facultés restreint ou multiplie. Et comme tous les degrés de l'échelle des êtres, tous les points de l'existence possible doivent être remplis, quelques espèces, bornées à une seule manière de vivre, réduites à un seul moyen de subsister, ne peuvent varier l'usage des instrumens imparfaits qu'ils tiennent de la nature : c'est ainsi que les cuillers arrondis du bec de la spatule, paraissent uniquement propres à ramasser les coquillages, que la

15*

petite lanière flexible et l'arc rebroussé du bec
de l'avocette la réduisent à vivre d'un aliment
aussi mou que le frai des poissons; que l'huîtrier
n'a son bec en hache que pour ouvrir les écailles,
d'entre lesquelles il tire sa pâture; et que le bec
croisé pourrait à peine se servir de sa pince brisée
s'il ne savait l'appliquer pour soulever l'enve-
lopppe en écaille qui recèle la graine des sapins;
enfin, que l'oiseau nommé *bec-en-ciseaux*, ne
peut ni mordre de côté, ni ramasser devant soi,
ni béqueter en avant, son bec étant composé de
deux pièces excessivement inégales, dont la man-
dibule inférieure, alongée et avancée hors de
toute proportion, dépasse de beaucoup la supérieure, qui ne fait que tomber sur celle-ci, comme
un rasoir sur son manche.

LE NODDI.

L'HOMME si fier de son domaine, et qui en effet commande en maître sur la terre qu'il habite,
est à peine connu dans une autre grande partie
du vaste empire de la nature; il trouve sur les
mers des ennemis au-dessus de ses forces, des
obstacles plus puissans que son art, et des périls
plus grands que son courage : ces barrières du
monde qu'il a osé franchir sont les écueils où se
brise son audace, où tous les élémens conjurés
contre lui conspirent à sa perte, où la nature en
un mot veut régner seule sur un domaine qu'il
s'efforce vainement d'usurper; aussi n'y paraît-
il qu'en fugitif plutôt qu'en maître. S'il en trou-

ble les habitans, si même quelques-uns d'entre eux, tombés dans ses filets ou sous les harpons, deviennent les victimes d'une main qu'ils ne connaissent pas, le plus grand nombre, à couvert au fond de ces abîmes, voit bientôt les frimas, les vents et les orages balayer de la surface des mers ces hôtes importuns et destructeurs, qui ne peuvent que par instant troubler leur repos et leur liberté.

Et en effet, les animaux que la nature, avec des moyens et des facultés bien plus faibles en apparence, a rendus bien plus forts que nous contre les flots et les tempêtes, tels que la plupart des oiseaux *pélagiens*, ne nous connaissent pas; ils se laissent approcher, saisir même avec une sécurité que nous appelons stupide, mais qui montre bien clairement combien l'homme est pour eux un être nouveau, étranger, inconnu, et qui témoigne de la pleine et entière liberté dont jouit l'espèce, loin du maître qui fait sentir son pouvoir à tout ce qui respire près de lui.

LE CYGNE.

Dans toute société, soit des animaux, soit des hommes, la violence fit les tyrans, la douce autorité fait les rois : le lion et le tigre sur la terre, l'aigle et le vautour dans les airs, ne régnent que par la guerre, ne dominent que par l'abus de la force et par la cruauté, au lieu que le cygne règne sur les eaux à tous les titres qui fondent un empire de paix, la grandeur, la majesté, la douceur, avec des puissances, des forces, du courage et la volonté de n'en pas abuser, et de ne les employer que pour la défense : il sait combattre et vaincre, sans jamais attaquer; roi paisible des oiseaux d'eau, il brave les tyrans de l'air, il attend l'aigle sans le provoquer, sans le craindre; il repousse ses assauts, en opposant à ses armes la résistance de ses plumes, et les coups précipités d'une aile vigoureuse qui lui sert d'égide, et souvent la victoire couronne ses efforts; au reste, il n'a que ce fier ennemi, tous les oiseaux de guerre le respectent; et il est en paix avec toute la nature; il vit en ami plutôt qu'en roi au milieu des nombreuses peuplades des oiseaux aquatiques qui toutes semblent se ranger sous sa loi; il n'est que le chef, le premier habitant d'une république tranquille, où les citoyens n'ont rien à craindre d'un maître qui ne demande qu'autant qu'il leur accorde, et ne veut que calme et liberté.

Les grâces de la figure, la beauté de la forme répondent dans le cygne à la douceur du naturel, il plaît à tous les yeux, il décore, embellit tous les lieux qu'il fréquente; on l'aime, on l'applaudit, on l'admire, nulle espèce ne le mérite mieux; la nature en effet n'a répandu sur aucune autant de ces grâces nobles et douces, qui nous rappellent l'idée de ses plus charmans ouvrages, coupe de corps élégante, formes arrondies, gracieux contours, blancheur éclatante et pure, mouvemens flexibles et ressentis, attitudes tantôt animées, tantôt laissées dans un mol abandon; tout dans le cygne respire la volupté , l'enchantement que nous font éprouver les grâces et la beauté; tout nous l'annonce, tout le peint comme l'oiseau de l'amour, tout justifie la spirituelle et riante mythologie, d'avoir donné ce charmant oiseau pour père à la plus belle des mortelles.

A sa noble aisance, à la facilité, la liberté de ses mouvemens sur l'eau, on doit le reconnaître non-seulement comme le premier des navigateurs ailés, mais comme le plus beau modèle que la nature nous ait offert pour l'art de la navigation. Son cou élevé et sa poitrine relevée et arrondie, semblent, en effet, figurer la proue du navire fendant l'onde, son large estomac en représente la carène ; son corps penché en avant, pour cingler , se redresse à l'arrière et se relève en poupe; la queue est un vrai gouvernail; les pieds sont de larges rames, et ses grandes ailes, demi- ouvertes au vent et doucement enflées, sont les voiles qui poussent le vaisseau vivant, navire et pilote à la fois.

Fier de sa noblesse, jaloux de sa beauté, le cygne semble faire parade de tous ses avantages; il a l'air de chercher à recueillir des suffrages, à captiver les regards, et il les captive en effet, soit que voyageant en troupe, on voie de loin, au milieu des grandes eaux, cingler la flotte ailée, soit que s'en détachant et s'approchant du rivage aux signaux qui l'appellent, il vienne se faire admirer de plus près, en étalant ses beautés, et développant ses grâces par mille mouvemens doux, ondulans et suaves.

Aux avantages de la nature, le cygne réunit ceux de la liberté ; il n'est pas du nombre de ces esclaves que nous puissions contraindre ou renfermer ; libre sur nos eaux, il n'y séjourne, ne s'établit qu'en y jouissant d'assez d'indépendance pour exclure tout sentiment de servitude et de captivité ; il veut à son gré parcourir les eaux, débarquer au rivage, s'éloigner au large ou venir, longeant la rive, s'abriter sous les bords, se cacher dans les joncs, s'enfoncer dans les anses les plus écartées, puis, quittant sa solitude, revenir à la société, et jouir du plaisir qu'il paraît prendre et goûter en s'approchant de l'homme, pourvu qu'il trouve en nous ses hôtes et ses amis, et non ses maîtres et ses tyrans.

Chez nos ancêtres, trop simples ou trop sages pour remplir leurs jardins des beautés froides de l'art, en place des beautés vives de la nature, les cygnes étaient en possession de faire l'ornement de toutes les pièces d'eau ; ils animaient, égayaient les tristes fossés des châteaux, ils décoraient la plupart des rivières et même celle de la capitale, et l'on vit l'un des plus sensibles et des plus aimables de nos princes mettre au nombre de ses plaisirs celui de peupler de ces beaux oiseaux les bassins de ses maisons royales.

Le cygne nage si vite, qu'un homme marchant rapidement au rivage, a grand peine à le suivre. Ce que dit Albert qu'il *nage bien*, *marche mal*, *et voie médiocrement*, ne doit s'entendre, quant au vol, que du cygne abâtardi par une domesticité forcée; car, libre sur nos eaux et surtout sauvage, il a le vol très-haut et très-puissant; Hésiode lui donne l'épithète d'*altivolans*, Homère le range avec les oiseaux grands voyageurs, les grues et les oies; et Plutarque attribue à deux cygnes, ce que Pindare feint des deux aigles que Jupiter fit partir des deux côtés opposés du monde, pour en marquer le milieu au point où ils se rencontrèrent.

Le cygne, supérieur en tout à l'oie, qui ne vit guère que d'herbages et de graines, sait se procurer une nourriture plus délicate et moins commune; il ruse sans cesse pour attraper et saisir du poisson; il prend mille attitudes différentes pour le succès de sa pêche, et tire tout l'avantage possible de son adresse et de sa grande force; il sait éviter ses ennemis ou leur résister; un vieux cygne ne craint pas dans l'eau le chien le plus fort; son coup d'aile pourrait casser la jambe d'un homme, tant il est prompt et violent; enfin il paraît que le cygne ne redoute aucune embûche, aucun ennemi, parce qu'il a autant de courage que d'adresse et de force.

Les cygnes sauvages volent en grandes troupes et de même les cygnes domestiques, marchent et nagent attroupés; leur instinct social est en tout très-fortement marqué. Cet instinct, le plus doux de la nature, suppose des mœurs innocentes, des habitudes paisibles, et ce naturel délicat et sensible, qui semble donner aux actions produites par ce sentiment, l'intention et le prix des qualités morales. Le cygne a de plus l'avantage de jouir jusqu'à un âge extrêmement avancé de sa belle et douce existence; tous les observateurs s'accordent à lui donner une très-longue vie; quelques-uns même en ont porté la durée jusqu'à trois cents ans : ce qui sans doute est fort exagéré.

Les anciens ne s'étaient pas contentés de faire du cygne un chantre merveilleux; seul entre tous les êtres qui frémissent à l'aspect de leur destruction, il chantait encore au moment de son agonie, et préludait par des sons harmonieux à son dernier soupir : c'était, disaient-ils, près d'expirer, et faisant à la vie un adieu triste et tendre, que le cygne rendait ces accens si doux et si touchans, et qui, pareils à un léger et douloureux murmure, d'une voix basse, plaintive et lugubre, formaient son chant funèbre. On entendait ce chant lorsqu'au lever de l'aurore les vents et les flots étaient calmés; on avait même vu des cygnes expirant en musique et chantant leurs hymnes funéraires. Nulle fiction en histoire naturelle, nulle fable chez les anciens n'a été plus célébrée, plus répétée, plus accréditée, elle s'était emparée de l'imagination vive et sensible des Grecs; poëtes, orateurs, philosophes même l'ont adoptée, comme une vérité trop agréable, pour vouloir en douter. Il faut bien leur pardonner leurs fables; elles étaient aimables et touchantes; elles valaient bien de tristes, d'arides vérités : c'étaient de doux emblêmes pour les âmes sensibles. Les cygnes, sans doute, ne chantent point leur mort; mais toujours, en parlant du dernier effort et des derniers élans d'un beau génie prêt à s'éteindre, on rappellera avec sentiment cette expression touchante; *c'est le chant du cygne !*

LA CHOUETTE OU LA GRANDE CHEVÈCHE.

Cette espèce, qui est la chouette proprement dite, et qu'on peut appeler la *chouette des rochers* ou la *grande chevéche*, est assez commune, mais elle n'approche pas aussi souvent de nos habitations que l'effraie; elle se tient plus volontiers dans les carrières, dans les rochers, dans les bâtimens ruinés et éloignés des lieux habités : il semble qu'elle préfère les pays de montagnes, et qu'elle cherche les précipices escarpés et les endroits solitaires; cependant on ne la trouve pas dans les bois, et elle ne se loge pas dans des arbres creux. On la distinguera aisément de la hulotte et du chat-huant par la couleur des yeux qui sont d'un très-beau jaune, au lieu que ceux de la hulotte sont d'un brun presque noir, et ceux du chat-huant d'une couleur bleuâtre; on la distinguera plus difficilement de l'effraie, parce que toutes deux ont l'iris des yeux jaune, environné de même d'un grand cercle de petites plumes blanches : que toutes deux ont du jaune sous le ventre, et qu'elles sont à peu près de la même grandeur; mais la chouette des rochers est en général plus brune, marquée de taches plus grandes, et longues comme de petites flammes; au lieu que les taches de l'effraie, lorsqu'elle en a, ne sont, pour ainsi dire, que des points ou des gouttes; et c'est par cette raison qu'on a appelé l'effraie *noctua guttata*, et la chouette des rochers, dont il est ici question, *noctua flammeata*, elle a aussi les pieds bien plus garnis de plumes, et le bec tout brun, tandis que celui de l'effraie est blanchâtre, et n'a de brun qu'à son extrémité. Au reste, la femelle, dans cette espèce, a les couleurs plus claires, et les taches plus petites que le mâle.

Bélon dit que cette espèce s'appelle la grande chevêche; ce nom n'est pas impropre, car cet oiseau ressemble assez, par son plumage et par ses pieds bien garnis de duvet, à la petite chevêche que nous appelons simplement chevêche; il paraît être aussi du même naturel, ne se tenant tous deux que dans les rochers, les carrières, et très-peu dans les bois : ces deux espèces ont aussi un nom particulier, *kautz*, ou *kautz-lein* en allemand, qui répond au nom particulier, chevêche en français. M. Salerne dit que la chouette du pays d'Orléans est certainement la grande chevêche de Bélon; qu'en Sologne on l'appelle chevêche, et plus communément *chavoche* ou *caboche;* que les laboureurs font grand cas de cet oiseau, en ce qu'il détruit quantité de mulots; que dans le mois d'avril on l'entend crier jour et nuit *gout*, mais d'un ton assez doux, et que quand il doit pleuvoir, elle change de cri et semble dire *goron*; qu'elle ne fait point de nid, ne pond que trois œufs tout blancs, parfaitement ronds, et gros comme ceux d'un pigeon ramier; il dit aussi qu'elle loge dans des arbres creux, et qu'Olina se trompe lourdement quand il avance qu'elle couve les deux derniers mois de l'hiver : cependant ce dernier fait n'est pas éloigné du vrai; non-seulement cette chouette, mais même toutes les autres pondent au commencement de mars, et couvent par conséquent dans ce même temps; et à l'égard de la demeure habituelle de la chouette ou grande chevêche, dont il est ici question, nous avons observé qu'elle ne la prend pas dans des arbres creux, comme l'assure M. Salerne, mais dans des trous de rochers et dans les carrières, habitude qui lui est commune avec la petite chevêche; elle est aussi considérablement plus petite que la hulotte, et même plus petite que le chat-huant, n'ayant guère que onze pouces de longueur depuis le bout du bec jusqu'aux ongles.

Il paraît que cette grande chevêche qui est assez commune en Europe, surtout dans les pays de montagnes, se retrouve en Amérique dans celles du Chili, et que l'espèce indiquée par le père Feuillée sous le nom de *chevêche-lapin*, et à laquelle il a donné ce surnom de lapin, parce qu'il l'a trouvée dans un trou fait dans la terre; que cette espèce, dis-je, n'est qu'une variété de notre grande chevêche ou chouette des rochers d'Europe, car elle est de la même grandeur et n'en diffère que par la distribution des couleurs, ce qui n'est pas suffisant pour en faire une espèce distincte et séparée. Si cet oiseau creusait lui-même son trou, comme le père Feuillée paraît le croire, ce serait une [raison pour le juger d'une autre espèce que notre chevêche et même que toutes nos autres chouettes; mais il ne s'ensuit pas de ce qu'il a trouvé cet oiseau au fond d'un terrier, que ce soit l'oiseau qui l'ait creusé; et ce qu'on en peut seulement induire, c'est qu'il est du même naturel que nos chevêches d'Europe, qui préfèrent constamment les trous, soit dans les pierres, soit dans les terres, à ceux qu'elles pourraient trouver dans les arbres creux.

LA CHEVÈCHE OU LA PETITE CHOUETTE.

La chevêche et le scops ou petit duc, sont à peu près de la même grandeur : ce sont les plus petits oiseaux du genre des hiboux et des chouettes; ils ont sept ou huit pouces de longueur, depuis le bout du bec jusqu'à l'extrémité des ongles, et ne sont que de la grosseur d'un merle; mais on ne les prendra pas l'un pour l'autre, si l'on se souvient que le petit duc a des aigrettes, qui sont à la vérité très-courtes et composées d'une seule plume, et que la chevêche a la tête dénuée de ces deux plumes éminentes; d'ailleurs elle a l'iris des yeux d'un jaune plus pâle, le bec brun à la base et jaune vers le bout,

au lieu que le petit duc a tout le bec noir; elle en
diffère aussi beaucoup par les couleurs, et peut
aisément être reconnue par la régularité des taches blanches qu'elle a sur les ailes et sur le corps,
et aussi par sa queue courte comme celle d'une
perdrix; elle a encore les ailes beaucoup plus
courtes à proportion, plus courtes même que la
grande chevêche, elle a un cri ordinaire *poiipoii, poiipoii,* qu'elle pousse et répète en volant,
et un autre cri qu'elle ne fait entendre que quand
elle est posée, qui ressemble beaucoup à la voix
d'un jeune homme qui s'écrierait *hémé, esmé* plusieurs fois de suite : elle se tient rarement dans
les bois; son domicile ordinaire est dans les ma-
sures écartées des lieux peuplés, dans les carrières, dans les ruines des anciens édifices abandonnés ; elle ne s'établit pas dans les arbres creux,
et ressemble, par toutes ces habitudes, à la
grande chevêche; elle n'est pas absolument oiseau de nuit, elle voit pendant le jour beaucoup
mieux que les autres oiseaux nocturnes, et souvent elle s'exerce à la chasse des hirondelles et
des autres petits oiseaux, quoiqu'assez infruc-
tueusement, car il est rare qu'elle en prenne;
elle réussit mieux avec les souris et les petits
mulots, qu'elle ne peut avaler entiers, et qu'elle
déchire avec le bec et les ongles; elle plume aussi
très-proprement les oiseaux avant de les manger,
au lieu que les hiboux, la hulotte et les autres
chouettes les avalent avec la plume, qu'elles vo-
missent ensuite, sans pouvoir la digérer; elle

pond cinq œufs qui sont tachetés de blanc et de jaunâtre, et fait son nid presque à crud dans des trous de rochers ou de vieilles murailles ; M. Frisch dit que comme cette petite chouette cherche la solitude, qu'elle habite communément les églises, les voûtes, les cimetières où l'on construit des tombeaux, quelques-uns l'ont nommée *l'oiseau d'église ou de cadavre, kirken-oder, leich en-huhu,* et que comme on a remarqué aussi qu'elle voltigeait quelquefois autour des maisons où il avait des mourans, que le peuple superstitieux l'a appelée *oiseau de mort ou de cadavre,* s'imaginant qu'elle présageait la mort des malades. M. Frisch n'a pas fait attention que c'est à l'effraie, et non pas à la chevêche qu'appartiennent toutes ces imputations, car cette petite chouette est très-rare en comparaison de l'effraie ; elle ne se tient pas comme celle-ci dans les clochers, dans les toits des églises ; elle n'a pas le soufflement lugubre ni le cri âcre et effrayant de l'autre, et ce qu'il y a de certain, c'est que, si cette petite chouette ou chevêche est regardée en Allemagne comme l'oiseau de la mort, en France c'est à l'effraie qu'on donne ce nom sinistre. Au reste, la chevêche ou petite chouette dont M. Frisch a donné la figure, et qui se trouve en Allemagne, paraît être une variété dans l'espèce de notre chevêche; elle est beaucoup plus noire par le plumage, et a aussi l'iris des yeux noir, au lieu que notre chevêche est beaucoup moins brune, et a l'iris des yeux jaune ; nous avons aussi au cabinet une variété de l'espèce de la chevêche, qui nous a été envoyée de Saint-Domingue, et qui ne diffère de notre chevêche de France, qu'en ce qu'elle a un peu moins de blanc sous la gorge, et que la poitrine et le ventre sont rayés transversalement de bandes brunes assez régulières, au lieu que dans notre chevêche il n'y a que des taches brunes semées irrégulièrement sur ces mêmes parties.

Pour représenter en raccourci, et d'une manière plus facile à saisir les caractères qui distinguent les cinq espèces de chouettes, nous dirons que la hulotte est la plus grande et la plus grosse, qu'elle a les yeux noirs, le plumage noirâtre, et le bec d'un blanc jaunâtre, qu'on peut la nommer la *grosse chouette noire aux yeux noirs*, que le chat-huant est moins grand et beaucoup moins gros que la hulotte, qu'il a les yeux bleuâtres, le plumage roux, mêlé de gris de fer, le bec d'un blanc verdâtre, et qu'on peut l'appeler la *chouette rousse et gris de fer aux yeux bleus*, que l'effraie est à peu près de la même grandeur que le chat-huant, qu'elle a les yeux jaunes, le plumage d'un jaune blanchâtre, varié de taches bien distinctes, le bec blanc avec le bout du crochet brun, et qu'on peut l'appeler la *chouette blanche ou jaune aux yeux oranges*, que la grande chevêche ou chouette des rochers n'est pas si grande que le chat-huant ni l'effraie, quoiqu'elle soit à peu près aussi grosse, qu'elle a le plumage brun, les yeux d'un beau jaune et le bec brun, et qu'on peut l'appeler la *chouette brune aux yeux jaunes et au bec brun,* que la petite chouette ou chèvêche est beaucoup plus petite qu'aucune des autres, qu'elle a le plumage brun, régulièrement taché de blanc, les yeux d'un jaune pâle et le bec brun à la base, et jaune vers le bout, et qu'on peut l'appeler la *petite chouette brune aux yeux jaunâtres, au bec brun et orangé.* Ces caractères se trouveront vrais en général, les femelles et les mâles de toutes ces espèces se ressemblant assez par les couleurs, pour que les différences ne soient pas fort sensibles ; cependant il y a ici, comme dans toute la nature, des variétés assez considérables, surtout dans les couleurs ; il se trouve des hulottes plus noires les unes que les autres, des chats-huants, plutôt couleur de plomb que gris de fer foncé, des effraies plus blanches ou plus jaunes les unes que les autres, des chouettes ou chevêches grandes et petites, plutôt fauves que brunes ; mais en réunissant ensemble et comparant les caractères que nous venons d'indiquer, je crois que tout le monde pourra les reconnaître, c'est-à-dire, les distinguer les unes des autres sans s'y méprendre.

OISEAUX ETRANGERS

Qui ont rapport aux Hiboux et aux Chouettes.

L'OISEAU appelé *Cabure* ou *Caboure* par les Indiens du Brésil, qui a des aigrettes de plumes sur la tête, et qui n'est pas plus gros qu'une litorne ou grive des genevriers. Ces deux caractères suffisent pour indiquer qu'il tient de très-près à l'espèce du scops ou petit duc, si même il n'est pas une variété de cette espèce. Marcgrave est le seul qui ait décrit cet oiseau, il n'en donne pas la figure. « C'est, dit-il, une espèce de hibou de la grandeur d'une litorne (*turdela*); il a la tête ronde, le bec court, jaune et crochu avec deux trous pour narines; les yeux beaux, grands, ronds, jaunes avec la pupille noire; sous les yeux et à côté du bec, il y a des poils longuets et bruns; les jambes sont courtes et entièrement couvertes, aussi bien que les pieds, de plumes jaunes; quatre doigts à l'ordinaire, avec des ongles sémilunaires, noirs et aigus; la queue large, et à l'origine de laquelle se terminent les ailes; le corps, le dos, les ailes et la queue, sont de couleur d'ombre pâle, marquées sur la tête et le cou de très-petites taches, et sur les ailes de plus grandes taches de cette même couleur; la queue est ondée de blanc, la poitrine et le ventre sont d'un gris blanchâtre, marqué d'ombre pâle (c'est-à-dire brun clair). Marcgrave ajoute que cet oiseau s'apprivoise aisément, qu'il peut tourner la tête et alonger le cou, de manière que l'extrémité de son bec touche au milieu de son corps; qu'il joue avec les hommes comme un singe, et fait à leur aspect diverses bouffonneries et craquemens de bec; qu'il peut outre cela remuer les plumes qui sont des deux côtés de la tête, de manière qu'elles se dressent et représentent des petites cornes ou des oreilles; enfin qu'il vit de chair crue. Kolbe dit que les chouettes, qu'on trouve en quantité au Cap, sont de la même taille que celles d'Europe, que leurs plumes sont partie rouges et partie noires, avec un mélange de taches grises qui les rendent très-belles, et qu'il y a plusieurs Européens au Cap qui gardent des chouettes apprivoisées, qu'on voit courir autour de leurs maisons; et qu'elles servent à nettoyer leurs chambres de souris. Quoique cette description ne soit pas assez détaillée pour en faire une bonne comparaison avec celle de Marcgrave, on peut croire que ces chouettes du Cap, qui s'apprivoisent aisément, comme les hiboux du Brésil, sont plutôt de cette même espèce que de celles d'Europe, parce que les influences du climat sont à peu près les mêmes au Brésil et au Cap, et que les différences et les variétés des espèces sont toujours analogues aux influences du climat.

L'oiseau de la baie de Hudson, appelé dans cette partie de l'Amérique, *caparacoch*, très-bien décrit, dessiné, gravé et colorié par M. Edwards, qui l'a nommé *hawk-orvel*, chouette-épervier, parce qu'il participe des deux, et qu'il semble faire en effet la nuance entre ces deux genres d'oiseaux; il n'est guère plus gros qu'un épervier de la petite espèce, *sparrow-hawk* épervier des moineaux. La longueur de ses ailes et de sa queue lui donne l'air d'un épervier; mais la forme de sa tête et de ses pieds démontre qu'il touche de plus près au genre des chouettes; cependant il vole, chasse et prend sa proie en plein jour, comme les autres oiseaux de proie diurnes; son bec est semblable à celui de l'épervier, mais sans angles sur les côtés; il est luisant et de couleur orangée, couvert presqu'entier de poils, ou plutôt de petites plumes décomposées et grises, comme dans la plupart des espèces de chouettes; l'iris des yeux est de la même couleur que celle du bec, c'est-à-dire, orangée; ils sont entourés de blanc, ombragés d'un peu de brun moucheté de petites taches longuettes et de couleur obscure; un cercle noir environne cet espace blanchâtre, et s'étend autour de la face jusqu'auprès des oreilles, au delà de ce cercle noir se trouve encore un peu de blanc; le sommet de la tête est d'un brun foncé, marqueté de petites taches blanches et rondes; le tour du cou et les plumes, jusqu'au milieu du dos, sont d'un brun obscur et bordés de blanc; les ailes sont brunes et élégamment tachées de blanc, les plumes scapulaires sont rayées transversalement de blanc et de brun; les trois plumes les plus voisines du corps ne sont pas tachées, mais seulement bordées de blanc; la partie inférieure du dos, le croupion et les couvertures du dessus de la queue sont d'un brun foncé, avec des raies transversales d'un brun plus léger; la partie inférieure de la gorge, la poitrine, le ventre, les côtés, les jambes, la couverture du dessous de la queue et les petites couvertures du dessous des ailes sont blanches, avec des raies transversales brunes; les grandes sont d'un cendré obscur, avec des taches blanches sur les deux bords ; la première des grandes plumes de l'aile est toute brune , sans tache ni bordure blanche, et il n'y a rien de semblable aux autres plumes de l'aile, comme on peut aussi le remarquer dans les autres chouettes ; les plumes de la queue sont au nombre de douze , d'une couleur cendrée en dessus , d'un brun obscur en dessous, avec des raies transversales étroites et blanches ; les jambes et les pieds sont couverts de plumes fines, douces et blanches comme celles du ventre , traversées de lignes brunes plus étroites et plus courtes : les ongles sont crochus , aigus et d'un brun foncé.

Un autre individu de la même espèce était un peu plus gros, et avait les couleurs plus claires, ce qui fait présumer que celui qu'on vient de décrire est le mâle, et ce second-ci la femelle : tous deux ont été apportés de la baie de Hudson en Angleterre, par M. Light, à M. Edwards.

LE HARFANG.

L'oiseau qui se trouve dans les terres septentrionales des deux continens , que nous appellerons *harfang*, du nom *harfaong* qu'il porte en Suède, et qui par sa grandeur est à l'égard des chouettes, ce que le grand duc est à l'égard des hiboux ; car ce harfang n'a point d'aigrettes sur la tête , et il est encore plus grand et plus gros que le grand duc ; comme la plupart des oiseaux du nord, il est presque partout d'un très-beau blanc. Cet oiseau qui est commun dans les terres de la baie de Hudson, est apparemment confiné dans les pays du nord, car il est très-rare en Transylvanie, dans le nouveau continent, et en Europe, on ne le trouve plus en-deçà de la Suède et du pays de Dantzick; il est presque blanc et sans taches dans les montagnes de Laponie. M. Klein dit que cet oiseau, qu'on appelle *hûrfang* en Suède, se nomme *wessebunte schlictetecule* en Allemagne, qu'il a eu à Dantzick le mâle et la femelle vivans, pendant plusieurs mois, en 1747. M. Ellis rapporte que le grand hibou blanc sans oreilles (c'est-à-dire, cette grande chouette blanche), abonde aussi-bien que le hibou couronné (c'est-à-dire, le grand duc), dans les terres qui avoisinent la baie de Hudson : «Il est, dit cet auteur, d'un blanc éblouissant, et l'on a peine à le distinguer; il y paraît pendant toute l'année; il vole souvent en plein jour, et donne la chasse aux perdrix blanches : on voit par tous ces témoignages que le harfang, qui est sans comparaison la plus grande de toutes les chouettes, se trouve assez communément dans les terres septentrionales des deux continens; mais qu'apparemment cet oiseau craint le chaud, puisqu'on ne le trouve dans aucun pays du midi. »

LE CHAT-HUANT DE CAYENNE.

L'oiseau que nous avons cru devoir appeler le *chat-huant* de Cayenne, n'a été indiqué par aucun naturaliste; il est en effet de la grandeur du chat-huant, dont cependant il diffère par la couleur des yeux, qu'il a jaunes ; en sorte qu'on pourrait peut-être le rapporter également à l'espèce de l'effraie: mais, dans le vrai, il ne ressemble ni à l'un ni à l'autre, et nous paraît être un oiseau différent de tous ceux que nous avons indiqués : il est particulièrement remarquable par son plumage roux, rayé transversalement de lignes en ondes brunes et très-étroites, non-seulement sur la poitrine et le ventre, mais même sur le dos; il a aussi le bec couleur de chair et les ongles noirs; cette courte description suffira pour faire distinguer cette espèce nouvelle de toutes les autres chouettes.

FRAGMENS

Du Discours que Buffon a prononcé lors de sa réception à l'Académie Française.

Il s'est trouvé dans tous les temps des hommes qui ont su commander aux autres par la puissance de la parole, ce n'est néanmoins que dans les siècles éclairés que l'on a bien écrit et bien parlé. La véritable éloquence suppose l'exercice du génie et la culture de l'esprit. Elle est bien différente de cette facilité naturelle de parler qui n'est qu'un talent, une qualité accordée à tous ceux dont les passions sont fortes, les organes souples et l'imagination prompte. Ces hommes

sentent vivement, s'affectent de même ; le marquent fortement au dehors ; et, par une impression purement mécanique, ils transmettent aux
autres leur enthousiasme et leurs affections. C'est
le corps qui parle au corps, tous les mouvemens,
tous les signes concourent et servent également.
Que faut-il pour émouvoir la multitude et l'en-
traîner ? que faut-il pour ébranler la plupart des
autres hommes et les persuader ? un ton véhé-
ment et pathétique, des gestes expressifs et fréquens, des paroles rapides et sonnantes. Mais
pour le petit nombre de ceux dont la tête est
ferme, le goût délicat, et le sens exquis, et qui
comme vous, messieurs, comptent pour peu le
ton, les gestes, et le vain son des mots, il faut des
choses, des pensées, des raisons, il faut savoir
les présenter, les nuancer, les ordonner : il ne
suffit pas de frapper l'oreille et d'occuper les
yeux, il faut agir sur l'âme et toucher le cœur
en parlant à l'esprit.

Le style n'est que l'ordre et le mouvement
qu'on met dans ses pensées. Si on les enchaîne
étroitement, si on les serre, le style devient fort,
nerveux et concis, si on les laisse se succéder
lentement, et ne se joindre qu'à la faveur des
mots, quelqu'élégans qu'ils soient, le style sera
diffus, lâche et traînant.

Mais, avant de chercher l'ordre dans lequel
on présentera ses pensées, il faut s'en être fait
un autre plus général, où ne doivent entrer que
les premières vues et les principales idées : c'est

en marquant leur place sur ce plan, qu'un sujet sera circonscrit, et que l'on en connaîtra l'étendue ; c'est en se rappelant sans cesse ces premiers linéamens, qu'on déterminera les justes intervalles qui séparent les idées principales, et qu'il naîtra des idées accessoires et moyennes, qui serviront à les remplir. Par la force du génie, on se représentera toutes les idées générales et particulières sous leur véritable point de vue ; par une grande finesse de discernement, on distinguera les pensées stériles des idées fécondes ; par la sagacité que donne la grande habitude d'écrire, on sentira d'avance quel sera le produit de toutes ces opérations de l'esprit. Pour peu que le sujet soit vaste ou compliqué, il est bien rare qu'on puisse l'embrasser d'un coup d'œil, ou le pénétrer en entier d'un seul et premier effort de génie ; et il est rare encore qu'après bien des réflexions on en saisisse tous les rapports. On ne peut donc trop s'en occuper ; c'est même le seul moyen d'affermir, d'étendre et d'élever ses pensées : plus on leur donnera de substance et de force, plus il sera facile ensuite de les réaliser par l'expression.

Ce plan n'est pas encore le style, mais il en est la base ; il le soutient, il le dirige, il règle son mouvement et le soumet à des lois ; sans cela, le meilleur écrivain s'égare, sa plume marche sans guide, et jette à l'aventure des traits irréguliers et des figures discordantes. Quelque brillantes que soient les couleurs qu'il emploie, quelques

beautés qu'il sème dans les détails, comme l'ensemble choquera, ou ne se fera point sentir,
l'ouvrage ne sera point construit; et, en admirant
l'esprit de l'auteur, on pourra soupçonner qu'il
manque de génie : c'est par cette raison que ceux
qui écrivent comme ils parlent, quoiqu'ils parlent très-bien, écrivent mal; que ceux qui s'a-
bandonnent au premier feu de leur imagination,
prennent un ton qu'ils ne peuvent soutenir; que
ceux qui craignent de perdre des pensées isolées,
fugitives, et qui écrivent en différens temps des
morceaux détachés, ne les réunissent jamais sans
transitions forcées; qu'en un mot, il y a tant
d'ouvrages faits de pièces de rapport, et si peu
qui soient fondus d'un seul jet.

Cependant tout sujet est un, et quelque vaste
qu'il soit, il peut être renfermé dans un seul
discours; les interruptions, les repos, les sec-
tions ne devraient être d'usage que quand on
traite des sujets différens, ou lorsqu'ayant à parler de choses grandes, épineuses et disparates,
la marche du génie se trouve interrompue par la
multiplicité des obstacles, et contrainte par la
nécessité des circonstances : autrement, le grand
nombre de divisions, loin de rendre un ouvrage
plus solide, en détruit l'assemblage; le livre paraît plus clair aux yeux, mais le dessein de l'auteur demeure obscur; il ne peut faire impression
sur l'esprit du lecteur, il ne peut même se faire
sentir que par la continuité du fil, par la dépendance harmonique des idées, par un dévelop-

pement successif, une gradation soutenue, un mouvement uniforme que toute interruption détruit ou fait languir.

Pourquoi les ouvrages de la nature sont-ils si parfaits? c'est que chaque ouvrage est un tout, et qu'elle travaille sur un plan éternel dont elle ne s'écarte jamais; elle prépare en silence les germes de ses productions, elle ébauche, par un acte unique, la forme primitive de tout être vivant; elle la développe, elle la perfectionne par un mouvement continu et dans un temps prescrit. L'ouvrage étonne; mais c'est l'empreinte divine dont il porte les traits qui doit nous frapper. L'esprit humain ne peut rien créer, il ne produira qu'après avoir été fécondé par l'expérience et la méditation; ses connaissances sont les germes de ses productions : mais s'il imite la nature dans sa marche et dans son travail, s'il s'élève par la contemplation aux vérités les plus sublimes, s'il les réunit, s'il les enchaîne, s'il en forme un système par la réflexion, il établira, sur des fondemens inébranlables, des monumens immortels.

C'est faute de plan, c'est pour n'avoir pas assez réfléchi sur son objet, qu'un homme d'esprit se trouve embarrassé, et ne sait par où commencer à écrire : il aperçoit à la fois un grand nombre d'idées, et comme il ne les a ni comparées ni subordonnées, rien ne le détermine à préférer les unes aux autres; il demeure donc dans la perplexité; mais lorsqu'il se sera fait un plan, lorsqu'une fois il aura rassemblé et mis en ordre toutes les idées essentielles à son sujet, il s'apercevra aisément de l'instant auquel il doit prendre la plume, il sentira le point de maturité de la production de l'esprit, il sera pressé de la faire éclore, il n'aura même que du plaisir à écrire : les pensées se succéderont aisément, et le style sera naturel et facile; la chaleur naîtra de ce plaisir, se répandra partout et donnera de la vie à chaque expression; tout s'animera de plus en plus; le ton s'élèvera, les objets prendront de la couleur, et le sentiment se joignant à la lumière, l'augmentera, la portera plus loin, la fera passer de ce que l'on dit à ce qu'on va dire, et le style deviendra intéressant et lumineux.

Rien ne s'oppose plus à la chaleur, que le désir de mettre partout des traits saillans; rien n'est plus contraire à la lumière, qui doit faire un corps, et se répandre uniformément dans un écrit, que ces étincelles qu'on ne tire que par force en choquant les mots les uns contre les autres, et qui ne vous éblouissent pendant quelques instans que pour vous laisser ensuite dans les ténèbres. Ce sont des pensées qui ne brillent que par l'opposition, l'on ne présente qu'un côté de l'objet, on met dans l'ombre toutes les autres faces; et ordinairement ce côté qu'on choisit est une pointe, un angle sur lequel on fait jouer l'esprit avec d'autant plus de facilité qu'on l'éloigne davantage des grandes faces sous lesquelles le bon sens a coutume de considérer les choses.

Rien n'est encore plus opposé à la véritable éloquence que l'emploi de ces pensées fines, et la recherche de ces idées légères, déliées, sans consistance, et qui, comme la feuille du métal battu, ne prennent de l'éclat qu'en perdant de la solidité : aussi plus on mettra de cet esprit mince et brillant dans un écrit, moins il y aura de nerf, et de lumière, de chaleur et de style, à moins que cet esprit ne soit lui-même le fond du sujet, et que l'écrivain n'ait pas eu d'autre objet que la plaisanterie ; alors l'art de dire de petites choses, devient peut-être plus difficile que l'art d'en dire de grandes.

Rien n'est plus opposé au beau naturel, que la peine qu'on se donne pour exprimer des choses ordinaires ou communes, d'une manière singulière ou pompeuse ; rien ne dégrade plus l'écrivain. Loin de l'admirer, on le plaint d'avoir passé tant de temps à faire de nouvelles combinaisons de syllabes, pour ne dire que ce que tout le monde dit. Ce défaut est celui des esprits cultivés, mais stériles ; ils ont des mots en abondance, point d'idées ; ils travaillent donc sur les mots, et s'imaginent avoir combiné des idées, parce qu'ils ont arrangé des phrases, et avoir épuré le langage quand ils l'ont corrompu en détournant les acceptions. Ces écrivains n'ont point de style, ou si l'on veut, ils n'en ont que l'ombre ; le style doit graver des pensées, ils ne savent que tracer des paroles.

Pour bien écrire, il faut donc posséder pleinement son sujet, il faut y réfléchir assez pour voir clairement l'ordre de ses pensées, et en former une suite, une chaîne continue, dont chaque point représente une idée, et lorsqu'on aura pris la plume, il faudra la conduire successivement sur ce premier trait, sans lui permettre de s'en écarter, sans l'appuyer trop inégalement, sans lui donner d'autre mouvement que celui qui sera déterminé par l'espace qu'elle doit parcourir. C'est en cela que consiste la sévérité du style, c'est aussi ce qui en fera l'unité et ce qui en réglera la rapidité, et cela seul aussi suffira pour le rendre précis et simple, égal et clair, vif et suivi. A cette première règle dictée par le génie, si l'on joint de la délicatesse et du goût, du scrupule sur le choix des expressions, de l'attention à ne nommer les choses que par les termes les plus généraux, le style aura de la noblesse. Si l'on y joint encore de la défiance pour son premier mouvement, du mépris pour tout ce qui n'est que brillant, et une répugnance constante pour l'équivoque et la plaisanterie, le style aura de la gravité, il aura même de la majesté : enfin si l'on écrit comme l'on pense, si l'on est convaincu de ce que l'on veut persuader, cette bonne foi avec soi-même, qui fait la bienséance pour les autres, et la vérité du style, lui fera produire tout son effet, pourvu que cette persuasion intérieure ne se marque pas par un enthousiasme trop fort, et qu'il y ait partout plus de candeur que de confiance, plus de raison que de chaleur.

C'est ainsi, messieurs, qu'il me semblait en vous lisant que vous me parliez, que vous m'instruisiez : mon âme, qui recueillait avec avidité ces oracles de la sagesse, voulait prendre l'essor et s'élever jusqu'à vous : vains efforts ! les règles, disiez-vous encore, ne peuvent suppléer au génie; s'il manque, elles seront inutiles : bien écrire, c'est tout à la fois bien penser, bien sentir et bien rendre, c'est avoir en même temps de l'esprit, de l'âme et du goût; le style suppose la réunion et l'exercice de toutes les facultés intellectuelles; les idées seules forment le fond du style, l'harmonie des paroles n'en est que l'accessoire, et ne dépend que de la sensibilité des organes; il suffit d'avoir un peu d'oreille pour éviter les dissonnances des mots, et de l'avoir exercée, perfectionnée par la lecture des poëtes et des orateurs, pour que mécaniquement on soit porté à l'imitation de la cadence poétique et des tours oratoires. Or jamais l'imitation n'a rien créé, aussi cette harmonie des mots ne fait ni le fond, ni le ton du style, et se trouve souvent dans des écrits vides d'idées.

Le ton n'est que la convenance du style à la nature du sujet, il ne doit jamais être forcé; il naîtra naturellement du fond même de la chose, et dépendra beaucoup du point de généralité auquel on aura porté ses pensées. Si l'on s'est élevé aux idées les plus générales, et si l'objet en lui-même est grand, le ton paraitra s'élever à la même hauteur ; et si, en le soutenant à cette élévation, le génie fournit assez pour donner à chaque objet une forte lumière, si l'on peut ajouter la beauté du coloris à l'énergie du dessin, si l'on peut, en un mot, représenter chaque idée par une image vive et bien terminée, et former de chaque suite d'idée un tableau harmonieux et mouvant, le ton sera non - seulement élevé, mais sublime.

Ici messieurs, l'application ferait plus que la règle ; les exemples instruiraient mieux que les préceptes, mais, comme il ne m'est pas permis de citer les morceaux sublimes qui m'ont si souvent transporté en lisant vos ouvrages, je suis contraint de me borner à des réflexions. Les ouvrages bien écrits seront les seuls qui passeront à la postérité : la multitude des connaissances, la singularité des faits, la nouveauté même des découvertes ne sont pas de sûrs garans de l'immortalité ; si les ouvrages qui les contiennent ne roulent que sur de petits objets, s'ils sont écrits sans goût, sans noblesse et sans génie, ils périront, parce que les connaissances, les faits et les découvertes s'enlèvent aisément, se transportent, et gagnent même à être mises en œuvre par des mains plus habiles. Ces choses sont hors de l'homme, le style est l'homme même : le style ne peut donc ni s'enlever, ni se transporter ni s'altérer ; s'il est élevé, noble, sublime, l'auteur sera également admiré dans tous les temps ;

car il n'y a que la vérité qui soit durable et même éternelle. Or un beau style n'est tel, en effet, que par le nombre infini des vérités qu'il présente. Toutes les beautés intellectuelles qui s'y trouvent, tous les rapports dont il est composé, sont autant de vérités aussi utiles, et peut-être plus précieuses pour l'esprit humain, que celles qui peuvent faire le fond du sujet.

le sublime ne peut être que dans les grands sujets : la poésie, l'histoire et la philosophie ont toutes le même objet, et un très-grand objet, l'homme et la nature. La philosophie décrit et dépeint la nature, la poésie la peint et l'embellit; elle peint aussi les hommes, elle les agrandit, elle les exagère; elle crée les héros et les dieux : l'histoire ne peint que l'homme, et le peint tel qu'il est; ainsi le ton de l'historien ne deviendra sublime que quand il fera le portrait des plus grands hommes, quand il exposera les plus grandes actions, les plus grands mouvemens, les plus grandes révolutions, et partout ailleurs il suffira qu'il soit majestueux et grave. Le ton du philosophe pourra devenir sublime toutes les fois qu'il parlera des lois de la nature, des êtres en général, de l'espace, de la matière, du mouvement et du temps, de l'âme, de l'esprit humain, des sentimens des passions; dans le reste, il suffira qu'il soit, noble et élevé, mais le ton de l'orateur et du poëte, dès que le sujet est grand, doit toujours être sublime; parce qu'il est le maître de joindre à la grandeur du sujet autant de couleur, autant de mouvement; autant d'illusion qu'il lui plaît, et que, devant toujours peindre et toujours agrandir les objets, il doit aussi partout employer toute la force et déployer toute l'étendue de son génie.

FIN.

TABLE

DES BEAUTÉS DE BUFFON.

FIN DE LA TABLE.

lettres confidentielles
ques.
s tard, donnera sa gé-
extraite des registres
ingt pièces, remonte
us ses ascendans : elle
acerons une histoire
te, et présentant tous
cune observation cri-
les faits avec ses let-

des Commentaires de
es souverains. Il rap-
t dicté la victoire ; à
qui leur ont envoyé
ang dont elles jouis-
été ternie par des ac-

OEUVRES
DE NAPOLÉON
BONAPARTE.

C. L. F. PANCKOUCKE, ÉDITEUR.

NAPOLÉON BONAPARTE n'existe plus, sa vie appartient à l'histoire ; peut-être ne convient il pas de l'écrire encore : bien des faits doivent être appréciés, bien des passions calmées, bien des intérêts satisfaits, beaucoup d'affections et beaucoup d'inimitiés éteintes, avant que l'on puisse parler avec impartialité et raison d'un homme aussi remarquable